中国机械工业教育协会"十四五"普通高等教育规划教材

广东省精品在线开放课程教材

广东省线上线下混合式一流本科课程教材

计算机基础与程序设计 实践教程

慕课版

U0279135

主　编　王淞春

副主编　张　发

参　编　覃　婷　韩　娜　赵素娟

机　械　工　业　出　版　社

本书根据全国计算机等级考试大纲要求，结合计算机的最新发展技术，以及高等学校非计算机专业对计算机基础课程改革的最新动向编写而成。

本书主要内容包括计算机基础知识、使用 Word 2021 设计和制作文档、使用 Excel 2021 设计和制作电子表格、使用 PowerPoint 2021 设计和制作演示文稿、C 语言概述、C 语言编程基础，以及程序控制结构和数组、函数、指针与文件。本书叙述简明扼要，通俗易懂，实用性强，学做合一，习题题型丰富。

本书可以作为高等学校国际经济与贸易、市场营销、人力资源管理、物流管理等专业计算机基础课程的配套教材、教学参考书，也适合用作全国计算机等级考试一级、MS Office 二级的相关培训教材，还可以作为广大计算机爱好者的自学用书。

图书在版编目（CIP）数据

计算机基础与程序设计实践教程／王淞春主编.
北京：机械工业出版社，2024. 9. --（中国机械工业教育协会"十四五"普通高等教育规划教材）. -- ISBN
978-7-111-76584-4

Ⅰ. TP3

中国国家版本馆 CIP 数据核字第 2024KE1228 号

机械工业出版社（北京市百万庄大街 22 号　邮政编码 100037）
策划编辑：路乙达　　　　　　责任编辑：路乙达　侯　颖
责任校对：曹若菲　李　婷　　封面设计：张　静
责任印制：任维东
河北鹏盛贤印刷有限公司印刷
2024 年 11 月第 1 版第 1 次印刷
184mm×260mm · 21.5 印张 · 505 千字
标准书号：ISBN 978-7-111-76584-4
定价：69.00 元

电话服务　　　　　　　　　　网络服务
客服电话：010-88361066　　机　工　官　网：www.cmpbook.com
　　　　　010-88379833　　机　工　官　博：weibo.com/cmp1952
　　　　　010-68326294　　金　书　网：www.golden-book.com
封底无防伪标均为盗版　　机工教育服务网：www.cmpedu.com

前　　言

2020 年，"计算机基础与程序设计" 被立项为广东省在线开放课程。2022 年，本课程正式在粤港澳大湾区高校在线开放课程联盟（https://www.gdhkmooc.com/portal）上线。2023 年，本课程在学银在线（https://www.xueyinonline.com）上线；同年，本课程被认定为广东省一流本科课程。

本书是广东省一流本科课程、广东省在线开放课程"计算机基础与程序设计"的配套教材，涵盖两部分内容：第一部分是计算机基础应用，包括计算机基础知识、使用 Word 2021 设计和制作文档、使用 Excel 2021 设计和制作电子表格、使用 PowerPoint 2021 设计和制作演示文稿；第二部分是 C 语言程序设计，包括 C 语言概述、C 语言编程基础以及程序控制结构和数组、函数、指针与文件。为配合各高校的教学需求，还精心设计和制作了与本书内容相配套的教学视频、教学课件、案例素材库、扩展的习题库及解答、考试题库等。各章内容相对独立，读者可根据实际情况有选择地学习。

本书特点如下：

（1）注重可读性和可用性。每章开头有学习目标、知识结构、导入案例，提高读者的学习兴趣，引导读者阅读；每章结尾安排了本章小结和习题，帮助读者归纳总结，形成清晰的逻辑体系，并检验学习效果。

（2）内容新颖。本书涵盖了计算机应用基础课程、全国计算机等级考试一级和 MS Office 二级、C 语言程序设计的基本知识点，注重反映计算机发展的新技术，内容具有先进性。

（3）结构清晰、体系完整、内容全面、讲解细致、图文并茂。

（4）面向应用、突出技能，理论部分简明、应用部分翔实。书中所举实例都是编者从多年积累的教学经验中精选出来的，具有很强的实用性、代表性和可操作性。

本书由北京理工大学（珠海）王淞春老师担任主编，北京理工大学（珠海）张发老师担任副主编，北京理工大学（珠海）赵素娟老师和韩娜老师、珠海市技师学院覃婷老师也参与了编写。其中，第 1、7 章由张发编写，第 2 章由赵素娟编写，第 3、4 章由王淞春、覃婷编写，第 5、6、8 章由韩娜、赵素娟编写。全书由王淞春统稿、定稿。

本书在编写过程中得到了北京理工大学（珠海）商学院管理科学与工程系老师们的大力支持和帮助，在此表示衷心的感谢。

由于作者的水平有限，且时间仓促，书中难免有不妥之处，恳请广大读者批评指正。

编　者

目　　录

第1章 计算机基础知识

 学习目标

了解计算机的起源和发展阶段；
了解计算机的基本组成；
理解计算机的工作原理；
掌握不同数制之间的转换方法；
了解多媒体技术；
了解计算机安全知识。

知识结构

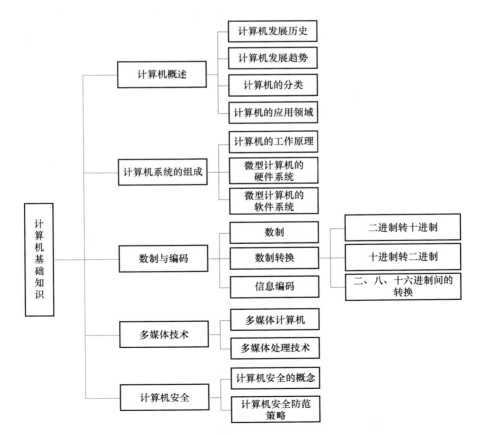

导入案例

小白考上了心仪的大学，小白的父母同意给他购买一台计算机。小白来到商城，看到了琳琅满目的计算机，有台式计算机、笔记本计算机，还有一些服务器。有一些柜台摆满了计算机配件，如 CPU、主板、硬盘、内存条、U 盘、光驱、光盘等。

从便携的角度考虑，小白想买一台笔记本计算机。笔记本计算机产品类型也非常多。笔记本计算机有不同的尺寸，有的非常轻薄，还有号称性能超强的游戏本。小白仔细询问商家，商家总是向他介绍一些参数，CPU 是什么型号、主频多少、是几核的、内存多大、硬盘多大、显示屏是什么类型的，等等。小白听得一头雾水，搞不清到底哪台计算机好。

小白期望自己买的笔记本计算机能满足大学期间的正常使用，例如上网、做作业、查资料、编程、做设计、数值计算等，当然还要能打游戏。小白在选择时遇到了困难。这些计算机参数是什么意思？哪台计算机适合自己呢？

1.1 计算机概述

1.1.1 初识计算机

计算机是 20 世纪最伟大的科技发明之一。计算机的出现对人类社会产生了深远的影响，推动了人类文明进入一个新的阶段。目前，计算机已经广泛渗透到人们的生活、学习、工作之中。作为现代社会的一员，有必要了解计算机的基本知识，掌握一定的计算机应用技能，尤其注意形成计算思维，为以后在各个专业领域熟练应用计算机打下基础。

人们已经或多或少地接触过计算机。无论是在家庭还是办公场所，很容易见到台式计算机、笔记本计算机、平板计算机等。在比较专业的数据中心或计算中心，还可以看到网络服务器、小型机、超级计算机等。在一些工厂，能看到工业控制计算机。这些计算机外观不同、形式多样、性能不同、价格差异也很大，但都是计算机。

计算机一词是从英文"Computer"翻译而来，Computer 的本意是指从事计算的人，后来演变成从事计算的设备，即计算机。无论计算机的形式如何、性能如何、价格如何，它们从事的都是数据处理工作。概括而言，计算机是能够根据一组指令（程序）操作数据的机器。它的基本功能如图 1-1 所示。

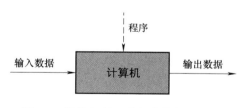

图 1-1 计算机是一种操作数据的机器

计算机的本质是在程序的控制下操纵数据。它可以采用不同的物理形式表达数据、操纵数据。目前最常见的计算机是电子计算机，电子计算机用电平的高低表示数据，用电路实现数据处理。其他物理形式的计算机有光子计算机、量子计算机、生物计算机和超导计算机等。

1.1.2 计算机的起源

使用计算机的根本目的是代替人类的脑力劳动。实际上，人类很早就尝试使用某些外部实体代替大脑进行自动或半自动计算，发明了一些计算（或辅助计算）设备，这些可以看作现代计算机的雏形。

　　人类利用工具辅助算数已有数千年的历史，影响比较大的辅助计算工具有算盘、计算尺等。以算盘为例，许多文明古国都有与算盘类似的计算辅助工具。我国的珠算盘包括算具、算法（口诀）两个方面，到了明代珠算法得到总结、规范，提高了机械化程度，尽可能达到不假思索地拨珠得数的目的。

　　一些科学家致力于机械计算器的发展。1623 年，德国科学家施卡德建造出世界已知的第一部机械式计算器，它改良自时钟的齿轮技术，能进行六位数的加减，并经由钟声输出答案，因此又称为"算数钟"。1642 年，法国科学家帕斯卡发明了滚轮式加法器，可透过转盘进行加法运算。1673 年，德国数学家莱布尼茨使用阶梯式圆柱齿轮对帕斯卡加法器加以改良，制作出可以进行四则运算的步进计算器。20 世纪初期，机械式计算器、收银机、记账机等都被重新设计，改用电动机，配合变挡齿轮使其更加灵活。到 20 世纪 30 年代，四则运算已经是桌上型机械计算器的基本功能。

　　一些科学家致力于通用计算机的发展。1834 年，英国数学家巴贝奇开始研制分析机，分析机是一种机械式通用计算机，由蒸汽机驱动，大约有 30m 长、10m 宽，使用打孔纸带输入，采取十进制计数，大约可以存储 1000 个 50 位的十进制数，有一个算术单元可以进行四则运算、比较和求二次方根操作。为这台机器设计的语言类似于今天的汇编语言。由于种种原因，当时这种机器并没有制造出来。但它的设计逻辑非常先进，是大约 100 年后电子通用计算机的先驱。

　　在通用计算机的理论方面也有所进展。1936 年，英国数学家图灵提出一台假想的机器，这是一种抽象的计算模型，可以等价于任何有限逻辑数学过程。图灵以算法概念为通用计算机做出定义，后来将这种抽象计算模型称为图灵机。现代电子计算机的计算模型其实就是一种通用图灵机，它能接收一段描述其他图灵机的程序，并运行程序实现该程序所描述的算法。20 世纪 30 年代至 50 年代，随着电子技术的发展，计算机开始从机械时代向电子时代发展。1946 年 2 月 15 日，第一台电子通用计算机在美国宾夕法尼亚大学正式投入运行，这台计算机被称为 ENIAC（Electronic Numerical Integrator and Calculator，电子数字积分计算机），如图 1-2 所示。它利用了将近 18000 个电子管、1500 个电子继电器，占地面积 170m^2，重达 30t，耗电 170kW，每秒可进行 5000 次加法运算。ENIAC 的问世标志着现代计算机的诞生，它是计算机发展史上的里程碑。

图 1-2　ENIAC 计算机

1945 年 6 月，冯·诺依曼与戈德斯坦、勃克斯等人发表了一篇长达 101 页的报告，明确提出计算机的五大部件（输入系统、输出系统、存储器、运算器、控制器），并用二进制代替十进制运算，将程序和数据一起存储，大大方便了机器的电路设计。后来，人们把根据这一思想设计的机器统称为"冯·诺依曼机"。按照这种思路实现的第一台计算机 EDVAC 于 1952 年建成，它的运算速度与 ENIAC 相似，而使用的电子管却只有 5900 多个，比 ENIAC 少得多。EDVAC 的诞生使计算机技术出现了一个新的飞跃，它奠定了现代电子计算机的基本结构，标志着电子计算机时代的真正开始。

1.1.3　计算机的发展阶段

20 世纪 40 年代以 ENIAC 为代表的现代电子计算机诞生后，几十年来计算机的发展非常迅猛。从计算机采用的主要逻辑器件的角度看，电子计算机已经经历了 4 个发展阶段。

1. 第一代计算机：电子管数字计算机（1946 年—1957 年）

在硬件方面，逻辑元器件采用电子管，主存储器采用磁鼓，外存储器采用磁带。计算机的总体结构以运算器为中心。在软件方面，采用机器语言、汇编语言。运算速度在每秒几千次。主要应用领域以军事和科学计算为主。这一时期的计算机体积大、功耗高、可靠性差、速度慢、价格昂贵，但为以后的计算机发展奠定了基础。

2. 第二代计算机：晶体管数字计算机（1958 年—1964 年）

在硬件方面，逻辑元器件采用晶体管，主存储器采用磁心，外存储器采用磁盘。在软件方面，出现了以批处理为主的操作系统、高级语言及其编译程序。运算速度一般为每秒几万次到几十万次。应用领域以科学计算和事务处理为主，开始进入工业控制领域。这时期的计算机体积缩小、能耗降低、可靠性提高、性能比第一代计算机有很大的提高。

3. 第三代计算机：集成电路数字计算机（1965 年—1970 年）

在硬件方面，逻辑元器件采用中、小规模集成电路，主存储器采用磁心或半导体存储器，外存为磁盘。在软件方面，出现了分时操作系统，以及结构化、规模化程序设计方法。这个时期的计算机的速度更快（一般为每秒数百万次至数千万次），可靠性有了显著提高，价格进一步降低，产品走向通用化、系列化和标准化。应用领域开始进入文字处理和图形图像处理领域。

4. 第四代计算机：大规模集成电路计算机（1971 年至今）

在硬件方面，逻辑元器件采用大规模和超大规模集成电路。在软件方面，出现了数据库管理系统、网络管理系统和面向对象语言等。特别是，1971 年世界上第一台微处理器在美国硅谷诞生，标志着微型计算机的新时代开始了。应用领域从科学计算、事务管理、过程控制逐步走向家庭。

从 20 世纪 80 年代开始，各国先后开始研制新一代计算机。日本在 1981 年宣布要在 10 年内研制"能听会说、能识字、会思考"的第五代计算机。时至今日，日本的五代机计划只能说是部分地实现了。至今还没有哪一台计算机宣称是第五代计算机。但是下一代计算机正在发展，未来的计算机技术、传感技术、通信技术将更紧密地结合在一起，人机交互更为自然。计算机把人从重复、枯燥的信息处理中解脱出来，从而改变人们的工作、生活和学习方式，给人类和社会拓展了更大的生存和发展空间。

1.1.4　计算机的发展趋势

目前的计算机以超大规模集成电路为基础，未来的计算机正朝着高性能、微型化、网络化、智能化、多媒体化方向发展。

1. 高性能

自工业革命以来，科学技术进步呈现加速发展，特别是在电子技术方面的发展更为明显。集成电路技术是计算机发展所依靠的核心技术。根据摩尔定律推测半导体技术的发展：当价格不变时，集成电路上可容纳的元器件的数目约每隔 18~24 个月便会增加一倍，性能也将提升一倍。随着晶体管电路逐渐接近物理极限，这一推测将会走到尽头。摩尔定律何时失效？专家们对此众说纷纭。但是，摩尔定律揭示的集成电路技术进步的速度已经持续了超过半个世纪，集成电路技术的进步使得计算机持续降低成本、提升性能、增加功能。

以运算速度为例，几十年来计算机的运算速度快速增长。1946 年诞生的 ENIAC，每秒只能进行 5000 次加法运算。此后计算机运算速度越来越快。2002 年，NEC 公司建造的一台计算机每秒能进行的浮点运算次数接近 36 万亿次。2012 年，美国超级计算机"红杉"持续运算速度达到每秒 16324 万亿次，其运算速度峰值高达每秒 20132 万亿次。2017 年年底公布的全球超算 500 强榜单中，中国超级计算机"神威·太湖之光"（见图 1-3）位列榜首，其浮点运算速度峰值可达每秒 12.5 亿亿次，持续运算速度为每秒 9.3 亿亿次。在 2022 年 11 月发布的全球超算 500 强榜单中，排名第一的超级计算机 Frontier，算力高达每秒 1.1 百亿亿次。

图 1-3　"神威·太湖之光"超级计算机

2. 微型化

集成电路集成度的提高，意味着电子元器件微型化的可能。随着超大规模集成电路的进一步发展，个人计算机将更加微型化，在保持计算机性能水平的前提下，体积可以越来越小。台式计算机、笔记本计算机、掌上计算机、嵌入式计算机就是微型化的体现。2018 年 3 月，IBM 公司推出比粗盐粒还小的计算机，如图 1-4 所示。在边长 1mm 的矩形中集成了约 100 万个晶体管，装有光伏电池用于供电，还装有静态随机存储器（SRAM），并采用发光二极管作为通信单元。

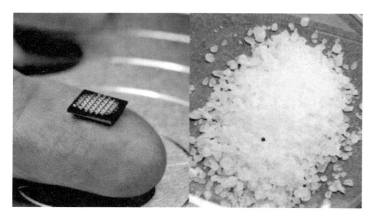

图 1-4　IBM 公司 2018 年推出的世界上最小的计算机

3. 网络化

目前互联网已经将世界上的很多计算机连接在一起，形成一个巨大的分布式信息系统，人们可以非常便利地获取信息。电子邮件、即时通信软件等网络应用把人们紧密地连接在一起。在企业内部，计算机也通过网络连接在一起，通过计算机网络协同工作已经成为常态。

随着物联网（Internet of Things，IoT）的逐渐成熟，万物互联时代即将到来。物联网时代，通过在各种各样的日常用品内嵌入传感器和短距离移动收发器，人类在信息与通信世界里获得了一个新的沟通维度，从任何时间、任何地点的人与人之间的沟通连接扩展到人与物、物与物之间的沟通连接，如图 1-5 所示。

4. 智能化

让计算机具有"智能"，能够模拟人的推理、联想、思维等功能，完成只有人类才能完成的复杂智力活动，是计算机领域长期追求的目标。1956 年，人工智能的先驱们在达特茅斯（Dartmouth）会议首次提出"人工智能"这一术语，标志着人工智能学科的诞生。人工智能经过六十多年的发展已经取得重大进展，在模式识别、专家系统、人机对弈、自然语言处理、自动驾驶等领域取得很大进展，特别是深度学习、大数据技术的出现，掀起了人工智能的又一个高潮。但人工智能总体上还处于初级阶段，人工智能具有巨大的理论与技术创新空间，也具有广阔的应用前景。

5. 多媒体化

在计算机发展早期，计算机只能处理文本信息。到 20 世纪 90 年代初期，人机交互的主要方式仍是通过基于文字或简单图形的界面来实现，枯燥而单调。随着计算机性能的提高及媒体数字化处理技术的发展，出现了计算机多媒体化的趋势。以计算机为中心把处理多种媒体信息的技术集成在一起，扩展了人与计算机的交互方式。目前，一般的家用计算机都能处理文字、声音、图像、视频等多种媒体信息，人们拥有一个图文并茂、有声有色的信息环境。

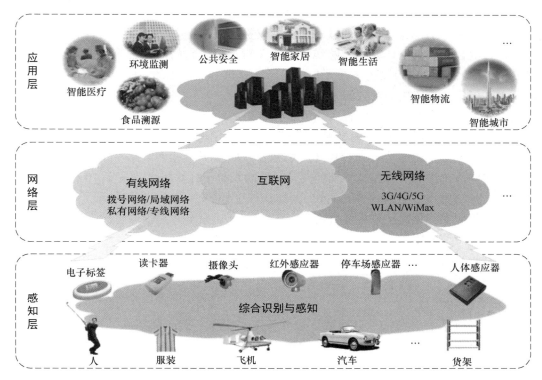

图 1-5 物联网的三层架构

随着技术的进步，更加自然、和谐的人机交互技术得到了开发和应用。人机交互的热点已经转移到了移动和可穿戴设备、云计算、深度学习、生物特征识别、脑机接口等方面，推动实现更加安全、更加智能化的新一代人机交互技术，逐渐拓展人体的众多生物特征、肢体感应和情景意识与机器实时交互。随着人工智能的发展，更加人性化、智能化的人机交互方式也从各个方面逐渐改变着人们的生活。

1.1.5 未来的计算机

自现代电子计算机诞生以来，采用集成电路的计算机得到了飞速发展。随着芯片集成度的提高，半导体芯片制程工艺技术越来越接近其物理极限。为此，世界各国的科研人员正在抓紧研制新型计算机，并且已经取得了一些进展。在不久的将来，计算机从体系结构到器件都将产生质的飞跃。未来有发展前景的计算机有量子计算机、光子计算机、生物计算机和纳米计算机等。

1. 量子计算机

量子计算机是一类遵循量子力学规律存储及处理量子信息的物理装置。当某个装置处理和计算的是量子信息、运行的是量子算法时，它就是量子计算机。电子计算机靠集成电路来记录及处理信息，量子计算机则希望通过控制原子或小分子的状态来记录和处理信息。量子计算主要运用的是量子态的叠加性和相干性原理。在经典计算机中，基本信息单位为比特，运算对象是各种比特序列。在量子计算机中，基本信息单位是量子比特，运算对象是量子比特序列。所不同的是，量子比特序列不但可以处于各种正交态的叠加态上，而且还可以处于纠缠态上。这些特殊的量子态，不仅提供了量子并行计算的可能，而且还将带来许多奇妙的性质。量子计算机能够实现量子并行计算，它的潜在运算速度将大大超过电子计算机。一台具有 5000 个左右量子位的量子计算机可以在大约 30s 内解决传统电子计算机需要 100 亿年才能解决的素数问题。

目前，世界上已有很多国家投入到量子计算机的研发，并不断取得新的进展。2011 年 5 月，加拿大的 D-Wave 系统公司发布了全球第一款商用型量子计算机——D-Wave One，它含有 128 个量子位。2015 年 5 月，IBM 公司开发出四量子位元型电路。2017 年 5 月，中国科学院宣布制造出世界首台超越早期经典计算机的光量子计算机，研发了 10 位元超导量子线路样品。2023 年初，我国一家计算机公司向用户交付了一台 24bit 超导量子计算机，标志着量子计算机向实用化迈出了重要一步。

量子计算主要应用于复杂的大规模数据处理与计算难题，以及基于量子加密的网络安全服务。基于自身在计算方面的优势，量子计算机在金融、医药、人工智能等领域都有着广阔的应用前景。

2. 光子计算机

光子计算机是采用光信号进行数字运算、逻辑操作、信息存储和处理的新型计算机。它主要由激光器、反射镜、透镜、滤波器等光学元器件和设备构成。激光束进入反射镜和透镜组成的阵列进行信息处理，以光子代替电子，以光运算代替电运算。光子计算机的逻辑操作主要包括与门、或门、非门等基本逻辑功能，以及另外一些实现全光缓存器、移位寄存器和各种类型触发器的时序光子逻辑器件。

光子计算机的工作原理与电子计算机的基本相同，其本质是用光学器件代替电子器件。电子计算机用电流传送信息，电子计算机运行时大量时间耗费在电子从一个元器件到另一个元器件的传输过程中，往往在运算部分和存储部分形成阻塞，从而影响效率。光子计算机以光为信息载体，运算部分通过光内连技术直接对存储部分进行高速并行存取，光速开关的转换速度要比电子高数千倍甚至几百万倍。另外，光信号之间可以互不干扰地沿着各自的通道传递，因此光子计算机能并行处理大量数据。

20 世纪 90 年代初，美国贝尔实验室研制成功世界上第一台光子计算机。研究者以运算速度更快、能量利用更高效、器件集成度更高为研究方向。光子集成技术的日益成熟，以及光互联都给光子计算机的发展带来了新的机遇。一方面有源和无源集成平台的快速发展有利于基于集成器件获得更小的器件尺寸，以及对环境更稳定的器件性能，从而取代基于光纤或者自由空间的光运算；另一方面光在多维度并行处理方面的优势使得基于光信号有潜力实现低功耗的光学运算。因此，通过充分利用光本身的优势实现低功耗、高性能的光子计算机将开启崭新的运算时代。

3. 生物计算机

生物计算机的基本思想是利用生物分子的某些特性来代替传统的半导体硅片集成电路，从而制造以生物元件为基本构成的计算机。生物计算机包括三种类型：蛋白质计算机、

RNA 计算机和 DNA 计算机。蛋白质计算机的研究从 20 世纪 80 年代开始，主要利用蛋白分子的二态性存储信息。RNA 计算机和 DNA 计算机主要利用核酸分子的特异性杂交机理，试图实现超越图灵机的计算机。这三种计算机中 DNA 计算机的进展空间相对较大，DNA 分子有海量存储能力，生化反应具有海量的并行性，因此有望产生新型的高速计算机。

相对于传统计算机以电压形式形成逻辑开关，生物计算机利用的是生物分子的开关特性来实现数据的计算和存储。生物计算机的设计理念不是按照传统计算机的"冯·诺依曼结构"来设计，而是充分结合生物化学分子本身的特性来设计。相比于传统的计算机，生物计算机具有如下一些传统计算机难以企及的性能。

- 生物计算机以分子为单位，相比于传统计算机的半导体硅片制成的芯片，生物芯片能容纳的电路的数量级提高了不止一个层次。
- 生物计算机能做到自我修复，并且可以编码设置其自我再生和复制功能，因此有传统计算机所没有的高可靠性和超长使用寿命。
- 由有机分子组成的生物化学元件，只需很少的能量就能进行所需的化学反应，耗能比传统的计算机大大减少，能量利用率大幅度提高。
- 由于蛋白质分子可以并行工作，可以轻松实现大量的并行运算，生物计算机的运算速度得到提高。

1983 年，美国科学家首次提出生物计算机的概念。自那以后，在多个国家掀起了研制生物计算机的热潮，目前生物计算机的研究已经取得了一些重要成果。

4. 纳米计算机

"纳米"是一个长度计量单位，$1nm = 10^{-9}m$。在纳米尺度范围内，通过操纵原子、分子或原子团、分子团使其重新排列组合成新物质的技术称为纳米技术。纳米技术从 20 世纪 80 年代初迅速发展起来。传统的硅芯片制造工艺已经接近其物理极限，一些科学家认为解决这个问题的途径是研制"纳米晶体管"，并用这种纳米晶体管来制作"纳米计算机"。纳米计算机的运算速度将是硅芯片计算机的 1.5 万倍，而且耗费的能量也要减少很多。

目前纳米技术已应用于计算机研制的很多方面，包括新型器件和新型计算设备。在计算设备实现原理方面有电子式纳米计算机、基于生物化学物质与 DNA 的纳米计算机、机械式纳米计算机及量子波相干计算机四种工作机制。

纳米计算机的研制已取得了一些进展。2013 年，斯坦福大学研制成功人类首台基于碳纳米晶体管技术的计算机。它包括 178 个碳纳米管，运行支持计数和排列等简单功能的操作系统。尽管其原型看似简单，却成功证明了人类有望在不远的将来，摆脱当前硅晶体技术以纳米技术生产新型计算机设备。

总之，随着科学技术的不断进步，计算机技术在将来必然产生许多突破性进展，以上只是几个可能的发展方向。由于科学技术的发展无法完全准确预测，未来也可能产生新的颠覆性技术。从大趋势看，将来微电子、量子、超导、光学、纳米、生物等新技术会相互融合、相互促进，共同推动计算机的发展。新型计算机必将诞生，计算机技术将达到一个更高的水平，它们会帮助人类在很多方面更快地发展。

1.1.6　计算机的分类

计算机可以按多个不同的标准进行分类，得到多种不同的分类方式。例如，按计算机处理的信号的特点可以分为数字式计算机、模拟式计算机、混合式计算机，按计算机的用途可分为通用计算机和专用计算机，按体系结构可以分为冯·诺依曼体系结构计算机和非冯·诺依曼体系结构计算机，等等。

一般情况下，计算机参照其技术特点、功能用途、体积大小、价格、性能等指标可分为以下几类。需要指出的是，分类会随着技术的发展而变化，不同种类计算机之间的分界线不完全清晰，还会受到商业宣传的影响，因此只具有参考意义。

1. 巨型机

巨型机或称为超级计算机（Supercomputer）通常是指由数百、数千，甚至更多的处理器（机）组成的、运算速度非常快、用于完成大型复杂计算任务的计算机。超级计算机是计算机中功能最强、运算速度最快、存储容量最大的一类计算机。现代超级计算机大多采用集群系统，注重浮点运算的性能，价格非常昂贵。超级计算机主要用来承担重大的科学研究、尖端技术和国民经济领域的大型计算课题及数据处理任务，如大范围天气预报、处理卫星图像、资源勘探、探索原子核物理、研究宇宙飞船、制定国民经济发展计划等。

2. 大型机

大型计算机（Mainframe）是用来处理大容量数据的机器。它运算速度快、存储容量大、联网通信功能完善、可靠性高、安全性好，但价格比较贵，一般用于为大中型企事业单位（如银行、机场等）提供数据集中存储、管理和处理，以及承担企业级服务器的功能，同时为许多用户执行信息处理任务。

3. 小型机

小型计算机（Minicomputer）是相对于大型计算机而言的。小型计算机的软、硬件系统规模比较小，但价格低、可靠性高、便于维护和使用，一般为中小型企事业单位或某一部门所用。

4. 服务器

服务器（Server）专指某些高性能计算机，主要用于网络和企业服务。服务器通常安装了多个处理器，处理能力、存储能力较强。一般服务器在处理能力、稳定性、可靠性、安全性、可扩展性、可管理性等方面有一定要求。

5. 微型机

微型计算机（Microcomputer）又称微机、个人计算机（Personal Computer，PC）等，是第4代计算机时期开始出现的一个新机种，是由大规模集成电路组成的、体积较小的电子计算机。它是以微处理器为基础，配以内存储器及输入/输出（I/O）接口电路和相应的辅助电路而构成的计算机。微型机体积小、灵活性大、价格便宜、使用方便。微型机是应用最广的一类计算机，随着计算机行业的发展，计算机厂商推出了多种类型的微型机，主要有：

1）台式机（Desktop）又称桌面机，它的主机、显示器、输入和输出等设备一般都是相对独立的，通过线缆连接起来。使用时需要放置在计算机桌或专门的工作台上。台式机在学校、企事业单位、家庭应用普遍。

2）笔记本计算机又称便携式计算机，是一种小型的可携带的个人计算机。它的主机、显示器、键盘等集成在一起，配备触摸板等输入设备。其重量一般在 1~3kg，易于携带。笔记本计算机一般配备电池供电，可在不插电源的情况下运行若干小时。

3）平板计算机是一种外观类似一块平板，功能完整的计算机。它不使用键盘和鼠标输入，而是利用手指或笔在屏幕上输入，移动性和便携性更好。

4）工作站（Workstation）是一种高档的微型计算机，通常配有高分辨率的大屏幕显示器及容量很大的内存储器和外存储器，具有较强的信息处理功能。工作站主要面向工程设计、动画制作、科学研究、软件开发、金融管理、信息服务、模拟仿真等专业领域。

6. 手持式计算机

手持式计算机又称掌上计算机（PDA），是一种小巧、轻便、实用的手持式计算机。在掌上计算机的基础上加上通信功能，就成了智能手机。智能手机既方便随身携带，又为软件运行和内容服务提供了广阔的舞台，很多增值业务可以就此展开，如股票、新闻、天气、交通、商品、应用程序下载、音乐图片下载等。

7. 工业控制计算机

工业控制计算机是一种采用总线结构，对生产过程及机电设备、工艺装备进行检测与控制的计算机系统的总称，简称工控机。目前，工控机的主要类别有 IPC（PC 总线工业计算机）、PLC（可编程控制系统）、DCS（分散型控制系统）、FCS（现场总线系统）及 CNC（数控系统）五种。

8. 嵌入式计算机

嵌入式计算机（Embedded System）即嵌入式系统，是一种以应用为中心、以微处理器为基础，软/硬件可裁剪，适应应用系统，对功能、可靠性、成本、体积、功耗等综合性能严格要求的专用计算机系统。现在，在日常生活中的大部分电器设备中都有其身影，如电视机顶盒、手机、数字电视、多媒体播放器、汽车、微波炉、数字相机、家庭自动化系统、电梯、空调、自动售货机、消费电子设备、工业自动化仪表、医疗仪器等。

1.1.7　计算机的应用领域

目前，计算机已经渗透到人类社会的各个领域，如社会管理、企业运营、生产制造、家庭生活、游戏娱乐等领域都可见计算机应用的成果。计算机正在改变着传统的工作、学习和生活方式，推动着社会的发展。

1. 科学计算

科学计算也称数值计算。早期计算机的出现就是为了解决科学技术中的问题，计算机在科学计算领域一直发挥着重要的作用，形成了今天的计算科学。在现代科学技术工作中，科学计算问题是大量的和复杂的，利用计算机的高速计算、大存储容量和连续运算的能力，可以实现人工无法解决的各种科学计算问题。

2. 信息处理

信息处理是指用计算机对信息进行收集、加工、存储和传递等工作，其目的是为有各种需求的人们提供有价值的信息，作为管理和决策的依据。据统计，80%以上的计算机主要用于信息管理，这类工作量大面宽，决定了计算机应用的主导方向。

信息处理从简单到复杂经历了三个发展阶段。

1）电子数据处理（Electronic Data Processing，EDP）以文件系统为手段，实现一个部门内的单项管理。

2）管理信息系统（Management Information System，MIS）以数据库技术为工具，实现一个部门的全面管理，以提高工作效率。

3）决策支持系统（Decision Support System，DSS）以数据库、模型库和方法库为基础，帮助管理决策者提高决策水平，改善运营策略的正确性与有效性。

3. 过程控制

计算机过程控制是指用计算机对工业生产过程或某种装置的运行过程进行状态检测并实施自动控制。用计算机进行过程控制可以改进设备的性能，提高生产效率，降低人的劳动强度。计算机过程控制朝着综合化、智能化方向发展，即计算机集成制造系统，以智能控制理论为基础，以计算机及网络为主要手段，对企业的经营、计划、调度、管理和控制全面综合，实现从原料进库到产品出厂的自动化、整个生产系统信息管理的最优化。计算机过程控制已在机械、冶金、石油、化工、纺织、水电、航天等领域得到了广泛的应用。

4. 计算机辅助系统

目前，计算机已经融入各个专业任务领域，辅助人们更好、更快地解决专业问题，形成了相应的计算机辅助系统。比较常见的计算机辅助系统有计算机辅助设计（CAD）、计算机辅助制造（CAM）、计算机辅助工程（CAE）、计算机辅助教学（CAI）等。

计算机辅助设计（CAD）是指利用计算机来帮助设计人员进行工程设计。在工程和产品设计中，计算机可以帮助设计人员担负计算、信息存储和制图等工作。CAD已广泛应用于飞机、汽车、机械、电子、建筑和轻工等领域。

计算机辅助制造（CAM）是指利用计算机控制各种数控机床和设备，自动完成产品的加工、装配、检测和包装等制造过程。将CAD和CAM技术集成，实现设计生产自动化，这种技术被称为计算机集成制造系统（CIMS）。

计算机辅助工程（CAE）主要用于模拟分析、验证和改善设计。CAE使用者只需设定条件与解释结果，计算过程所使用到的数学方法，如微分方程、有限元法、有限体积法等全部交给计算机处理。

计算机辅助教学（CAI）是指利用计算机辅助教授知识和学习。利用计算机的记忆功能和自动化能力，将学习资料、测试题目等存入计算机，通过程序将这些学习资料组织起来，并实现与学生的人机交互，构成学习系统。

5. 电子商务

利用计算机技术、网络技术和远程通信技术，实现整个商务过程中的电子化、数字化和网络化，实现商务流、信息流、物流、资金流的统一。人们不再是面对面地看着实实在在的货物，靠纸质单据进行买卖交易，而是通过网络，在网上浏览琳琅满目的商品信息，通过完善的物流配送系统和方便安全的资金结算系统进行交易。

6. 虚拟现实与增强现实

虚拟现实（Virtual Reality，VR）技术囊括计算机、电子信息、仿真技术于一体，以计算机为核心，产生一种人为虚拟的环境，以视觉感受为主，也包括听觉、触觉等，并且可以直接观察、操作、触摸、检测周围环境及事物的变化，能与之发生"交互"作用，给人一种"身临其境"的感觉。随着 VR 技术的发展，其应用领域从游戏、影视等娱乐领域快速扩张至教育、体育、医疗等其他领域。

增强现实（Augmented Reality，AR）技术是一种将虚拟信息与真实世界巧妙融合的技术，广泛运用了多媒体、三维建模、实时跟踪及注册、智能交互、传感等多种技术手段，将计算机生成的文字、图像、三维模型、音乐、视频等虚拟信息模拟仿真后，应用到真实世界中，两种信息互为补充，从而实现对真实世界的"增强"。随着 AR 技术的成熟，AR 越来越多地应用于各个行业，如教育、培训、医疗、设计、广告等。

7. 人工智能

人工智能（Artificial Intelligence，AI）是计算机模拟人类的智能活动，诸如感知、判断、理解、学习、问题求解和图像识别等。现在人工智能的研究已取得不少成果，有些已开始走向实用阶段。例如，能模拟高水平医学专家进行疾病诊疗的专家系统，以及具有一定思维能力的智能机器人等。人工智能技术的细分应用领域包括深度学习、计算机视觉、智能机器人、虚拟个人助理、语音识别、语音翻译、情境感知计算、手势控制、视觉内容自动识别、推荐引擎等。

8. 网络应用

计算机技术与现代通信技术的结合构成了计算机网络。计算机网络的建立，不仅解决了一个单位、一个地区、一个国家中计算机与计算机之间的通信，以及各种软、硬件资源的共享，也大大促进了文字、图像、视频和声音等各类数据的传输与处理。

1.2　计算机系统的组成

1.2.1　计算机系统的结构

计算机系统由硬件系统和软件系统两部分组成。硬件系统是组成计算机系统的各种物理设备的总称，是计算机系统的物质基础。软件系统是为运行、管理、维护计算机而编制的各种程序、数据、文档的总称。只有硬件系统的计算机系统称为"裸机"，它只能识别由 0、1 组成的机器代码，对一般用户而言几乎是无法使用的。实际上，普通用户所使用的是经过若干层软件包装过的计算机。计算机的功能不仅取决于硬件系统，在很大程度上是由软件系统决定的。

计算机系统的构成如图 1-6 所示。

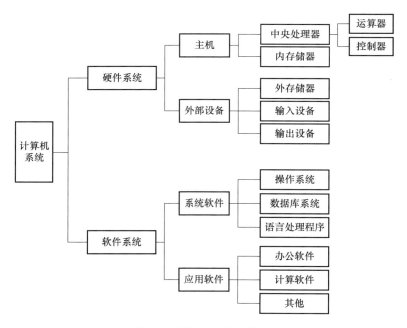

图 1-6 计算机系统的构成

计算机可以采用不同的体系结构，目前使用最多的是冯·诺依曼体系结构。1946 年，美籍匈牙利数学家冯·诺依曼提出了以"存储程序"和"程序控制"为基础的设计思想。

冯·诺依曼提出的存储程序计算机设计方案包括以下几个要点。

- 计算机由运算器、控制器、存储器、输入设备和输出设备组成。
- 指令和数据均用二进制数表示。
- 指令和数据以同等地位存放于存储器中。
- 计算机负责从存储器里提取指令和执行指令，并循环地执行这两个动作，实现自动运行。

根据以上思想，从硬件的角度看，计算机包括五大功能部件，这五大部件分工合作实现自动计算功能。其中，运算器与控制器结合在一起称为中央处理器（Central Processing Unit，CPU）。冯·诺依曼体系结构如图 1-7 所示。

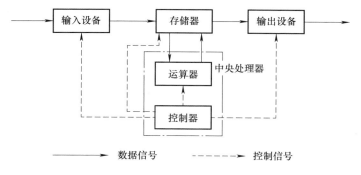

图 1-7 冯·诺依曼体系结构

（1）运算器

运算器也叫算术逻辑部件（ALU），是计算机中对数据进行加工处理的部件。运算器的基本操作包括加、减、乘、除等算术运算，与、或、非、异或等逻辑运算，以及移位、比较和传送等操作。

（2）控制器

控制器负责从存储器取出指令，并对指令进行译码；根据指令的要求，按时间的先后顺序向其他各部件发出控制信号，保证各部件协调一致工作，一步步完成各种操作。它主要由程序计数器、指令寄存器、指令译码器、时序产生器和操作控制器组成，是发布命令的"决策机构"，协调和指挥整个计算机系统。

（3）存储器

存储器是计算机中用来存放程序和数据的部件。存储器能根据地址接收或提供数据（或指令）。存储器包括内存储器、外存储器和高速缓冲存储器。

（4）输入设备

输入设备是向计算机输入信息的设备，是重要的人机接口，负责将输入的信息（包括数据和指令）转换为计算机支持的二进制代码，送入存储器保存。常见的输入设备有键盘、鼠标、扫描仪和传声器等。

（5）输出设备

输出设备用于输出计算机处理的中间过程或结果。输出设备负责将计算机内部要输出的二进制信息转换为人们便于识别的形式，如文字、图像、声音等。常见的输出设备有显示器、打印机、绘图仪和音箱等。

1.2.2　计算机的工作原理

冯·诺依曼体系结构的计算机采用存储程序思想，预先把指挥计算机如何进行操作的指令序列（称为程序）和原始数据输入到存储器中。每一条指令中明确规定了计算机从哪个地址取数，进行什么操作，然后送到什么地方去。

程序的执行过程实际上是不断地取出指令、分析指令、执行指令的过程，如图 1-8 所示。

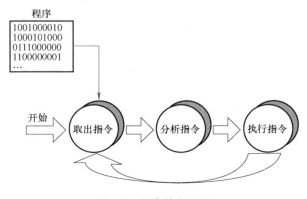

图 1-8　程序执行过程

执行一条指令的过程如下：

1）取出指令。按照程序规定的次序，从内存储器取出需要执行的指令，送到 CPU 的指令寄存器中暂存。

2）分析指令。将指令寄存器中的指令送到指令译码器，对所取的指令进行分析，即根据指令中的操作码确定计算机应进行什么操作。

3）执行指令。根据指令分析结果，由控制器发出完成操作所需的一系列控制信号，指挥计算机有关部件完成这一操作。

4）为执行下一条指令做好准备，即形成下一条指令地址。

1.2.3 微型计算机的硬件系统

不同类型的计算机的硬件系统不完全相同。下面以常见的台式微型计算机为例，介绍计算机的硬件系统。如图 1-9 所示，从外观上看，一部台式计算机由主机和显示器、键盘、鼠标等外部设备构成。打开主机箱，可以看到内部有很多硬件组成部分，包括 CPU、内存、硬盘、光驱、电源、输入/输出控制器和接口等。

1. 中央处理器

中央处理器（CPU）是计算机的"大脑"，是控制器和运算器的组合，是计算机的运算核心和控制核心。它的主要功能是处理指令、执行操作、控制时间和处理数据等。CPU 的性能对计算机的整体性能起到决定性的作用。微型机 CPU 示例如图 1-10 所示。

a）Intel 酷睿 i5   b）AMD 速龙 X2

图 1-9 台式计算机外观   图 1-10 微型机 CPU 示例

CPU 由逻辑部件、寄存器部件和控制部件等组合而成。

- 逻辑部件（Logic Components）执行定点或浮点算术运算操作、移位操作及逻辑操作，也可执行地址运算和转换。
- 寄存器部件包括通用寄存器、专用寄存器和控制寄存器。通用寄存器又可分定点数和浮点数两类，它们用来保存指令执行过程中临时存放的寄存器操作数和中间（或最终）的操作结果。
- 控制部件（Control Unit）主要负责对指令译码，发出为完成每条指令所要执行的各个操作的控制信号。

CPU 的主要性能指标包括主频、缓存大小、内核数量、架构等。

2. 存储器

存储器是用于存放程序和数据的部件。按功能和所处位置的不同，存储器分为内部存储器和外部存储器两大类。随着计算机技术的发展，在 CPU 和内存储器之间又设置了高速缓冲存储器。

（1）内部存储器

内部存储器简称内存，是计算机中重要的部件之一，它是与 CPU 进行沟通的桥梁。计算机中所有程序的运行都是在内存中进行的，因此内存的性能对计算机的影响非常大。内存的作用是暂时存放 CPU 中的运算数据，以及与硬盘等外部存储器交换的数据。只要计算机在运行中，CPU 就会把需要运算的数据调到内存中进行运算，当运算完成后 CPU 再将结果传送出去。内存条的外观如图 1-11 所示。

图 1-11　内存条

内存的主要技术指标有存储容量和存取速度。

计算机中的信息用二进制表示，常用的单位有位、字节、字。

位（bit）是二进制的一个数位（取值 0 或 1），它是存储信息的最小单位。

字节（byte）用 B 表示，1 个字节由 8 个二进制位组成。字节是计算机领域表示信息的基本单位，在此基础上衍生了一些常见的信息计量单位，包括千字节（KB）、兆字节（MB）、十亿字节（GB）、万亿字节（TB）等。

$1B = 8bit$

$1KB = 2^{10}B = 1024B$

$1MB = 2^{10}KB = 1024KB = 1\ 048\ 576\ B$

$1GB = 2^{10}MB = 1024MB = 1\ 073\ 741\ 824\ B$

$1TB = 2^{10}GB = 1024GB = 1\ 099\ 511\ 627\ 776\ B$

目前计算机中常见的内存容量为 8GB、16GB、32G、64G 和 128G 等。

内部存储器按读/写方式分为随机存取存储器和只读存储器两类。

随机存取存储器（Random Access Memory，RAM）中的信息可以通过指令随时读取和写入，在工作时存放运行的程序和使用的数据，系统内存主要由这类存储器构成。断电后 RAM 中的内容消失。根据工作原理的不同，RAM 又分为静态 RAM（SRAM）和动态 RAM（DRAM）。

只读存储器（Read Only Memory，ROM）只允许用户读取数据，不能写入。ROM 中存储的数据通常都是装入主机之前就写好的，工作的时候只能读取而不能像 RAM 那样写入。ROM 所存储的数据十分稳定，就算断掉电源也不会丢失，因此 ROM 通常用于存放系统核心程序和服务程序。开机后，ROM 中就有程序和数据，断电后 ROM 中的程序和数据也不会丢失。

ROM 有很多类型，如固定内容 ROM、可一次编程 ROM、可擦除 ROM（又分为紫外线擦除电写入（EPROM）和电擦除电写入（E²PROM）等类型）。随着存储技术的发展，某些类型的 ROM 也可以通过特定的程序写入，但是由于写入的一般是系统程序或配置数据，因此必须非常谨慎。

（2）高速缓冲存储器

随着计算机技术的发展，CPU 的速度不断提高，对内存的存取速度的要求也越来越高，CPU 和内存之间在速度方面严重不匹配。为了协调二者之间的速度差异，综合考虑存储容量、存取速度及成本之间的矛盾，采用了 Cache-主存存储结构，即在主存和 CPU 之间设置高速缓冲存储器（Cache）。Cache 采用双极型静态 RAM（SRAM），容量较小，但存取速度很快，是 DRAM 的十倍左右，这就很好地解决了 CPU 与内存之间性能的差异，成本又在可接受范围。

高速缓冲存储器往往采用多级结构，一般分为一级缓存（L1 Cache）和二级缓存（L2 Cache）。L1 Cache 集成在 CPU 内部，通过高速总线与 CPU 相连。内置的 L1 Cache 的容量和结构对 CPU 的性能影响较大，不过高速缓冲存储器均由静态 RAM 组成，结构较复杂，在 CPU 管芯面积不能太大的情况下，L1 Cache 的容量不可能做得太大。为了再次提高 CPU 的运算速度，在 CPU 外部放置高速存储器，即二级缓存。CPU 在读取数据时，先在 L1 Cache 中寻找，再从 L2 Cache 寻找，然后是内存。一些计算机还有三级缓存（L3 Cache），有外置的，也有内置的。L3 Cache 的应用可以进一步降低内存延迟，同时提升大数据量计算时 CPU 的性能。

（3）外部存储器

外部存储器简称外存，也称辅助存储器。外存的读/写速度要比内存低，但存储容量比内存要大得多，断电后信息依然存在。所以，外存用来存放需要长期保存的程序和数据。开机时，根据需要将要运行的程序和数据从外存读入内存，程序产生的结果可以写入外存长期保存。外存的类型非常多，比较常用的有硬盘、光盘、U 盘等。

在微型计算机中使用最普遍的外存是硬盘。硬盘有机械硬盘（HDD，即传统硬盘）、固态硬盘（SSD）和混合硬盘（Hybrid Hard Disk，HHD）。HDD 采用磁性碟片来存储，SSD 采用闪存颗粒来存储，混合硬盘是把 HDD 和 SSD 集成到一起的一种硬盘。

1）机械硬盘。目前，机械硬盘仍然使用广泛。机械硬盘是一种精密的机械装置，信息存储的载体是涂有磁性涂层的多张圆盘片，通过磁头读/写信息，如图 1-12 所示。磁头可沿盘片的半径方向运动，加上盘片每分钟几千转的高速旋转，磁头就可以定位在盘片的指定位置进行数据的读/写操作。信息通过离磁性表面很近的磁头写到磁盘上，可以通过相反的方式读取信息。

机械硬盘的常用性能指标有：

- 容量。一般硬盘厂商定义的单位 1GB = 1000MB，而系统定义的 1GB = 1024MB，所以会出现硬盘上的标值大于格式化容量的情况，这算业界惯例，属于正常情况。
- 转速。转速是指硬盘内电动机主轴的转动速度，单位是 rpm（每分钟旋转的次数）。转速是决定硬盘内部传输率的决定因素之一，它的快慢在很大程度上决定了硬盘的速度。
- 最高内部传输速率。这是硬盘的外圈的传输速率，它是指磁头和高速缓存之间的最高数据传输速率。

- 平均寻道时间。这是指硬盘磁头移动到数据所在磁道所用的时间，单位为毫秒（ms）。平均寻道时间越短，硬盘的读取数据能力就越高。

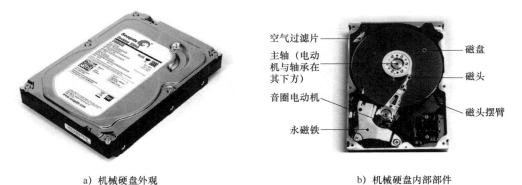

a）机械硬盘外观　　　　　　　　　　　　b）机械硬盘内部部件

图 1-12　机械硬盘

2）固态硬盘。固态硬盘（Solid State Drive，SSD）是用固态电子存储芯片阵列制成的硬盘，如图 1-13 所示。固态硬盘的存储介质分为两种：一种是采用闪存（Flash 芯片）作为存储介质，另外一种是采用 DRAM 作为存储介质。基于闪存的固态硬盘比较多见。SSD 内部构造简单，其内部主体其实就是一块印制电路板

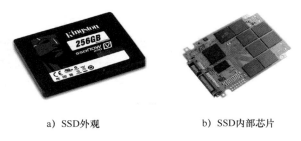

a）SSD外观　　　　　　　　b）SSD内部芯片

图 1-13　固态硬盘

（PCB），这块 PCB 上最基本的配件就是控制芯片、缓存芯片（部分低端硬盘无缓存芯片）和用于存储数据的闪存芯片。固态硬盘的接口规范和定义、功能及使用方法与普通硬盘基本相同，外形和尺寸也与普通的 2.5in（1in＝0.0254m）硬盘一致。

固态硬盘具有机械硬盘不具备的读/写快速、质量轻、能耗低及体积小等优点。但其价格相对机械硬盘较昂贵、容量较低，一旦硬件损坏，数据较难恢复；另外，基于闪存的固态硬盘具有擦写次数限制，耐用性相对较差。

3）光盘。光盘是利用光学方式进行信息存储的圆盘，如图 1-14a 所示。它应用了光存储技术，使用激光在某种介质上写入信息，然后再利用激光读出信息。光盘便于携带、存储容量大、价格低。光盘的规格有很多，有的只能一次性写入，如 CD-ROM、DVD-ROM 等；有的可以多次重复写入，如 CD-RW、DVD-RAM 等。不同规格的光盘容量也不同，如 CD-ROM 的容量只有 700MB 左右，DVD 的容量可以达到 4.7GB，蓝光光盘的容量则可以达到 25GB。一些企业或数据中心会利用大容量光盘库作为存储介质，进行海量数据的存档。

光盘在计算机上读/写需要使用光盘驱动器（简称光驱），如图 1-14b 所示。光驱通过接口连接到计算机上，有外置式和内置式两种形式。外置光驱通过 USB 等接口与计算机连接。内置光驱安装在计算机的内部，通过 SATA、SCSI 等接口与主板连接。光驱的读/写能力与具体型号有关，也必须与光盘的类型相匹配。

4）U 盘。U 盘的全称是 USB 闪存盘（USB Flash Disk），是一种使用 USB 接口的无需物理驱动器的微型高容量移动存储产品，如图 1-15 所示。U 盘结构简单，使用闪存颗粒作为存储介质，通过 USB 接口与计算机相连。U 盘体积小、存储量大、携带方便，是一种使用广泛的移动存储设备。

a）光盘　　　　　　　b）光驱　　　　　　　　　　a）U盘外观　　　　b）U盘内部芯片

图 1-14　光盘与光盘驱动器　　　　　　　　图 1-15　U 盘

3. 输入设备

输入设备是向计算机输入信息的设备。人们通过各种输入设备将原始的程序和数据传送到计算机内部。输入信息的形式包括文本、数值、图像、音频等，需要采用适当的设备接收信息的输入，并将这些信息转换为计算机可以处理的形式。输入设备种类很多，如键盘、鼠标、传声器、摄像头、扫描仪、光笔、触摸板、游戏杆等都属于输入设备。键盘和鼠标是最常用的基本输入设备。

4. 输出设备

输出设备是将计算机的执行过程和执行结果展示出来的设备。输出设备将计算结果数据或信息以字符、数字、图像、声音等人们容易理解的形式表现出来。常见的输出设备有显示器、打印机、绘图仪、影像输出系统、语音输出系统、磁记录设备等。其中，显示器、打印机是最常用、最基本的输出设备。

（1）显示器

显示器（Display）通常也被称为监视器，是微型机必备的一种输出设备。显示器以动态、可视形式向人们展示计算机的运行过程和运行结果。台式机的显示器通过线缆与主机相连，常见的接口类型有 VGA、DVI、HDMI、DP 等。显示器经过了漫长的发展，从早期的单色显示器发展到彩色显示器。显示器的类型很多，有 CRT、LCD、LED、OLED、等离子体等。

目前，微型机上使用较多的是 LCD 显示器，即液晶显示器，其优点是机身薄、占地小、辐射小。液晶显示器的内部有很多液晶粒子，它们有规律地排列成一定的形状，当显示器收到计算机要显示的信息时，控制每个液晶粒子转动到不同颜色的面，组合成不同的颜色和图像。

显示器的基本技术参数有：

1）尺寸。显示器的尺寸一般用其显示部分的对角线长度表示，单位是英寸（1in = 2.54cm）。在长宽比一致的情况下，实际面积与对角线长度成二次方关系；对于长宽比不同的显示器，例如 16∶9 和超宽的 21∶9 显示器，尺寸对比并不能直接反映两者屏幕面积的大小。

2）分辨率。分辨率又称解析度、解像度。分辨率是屏幕上纵、横像素数的一种表示方式。例如分辨率为 1920×1080，就是说这台显示器横向共有 1920 个像素点，纵向共有 1080 个像素点。同一尺寸的显示器，分辨率越高，显示的画面就越细腻。目前主流显示器的分辨率为 1920×1080（1080P），2560×1440（2K）、3840×2160（4K）等。

尺寸和分辨率只是显示器最基本的技术参数，显示器的显示质量还与亮度、对比度、刷新率、响应时间、色域覆盖范围等许多参数有关。

（2）打印机

打印机（Printer）是计算机的输出设备之一，用于将计算机处理结果打印在相关介质上，供人们阅读和长期保存。打印可以是单色的，也可以是彩色的。常用的打印机有针式打印机、喷墨打印机和激光打印机三种，如图 1-16 所示。针式打印机在很长一段时间曾经占有着重要的地位，其打印原理是控制打印针冲击色带形成墨点，组成文字或图像。喷墨打印机的工作原理是先产生小墨滴，再利用喷墨头把细小的墨滴喷射至设定的位置上。激光打印机的工作原理类似静电复印机，经过转换—曝光—转印—显影—定影这一过程在介质上生成打印的图案。

a）针式打印机　　　　　　b）喷墨打印机　　　　　　c）激光打印机

图 1-16　打印机示例

目前，针式打印机已经比较少见，但在银行、会计、超市等行业还有应用，常用来打印票据。喷墨打印机有良好的打印效果且价位较低，使用比较普遍。激光打印机打印速度快，价格要比喷墨打印机高一些，但从单页的打印成本上讲，激光打印机要更便宜，其使用非常广泛。

打印机的技术参数主要有：

1）打印幅面。打印幅面是衡量打印机输出文图页面大小的指标。一般用单页纸的规格表示，打印幅面有 A3、A4、A5 等。

2）打印分辨率。打印分辨率是衡量打印机质量的一项重要技术指标。计算单位是 dpi（dot per inch），其含义是指每英寸内打印的点数。打印分辨率一般指最大分辨率，分辨率越大，打印的质量越好。

3）打印速度。打印机的打印速度用每分钟打印多少页纸（PPM）来衡量。通常打印速度的测试标准为 A4 标准打印纸、300dpi 分辨率、5% 覆盖率。

5. 主板

主板又称主机板（Main Board）、系统板（System Board）或母板（Mother Board），是计算机部件中最重要、最基础的硬件设备之一。它的主要作用是将计算机各个硬件设备相互连接，使得它们能够相互配合。主板示例如图 1-17 所示。

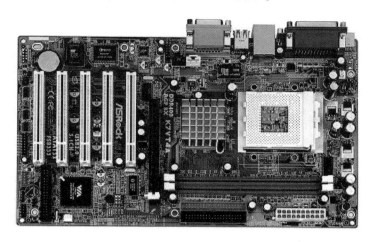

图 1-17　主板示例

主板类型不同，采用的结构形式、接口类型和数量等细节各不相同。一般主板包括的主要部件有：CPU 插座、内存条插槽、板卡扩展槽、主板芯片组、BIOS 系统、时钟发生器、SATA 接口、电源模块等。微型计算机的 CPU、内存、硬盘、输入/输出接口，以及其他各种电子元器件都是安装在这个主板上的。主板的基本结构示意如图 1-18 所示。

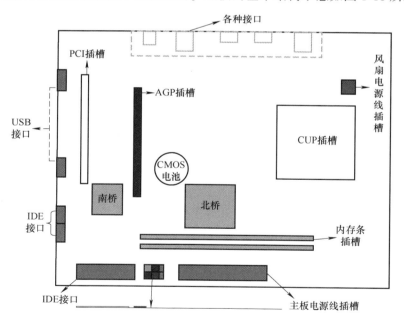

图 1-18　主板的基本结构示意

主板的主要功能是供电、提供时钟信号，以及加电时初始化各个设备等。主板是计算机核心硬件的连接平台，通过主板提供的接口，CPU、内存、硬盘、光驱等才能连接在一起。主板提供多个扩展插槽，各种用途的电路板能够插到主板上。主板为外部设备提供了多个接口，如 USB 接口、网线接口、显示器接口等。

微型计算机采用总线实现 CPU、存储器和外部输入/输出设备之间的信息连接。所谓总线（Bus）是指能为多个功能部件服务的一组信息传送线，是 CPU、存储器和外部输入/输出接口之间相互传送信息的公共通路。按功能不同，计算机的总线又可分为地址总线、数据总线和控制总线三类。主机的各个部件通过总线相连接，外部设备通过相应的接口电路再与总线相连接，从而形成了计算机硬件系统。

1.2.4　微型计算机的性能指标

一台计算机由硬件系统和软件系统共同组成，计算机的性能主要取决于硬件系统，但与软件系统也有关系，因此评价一台计算机的性能并不简单。从一般用户购买或使用微型计算机的角度，并不需要精确评价计算机的性能，只需考虑一些主要指标，得到基本判断就可以了。微型机主要包括台式计算机和笔记本计算机两大类，它们追求的目标不完全相同，因此评价指标也不一样。下面以台式计算机为例介绍主要性能指标。

（1）运算速度

运算速度是衡量计算机性能的一项重要指标。计算机的运算速度是指每秒钟所能执行的指令条数，一般用"百万条指令/秒"（Million Instruction per Second，MIPS）来描述。由于计算机内各类指令的执行时间是不同的，各类指令的使用频度也不相同，一般采用"等效指令速度描述法"，即根据不同类型指令在使用过程中出现的频繁程度，乘上不同的系数，求得统计平均值。

对于微型计算机，用户往往难以得到计算机运算速度的测量值。计算机的运算速度与CPU 主频、核心数、高速缓存容量、总线宽度、内存大小、外存读取速度等都有关系。可以粗略认为，CPU 主频越高运算速度就越快，CPU 内核数量越多速度越快，高速缓存越大速度越快，内存越大速度越快。

（2）字长

计算机在同一时间内处理的一组二进制数称为计算机的一个"字"，而这组二进制数的位数就是"字长"。在其他指标相同时，字长越大计算机处理数据的速度就越快。早期的微型计算机的字长一般是 8 位或 16 位，后来逐渐以 32 位为主，现在大多都是64 位的。

（3）内存

内存是 CPU 可以直接访问的存储器，需要执行的程序与需要处理的数据就是存放在内存中的。内存容量的大小反映了计算机即时存储信息的能力。随着操作系统的升级，以及应用软件的不断丰富和其功能的不断扩展，人们对计算机内存容量的需求也不断提高。内存容量越大，系统功能就越强大，能处理的数据量就越庞大。内存处理数据的速度主要取决于内存芯片的规格，占据市场主流的 DDR、DDR2、DDR3、DDR4 工作频率越来越高，数据读取速度越来越快。

（4）外存

外存通常是指硬盘。其容量越大，可存储的信息就越多，可安装的应用软件就越丰富。目前主流的硬盘容量大约在几百 GB 到几 TB。另外，不同类型的硬盘数据读/写速度不同，粗略而言固态硬盘最快，混合硬盘次之，其次是机械硬盘。硬盘数据读/写速度还与接口有关，一般而言 SATA 接口的快于 IDE 接口的。

除了上述这些主要性能指标外，微型计算机还有其他一些指标，例如主板规格、显卡类型、电源稳定性、可靠性、所配置系统软件的情况等。各项指标之间也不是彼此孤立的，计算机的性能是一个复杂的问题，并不能仅靠几个简单的指标就能完全说明。此外，计算机厂商的综合能力也非常重要，指标相同的一组硬件也可能组装出性能差异明显的计算机。

1.2.5 微型计算机的软件系统

硬件系统为计算机运行提供了物质基础，但仅有硬件系统，计算机无法完成任何计算任务，只有配备必要的软件系统，计算机才能真正发挥作用。计算机软件有很多种，按用途可以分为系统软件和应用软件两大类。计算机软、硬件系统的关系如图 1-19 所示。

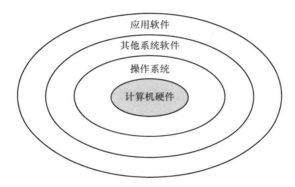

图 1-19　计算机软、硬件系统的关系

1. 系统软件

系统软件是指控制和协调计算机及外部设备，支持应用软件开发和运行的系统。它一般由计算机厂商或专业软件公司开发。系统软件包括操作系统、支撑软件、语言处理程序、数据库管理系统等。

（1）操作系统

在计算机软件中最重要且最基本的就是操作系统（OS）。它是最底层的软件，它控制所有计算机运行的程序并管理整个计算机的资源，是计算机裸机与应用程序及用户之间的桥梁。用户可以通过操作系统的用户界面输入命令，操作系统则对命令进行解释，驱动硬件设备，实现用户要求。没有操作系统，用户几乎无法使用计算机。

从功能角度看，操作系统的主要功能是处理器管理、存储管理、进程管理、文件管理、输入/输出设备管理。从用户的角度看，操作系统把对计算机硬件的操作封装起来，屏蔽底层细节，为用户提供友好的界面，用户可以方便地使用计算机。

在微机上比较流行的操作系统有 Windows、Linux、Max OS X 等。

（2）支撑软件

支撑软件对计算机系统起支持作用，或者支持其他软件的开发，包括：程序编制与维护的软件，计算机进行测试、诊断、排除故障的软件，对文件夹进行编辑、显示、传送、调试的软件，以及进行计算机病毒检测、防范网络攻击的软件等。

（3）语言处理程序

软件是使用程序设计语言开发出来的。计算机只能直接识别和执行机器语言，因此要在计算机上运行程序就必须配备语言处理程序。语言处理程序本身是一组程序，不同的高级语言都有相应的语言处理程序。

将编写好的源程序翻译为机器可以执行的指令，这一步称为编译。程序设计语言分为机器语言、汇编语言和高级语言。目前使用最多的是高级语言，常见的高级语言有C/C++、Java、Python、Fortran 等。这些语言有的是编译型的，有的是解释型的，但都需要将源代码翻译为机器代码。完成这种翻译的软件称为编译软件，通常把它们归入系统软件。

进行程序开发需要有相应的程序开发环境。早期程序开发使用命令行方式，有编辑器、编译器、链接器和调试器等。现在一般使用集成开发环境，将编辑、编译、链接、运行、调试等集成在一起。

（4）数据库管理系统

计算机的主要功能就是处理信息，人们经常把大量的、有组织的信息存放在计算机中，形成数据库。所谓数据库，就是以一定的方式存储在一起、能与多个用户共享、具有尽可能小的冗余度、与应用程序彼此独立的数据集合。数据库管理系统是一种操纵和管理数据库的大型软件，用于建立、使用和维护数据库，保证数据的安全性和一致性。常见的数据库管理系统有 Access、SQL Server、Oracle 和 MySQL 等。

2. 应用软件

人们使用计算机有各种各样的需要，需要完成特定的任务。针对用户的具体问题而开发的，用于解决实际问题的软件，属于应用软件。当然，应用软件是在系统软件，特别是操作系统的支撑下运行的，需要使用操作系统提供的服务，但又相对独立。

应用软件数量众多，常见的类别包括日常办公、图形图像处理、科学计算、财务管理、工程管理、辅助工具、网络通信等，并在不断开发中。人们常用的如办公软件 MS Office、计算机辅助设计软件 AutoCAD、图像处理软件 Photoshop、科学计算软件 MATLAB 等都是应用软件。

1.3　数制与编码

1.3.1　计算机中的信息表示

冯·诺依曼体系计算机对信息（包括程序和数据）采用二进制形式表示，即用 0 和 1 两个基本符号的组合来表示所有信息。计算机内部是一个二进制的世界，一切信息的存取、处理、传送都采用二进制形式。

人们在自然状况下使用的文字、数值、图像、声音、视频等并不是用二进制表示的，因此人与计算机进行交互时就要进行信息形式的转换。在输入时，需要将文字、数值、图像等转换为计算机可以识别的二进制形式；在输出时，需要将计算机内部的二进制形式的信息转换为人们熟悉的文字、数值、图像等形式。人与计算机交互时信息表示形式的转换如图 1-20 所示。

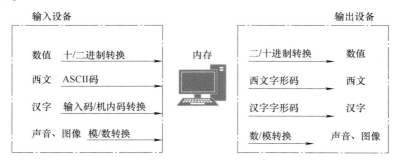

图 1-20　人与计算机交互时信息表示形式的转换

同样的信息，人类在自然状况和计算机内部采用的表达形式不同，这就是信息编码问题。所谓编码，就是采用有限的基本符号，通过某些确定的原则，对这些基本符号进行组合，用来描述大量的、复杂多变的信息。信息编码的两个要素是确定基本符号集合和符号组合的规则。例如，用 26 个英文字母的组合表示词汇和句子，用阿拉伯数字 0~9 的组合表示数值，这就是一种信息编码。

1. 3. 2　数制

日常生活中最常用的数值表示方法是用 0~9 共 10 个基本符号，逢 10 进 1。其实还可以采用其他方法来表示数值。表示数值的方法称为数制（Number System），有非进位数制和进位数制两类。人们普遍使用的是进位数制，如最常用的十进制，计算机中的二进制及八进制、十六进制等。

进位计数制是用一组固定的符号和统一的规则表示数值，存在进位情况。下面介绍几个基本概念。

（1）基数

基数（Radix）是指各种进位计数制中所使用的基本符号的个数，用 R 表示。例如：十进制使用 0~9 共 10 个基本符号；二进制使用 0、1 共 2 个基本符号；八进制使用 0~7 共 8 个基本符号；十六进制使用 0~9 及 A、B、C、D、E、F 共 16 个基本符号。

（2）进位规则

逢 R 进 1。十进制逢 10 进 1，二进制逢 2 进 1，八进制逢 8 进 1，十六进制逢 16 进 1。

（3）位权

由多个不同的基本符号组合起来表示较大的数值，一般采用从左到右的排列方式，左边是高位、右边是低位。处在不同位置的相同数字表示的实际数值不同。数制中某一位上的 1 所表示的数值的大小就是位权，它表示所处位置的价值。位权的大小是基数 R 的某个整数次幂，即 R^i。小数点向左第一位的位权是 R^0，第二位的位权是 R^1，第三位的位权是 R^2，以此类推；小数点向右第一位的位权是 R^{-1}，第二位的位权是 R^{-2}，第三位的位权是 R^{-3}，以此类推。

例如，十进制数（123. 45）$_{10}$ 的位权如下：

$$1 \quad 2 \quad 3 \quad . \quad 4 \quad 5$$
$$\uparrow \quad \uparrow \quad \uparrow \quad \quad \uparrow \quad \uparrow$$
$$10^2 \quad 10^1 \quad 10^0 \quad \quad 10^{-1} \quad 10^{-2}$$

二进制数（101.01）$_2$ 的位权如下：

$$1 \quad 0 \quad 1 \quad . \quad 0 \quad 1$$
$$\uparrow \quad \uparrow \quad \uparrow \quad \quad \uparrow \quad \uparrow$$
$$2^2 \quad 2^1 \quad 2^0 \quad \quad 2^{-1} \quad 2^{-2}$$

根据位权的概念，数值中某位表示的是该位的数字与其位权的乘积，则该数值可以写成按位权展开的多项式之和。例如（101.01）$_2$ 按位权展开：

$$(101.01)_2 = 1 \times 2^2 + 0 \times 2^1 + 1 \times 2^0 + 0 \times 2^{-1} + 1 \times 2^{-2}$$

人们最常用的数制是十进制，计算机领域常用的数制是二进制、八进制和十六进制。表 1-1 列出整数 0~15 的 4 种数制表示。

表 1-1　整数 0~15 的 4 种数制表示

十 进 制 数	二 进 制 数	八 进 制 数	十六进制数
0	0	0	0
1	1	1	1
2	10	2	2
3	11	3	3
4	100	4	4
5	101	5	5
6	110	6	6
7	111	7	7
8	1000	10	8
9	1001	11	9
10	1010	12	A
11	1011	13	B
12	1100	14	C
13	1101	15	D
14	1110	16	E
15	1111	17	F

1.3.3　不同数制之间的转换

任何两个不同进制之间都可以相互转换。经常使用的进制之间的转换有 3 类：非十进制转换为十进制，十进制转换为非十进制，二、八、十六进制之间的转换。

1. 非十进制转换为十进制

使用位权展开法可以将非十进制转换为十进制。具体方法为：将非十进制数每位上的数字乘以所在位的位权，再将这些乘积相加求和，和值就是其对应的十进制数。

【例 1-1】将二进制数（111.101）$_2$ 转换为十进制数。

$$(111.101)_2 = 1 \times 2^2 + 1 \times 2^1 + 1 \times 2^0 + 1 \times 2^{-1} + 0 \times 2^{-2} + 1 \times 2^{-3} = (7.625)_{10}$$

【例1-2】 将八进制数 $(732.6)_8$ 转换为十进制数。

$$(732.6)_8 = 7 \times 8^2 + 3 \times 8^1 + 2 \times 8^0 + 6 \times 8^{-1} = (474.75)_{10}$$

【例1-3】 将十六进制数 $(1CF.2)_{16}$ 转换为十进制数。

$$(1CF.2)_{16} = 1 \times 16^2 + 12 \times 16^1 + 15 \times 16^0 + 2 \times 16^{-1} = (463.125)_{10}$$

2. 十进制转换为非十进制

将十进制数转换为非十进制数（R 进制，$R \neq 10$）时，需要将此数分为整数部分和小数部分分别进行转换，然后再拼接在一起。

（1）整数的转换方法

采用除基取余法将十进制整数转为 R 进制整数。计算规则为"除基取余，倒排余数"。具体方法为：将十进制整数整除以基数 R，得到商和余数；得到的商继续整除以 R，直到商为 0 为止；将各次整除所得到的余数按倒序排列，即为所求的 R 进制整数。

【例1-4】 将 $(75)_{10}$ 转换为二进制数

结果为 $(75)_{10} = (1001011)_2$。

（2）小数的转换方法

将十进制小数转换为非十进制小数采用乘基取整法。计算规则为"乘基取整，顺排整数"。具体方法为：将十进制小数乘以基数 R，得到的积取整数部分；对积的小数部分继续乘以 R，直到积的小数部分为 0 或满足精度要求为止；将各次得到的整数按顺序排列，前面加上小数点后即为所求的 R 进制小数。

需要指出的是，在十进制小数转换为 R 进制小数时，有些十进制小数不能用 R 进制小数准确表示，这种情况下要预先给出精度要求，一般是要求小数点后达到多少位。另外，在操作过程中，是对所得积的小数部分再次进行乘基运算，忽略整数部分。

【例1-5】 将十进制小数 0.3125 转换成二进制小数。

经过几次乘基（$R=2$）运算后，积的小数部分为 0，说明转换已经完成，该小数可以用二进制小数准确表示。计算结果为 $(0.3125)_{10}=(0.0101)_2$。

【例 1-6】 将十进制小数 0.4 转换成二进制小数。

$$
\begin{array}{r}
0.4 \\
\times \qquad 2 \qquad 整数 \\
\hline
0.8 \qquad 0 \\
\times \qquad 2 \\
\hline
1.6 \qquad 1 \\
\times \qquad 2 \\
\hline
1.2 \qquad 1 \\
\times \qquad 2 \\
\hline
\boxed{0.4} \qquad 0 \\
\times \qquad 2 \\
\hline
0.8 \qquad 0 \\
\times \qquad 2 \\
\hline
1.6 \qquad 1
\end{array}
$$

高位 ↓ 低位

可以看到，经过 4 次乘基取整后，积又是 0.4，可以推断后面的整数序列必然无限重复 0110，即 $(0.4)_{10}=(0.0110\ 0110\ 0110\ \cdots)_2$，说明不能用有限位小数准确表示。对这样的情况，预先指定保留的小数位数，通过舍入得到其近似表示。例如，若指定小数点后保留 4 位，则 $(0.4)_{10}=(0.0110)_2$。

一般十进制实数既有整数部分也有小数部分，则分别将整数和小数转换后，再将两部分中间加上小数点，拼在一起即可。

3. 二进制、八进制、十六进制之间的转换

二进制、八进制、十六进制之间有特殊关系，$8^1=2^3$，$16^1=2^4$，即 1 位八进制对应 3 位二进制，1 位十六进制位对应 4 位二进制，它们之间的转换比较容易。

（1）八进制转换为二进制

采用的方法是"1 位拆 3 位"，即对于每个八进制位，写出对应的 3 位二进制数。

【例 1-7】 将 $(236.47)_8$ 转换为二进制数。

$$
\begin{array}{ccccccc}
(& 2 & 3 & 6 & . & 4 & 7 &)_8 \\
& \downarrow & \downarrow & \downarrow & & \downarrow & \downarrow & \\
(& 010 & 011 & 110 & . & 100 & 111 &)_2
\end{array}
$$

（2）十六进制转换为二进制

采用的方法是"1 位拆 4 位"，即对每个十六进制位写出对应的 4 位二进制数。

【例 1-8】 将 $(2C1.A1)_{16}$ 转换为二进制数。

$$
\begin{array}{cccccc}
(& 2 & C & 1 & . & A & 1 &)_{16} \\
& \downarrow & \downarrow & \downarrow & & \downarrow & \downarrow & \\
(& 0010 & 1100 & 0001 & . & 1010 & 0001 &)_2
\end{array}
$$

（3）二进制转换为八进制

以小数点为中心分别向左右进行分组，每 3 位为 1 组，两头不足 3 位的则补 0，然后写出每个组 3 位二进制数的八进制。

【例 1-9】 将（10110001.10101）$_2$ 转换为八进制数。

$$(10110001.10101)_2$$

$$(010 \quad 110 \quad 001.101 \quad 010)_2$$

$$(2 \quad 6 \quad 1 . 5 \quad 2)_8$$

（4）二进制转换为十六进制

以小数点为中心分别向左右进行分组，每 4 位为 1 组，两头不足 4 位的则补 0，然后写出每个组 4 位二进制数的十六进制。

【例 1-10】 将（101100011.111011）$_2$ 转换为十六进制数。

$$(101100011.111011)_2$$

$$(0001 \quad 0110 \quad 0011.1110 \quad 1100)_2$$

$$(1 \quad 6 \quad 3 . E \quad C)_{16}$$

1.3.4 二进制数及其运算

1. 二进制的优点

计算机内部使用二进制，基本符号只有 0 和 1。计算机内部为什么要使用二进制，而不使用人们熟知的十进制呢？

（1）二进制容易用物理器件实现。

具有两种稳定状态的元器件（如晶体管的导通和截止、继电器的接通和断开、电脉冲电平的高低等）容易实现，而具有 10 种稳定状态的元器件难以实现。只要一个事物具有两种状态，就可以用来表示二进制数，例如电压的高低、磁极的取向、表面的凹凸等。

（2）二进制运算规则简单

二进制数的算术运算规则简单。二进制的加法和减法运算都分别只有 3 条法则，乘法和除法运算可以基于加法和减法运算实现。也就是说，只需要实现极少的运算规则就可以执行算术运算，这有利于简化计算机内部结构。

（3）容易实现逻辑运算

二进制只有两个数码 0 和 1，正好与逻辑命题中的"真"（Ture）和"假"（False）相对应，这为实现逻辑运算提供了便利。

（4）抗干扰能力强

因为每位数据只有两个状态，当物理信号受到一定的干扰时，仍能可靠地分辨出它是 1 还是 0。例如，当用电压高低表示 1 和 0 时，即使电压值有一定的波动，也可以比较准确地分辨出是高还是低。

2. 二进制的算术运算

算术运算包括加、减、乘、除。二进制的算术运算规则比较简单，利用加法、减法可以实现乘法和除法运算。

（1）加法

二进制加法与十进制加法类似，只不过是"逢 2 进 1"。两个二进制数的加法运算遵循"按位相加，逢 2 进 1"的原则。加法运算规则有如下 3 条：

$0 + 0 = 0$

$1 + 0 = 0 + 1 = 1$

$1 + 1 = 10$（向高位进 1）

【例 1-11】求 $(10011.01)_2 + (100011.11)_2$

$$
\begin{array}{r}
1\,0\,0\,1\,1\,.\,0\,1 \\
+\quad 1\,0\,0\,0\,1\,1\,.\,1\,1 \\
\hline
1\,1\,0\,1\,1\,1\,.\,0\,0
\end{array}
$$

（2）减法

二进制减法与十进制减法类似，只不过借位时是"借 1 当 2"。两个二进制数的减法运算遵循"按位相减，借 1 当 2"的原则。减法运算规则有如下 3 条：

$0 - 0 = 1 - 1 = 0$

$1 - 0 = 1$

$0 - 1 = 1$（向高位借 1，借 1 当 2）

【例 1-12】求 $(1010110.00)_2 - (1101.11)_2$

$$
\begin{array}{r}
1\,0\,1\,0\,1\,1\,0\,.\,0\,0 \\
-\quad\quad 1\,1\,0\,1\,.\,1\,1 \\
\hline
1\,0\,0\,1\,0\,0\,0\,.\,0\,1
\end{array}
$$

对于二进制乘法和除法，当进行手动计算时，运算规则类似十进制的乘法和除法运算；在计算机中二进制乘法往往用加法和左移位运算实现，二进制除法用减法和右移位运算实现。

3. 二进制的逻辑运算

如果对二进制数码 1 和 0 赋予逻辑含义，分别表示逻辑值"真"（True）和"假"（False），就可以对二进制数进行逻辑运算。具有逻辑属性的变量称为逻辑变量，对逻辑变量可以进行逻辑运算。

（1）基本逻辑运算

基本的逻辑运算有三个：与、或、非。

1）逻辑与。逻辑与用运算符 ∧ 或 · 表示。只有当参与运算的两个逻辑值都为"真"时，运算结果才为"真"，其他情况均为"假"。运算规则如下：

$1 \wedge 1 = 1$

$1 \wedge 0 = 0$

$0 \wedge 1 = 0$

$0 \wedge 0 = 0$

2）逻辑或。逻辑或用运算符 $\vee$ 或+表示。只有当参与运算的两个逻辑值都为"假"时，运算结果才为"假"，其他情况都为"真"。运算规则如下：

$1 \vee 1 = 1$

$1 \vee 0 = 1$

$0 \vee 1 = 1$

$0 \vee 0 = 0$

3）逻辑非。逻辑非一般用运算符 ~ 表示，或者在逻辑值上方加一横线，如 $\overline{A}$。逻辑非是一元运算，是对逻辑值的取反操作。当逻辑值为"真"时，非运算的结果为"假"；当逻辑值为"假"时，非运算的结果为"真"。运算规则如下：

$\overline{1} = 0$

$\overline{0} = 1$

（2）按位逻辑运算

对于包含多个位的二进制数，可以进行按位逻辑运算，即对各个位分别施加上述的与、或、非运算。与、或运算是二元运算，非是一元运算。

1）按位与。对两个二进制数，按位分别进行逻辑与运算。

【例 1-13】 对 10101111 和 10011101 进行按位与。

$$
\begin{array}{r}
1\,0\,1\,0\,1\,1\,1\,1 \\
\wedge \quad 1\,0\,0\,1\,1\,1\,0\,1 \\
\hline
1\,0\,0\,0\,1\,1\,0\,1
\end{array}
$$

2）按位或。对两个二进制数，按各位分别进行逻辑或运算。

【例 1-14】 对 10101010 和 01100110 进行按位或。

$$
\begin{array}{r}
1\,0\,1\,0\,1\,0\,1\,0 \\
\vee \quad 0\,1\,1\,0\,0\,1\,1\,0 \\
\hline
1\,1\,1\,0\,1\,1\,1\,0
\end{array}
$$

3）按位非。对一个二进制数，按位分别进行逻辑非运算。

【例 1-15】 对 10101100 进行按位非。

$\overline{10101100} = 01010011$

1.3.5 数值型数据编码

计算机内部是二进制的世界，所有信息都用二进制表示。人们日常使用的数值、文字、图像、音频、视频等信息都要用二进制进行编码，才能在计算机中存储、处理和传送。计算机的一个主要功能是进行数值计算，数值信息如何在计算机中表示？在计算机中，整数和实数采用不同的编码方案。

1. 整数

对一个整数, 计算机内部会分配若干个二进制位用来存储它。如果整数有正负之分, 则用有符号整数表述, 否则用无符号整数表示。有符号整数将最高位的二进制位作为符号位。为了更有效地进行加法和减法操作, 引入 3 种整数的表示方法: 原码、反码和补码。

(1) 原码

最高位是符号位, 1 表示负号, 0 表示正号; 其他位存放该二进制数的绝对值。假设计算机用 8 位表示一个整数。例如, 7 的原码是 0000 0111, -7 的原码是 1000 0111。

(2) 反码

正数的原码和反码相同。负数的反码是将原码中除符号位以外的所有位 (数值位) 取反, 也就是 0 变成 1, 1 变成 0。例如, -7 的原码是 1000 0111, 反码是 1111 1000。

(3) 补码

正数的补码就是其原码。负数的补码是其反码加 1。例如, -7 的补码是 1111 1001。

下面用一个例子说明 3 种编码的关系。如图 1-21 所示为整数-77 的原码、反码和补码。

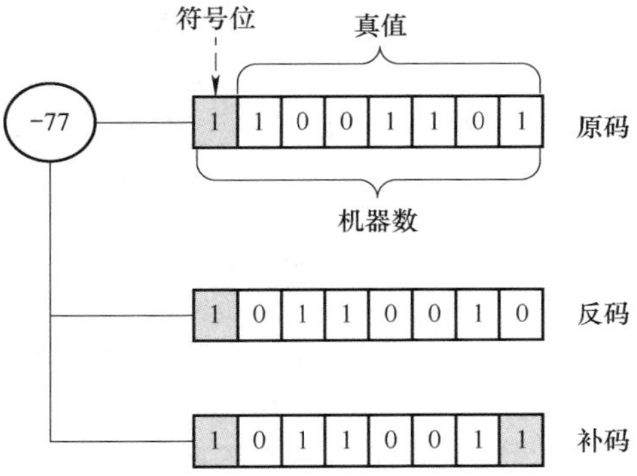

图 1-21 整数-77 的原码、反码和补码

2. 实数

带有小数的数据在计算机中常用两种方法表示: 定点表示和浮点表示。如果约定数据的小数点隐含在某个固定位置, 则称为定点表示法。如果小数点位置可以变动, 则称为浮点表示法。所以, 实数分为定点数和浮点数。

(1) 定点数

定点表示法中小数点位置不变, 约定在数值的某个位置上。有两种常见情况:

1) 约定小数点隐含在最低数值位后, 这样所有数值位表示的是整数, 称为定点整数。

2) 约定小数点隐含在最高数值位之前和符号位之后, 这样所有数值位表示的是小数, 称为定点小数。

计算机采用定点表示法时, 对于既有整数又有小数的原始数据, 需要设定一个比例因子, 数据按其缩小成定点小数或扩大成定点整数再参加运算, 运算结果根据比例因子再还原成实际数值。

(2) 浮点数

在浮点表示法中, 小数点的位置不是固定的, 而是浮动的。与科学计数法类似, 一般说来, 任何一个二进制数 N 可以表示为

$$N = r^E \times M$$

其中, M 是 N 的尾数, 是一个纯小数, 可正可负; E 是 N 的阶码 (Exponent), 是一个整数, 可正可负; r 是 N 的底数, 通常取 2。

在机器中表示一个浮点数时, 底数是事先约定好的, 在计算机中不出现。尾数用定

点小数形式表示，尾数部分决定了浮点数的精度。阶码用整数形式表示，阶码决定了浮点数的表示范围。尾数和阶码都要有符号位，因此一个浮点数由阶码和尾数及其符号位组成。

浮点数的一般格式为

$$\begin{array}{|c|c|c|c|}\hline J & J_1J_2J_3\cdots J_m & S & S_1S_2S_3\cdots S_n \\\hline\end{array}$$

这里，J 是阶符，表示阶码的正负；S 是数符，表示尾数的正负；阶码 $J_1J_2J_3\cdots J_m$ 有 m 位；尾数 $S_1S_2S_3\cdots S_n$ 有 n 位。

在浮点数中，阶码 E 的位数越大，能表示的数范围越大；尾数 M 的位数越大，数的有效精度越高。例如 1.111×2^{100}，其中 1.111 是尾数，100 是阶码，显然这里阶码占的位数为 3 位，尾数占的位数是 4 位。假如阶码占的位数是 4 位，尾数占的位数是 3 位（阶码和尾数所占位数总和不变），那么这个数就只能表示为 1.11×2^{0100}，显然能表示的数的范围变大了，而尾数从 1.111 变为 1.11，损失了 0.001，这就是精度的损失。

1.3.6　英文字符编码

文本信息要输入计算机也需要采用二进制形式编码。英文比较简单，字母数量有限，一般采用 ASCII 码表示。ASCII（American Standard Code for Information Interchange）是美国标准信息交换代码，1976 年被国际标准化组织确定为国际标准。ASCII 有 7 位版本和 8 位版本两种，国际通用的 7 位 ASCII 称为标准 ASCII（规定添加的最高位为 0），8 位 ASCII 称为扩充 ASCII。

标准 ASCII，每个字符用一个 7 位二进制数来表示。在计算机中一个字节是 8 位，正常情况下低 7 位用于表示 ASCII，最高位一般为 0，有时最高位也用作奇偶校验。ASCII 是包括 128 个字符的字符集，其中 94 个可打印或可显示。字符集中包括 10 个阿拉伯数字 0~9、52 个英文大小写字母、32 个标点符号和运算符，还有 34 个控制符。数字字符、大写字母、小写字母的 ASCII 码值按从小到大的顺序排列，小写字母的 ASCII 码值比大写字母的 ASCII 码值多 32，数字 0~9 的码值为 48~57。

标准 ASCII 编码表见表 1-2。

扩展 ASCII 编码是 8 位码，用 1 个字节表示，其中前 128 个码与标准 ASCII 编码是一样的，后 128 个码（最高位为 1）有不同的标准，并且与汉字的编码有冲突。

表 1-2　标准 ASCII 编码表

ASCII 值	字　符	ASCII 值	字　符	ASCII 值	字　符	ASCII 值	字　符
0	NUT	6	ACK	12	FF	18	DC2
1	SOH	7	BEL	13	CR	19	DC3
2	STX	8	BS	14	SO	20	DC4
3	ETX	9	HT	15	SI	21	NAK
4	EOT	10	LF	16	DLE	22	SYN
5	ENQ	11	VT	17	DCI	23	TB

（续）

ASCII 值	字　符	ASCII 值	字　符	ASCII 值	字　符	ASCII 值	字　符
24	CAN	50	2	76	L	102	f
25	EM	51	3	77	M	103	g
26	SUB	52	4	78	N	104	h
27	ESC	53	5	79	O	105	i
28	FS	54	6	80	P	106	j
29	GS	55	7	81	Q	107	k
30	RS	56	8	82	R	108	l
31	US	57	9	83	X	109	m
32	（space）	58	:	84	T	110	n
33	!	59	;	85	U	111	o
34	"	60	<	86	V	112	p
35	#	61	=	87	W	113	q
36	$	62	>	88	X	114	r
37	%	63	?	89	Y	115	s
38	&	64	@	90	Z	116	t
39	,	65	A	91	[	117	u
40	(	66	B	92	/	118	v
41	)	67	C	93	]	119	w
42	*	68	D	94	^	120	x
43	+	69	E	95	—	121	y
44	,	70	F	96	、	122	z
45	−	71	G	97	a	123	{
46	.	72	H	98	b	124	|
47	/	73	I	99	c	125	}
48	0	74	J	100	d	126	~
49	1	75	K	101	e	127	DEL

1.3.7　汉字编码

　　计算机如何处理非拉丁字母的文字（包括汉字）是多年来人们研究的课题。英文只有几十个字母，容易用键盘输入。而汉字数量庞大，还存在一字多音、一音多字现象，且汉字是方块文字，笔画复杂，如何显示打印也是一个难题。在汉字信息处理系统中，编码是关键，根据应用目的的不同，汉字编码分为输入码、机内码、交换码和输出码。

　　计算机处理汉字的基本过程是：用户使用输入码通过键盘输入汉字，再通过输入码找到汉字的机内码，在计算机内部使用机内码；需要显示或打印汉字时，根据机内码找到汉字的输出码，最后将汉字输出。当需要与其他代码系统交互时用交换码。

1. 输入码

输入码又称外码，是用来将汉字输入到计算机的一组键盘符号。人们根据汉字的属性设计了多种输入码，主要分为 3 类：数字编码、拼音编码、字形编码。现在流行的输入法一般都支持几种输入码。常用的输入码有拼音码、五笔字型码、自然码、表形码、认知码、区位码和电报码等。好的输入码编码规则简单、易学好记、操作方便、重码率低、输入速度快。

2. 机内码

在计算机内部汉字都用机内码表示，每一个汉字都有一个确定的二进制编码。通过输入码输入汉字后，要转化成机内码，才能进行存储和传送。每个汉字机内码占用 2 个字节，每个字节的最高位为 1，这样就能与 ASCII 编码（最高位为 0）区分开来。每个汉字的机内码是唯一的，这是不同中文信息系统之间交换信息的基础。

3. 交换码

交换码是指不同的具有汉字处理功能的计算机系统之间交换汉字信息时所使用的编码标准。自国家标准 GB/T 2312—1980《信息交换用汉字编码字符集 基本集》公布以来，我国一直沿用该标准所规定的国标码作为统一的汉字信息交换码。GB/T 2312—1980 标准包括了 6763 个汉字，在实际应用时常常感到不够。所以建议处理文字信息的产品采用 GB 18030—2022《信息技术 中文编码字符集》。这个标准中繁、简字均处同一平台，可解决 GB 码与 BIG 5 码间的字码转换不便的问题。

4. 输出码

输出码又称字形码、字模码，是为输出汉字对字形进行数字化处理后得到的一串二进制符号。汉字是方块文字，输出汉字时采用图形方式，无论汉字的笔画有多少，都可以写在同样大小的方块中。汉字的字形通常用点阵描述，早期采用 16×16 点阵，一个二进制位表示一个点，这样需要 32B 表示一个汉字的字形。还可以采用更大的点阵如 24 × 24、32 × 32、48 × 48 点阵等。点阵规模越大，汉字字形越精细，所需存储空间也越大。

点阵字体显示速度快，最大的缺点是不能放大，一旦放大后边缘就会出现锯齿。除了点阵字体外，广泛使用的还有矢量字体。矢量字体中每一个字形是通过数学曲线来描述的，这类字体的优点是字体轮廓光滑，可以任意缩放而不变形。

各种汉字编码之间的关系如图 1-22 所示。

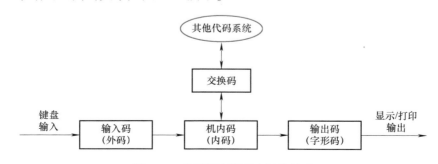

图 1-22　各种汉字编码之间的关系

1.4　多媒体技术

1.4.1　多媒体的相关概念

早期计算机只能处理文本，人机交互方式单调枯燥。现在的计算机都能处理多种形式的信息，如文本、图形、图像、音频、视频等，这是多媒体技术进步的结果。

1）媒体：在计算机领域，媒体是指信息的表现形式。

2）多媒体：是指融合两种以上媒体的信息综合表现形式，是多种媒体的综合、处理和利用的结果。

3）多媒体技术：是指以数字化为基础，能够对多种媒体信息进行采集、加工、存储和传递，并能在各种媒体信息之间建立起有机的逻辑联系，集成为一个具有良好交互性的系统的技术。

多媒体技术有以下 5 个特征。

1）多样性：媒体形式具有多样性。

2）交互性：用户可以与计算机中的多种信息媒体进行交互操作，从而为用户提供有效控制和使用信息的手段。

3）集成性：以计算机为中心综合处理多种信息媒体，它包括信息媒体的集成，以及媒体处理设备的集成。

4）数字化：媒体以数字形式存在。

5）实时性：声音、动态图像（视频）随时间变化。

1.4.2　多媒体计算机

多媒体计算机（Multimedia Computer，MC）是指能把视、听和计算机交互式控制结合起来，将媒体（如图像、音频、视频等）的获取、存储、处理和传输综合数字化所组成的一个完整的计算机系统。多媒体计算机是一个系统，它的层次结构如图 1-23 所示，包括硬件系统、软件系统、应用程序接口（API）、创作工具，以及多媒体应用系统。

多媒体计算机的硬件系统主要包括：

- 多媒体主机，如 PC、工作站、超级微机等。
- 多媒体输入设备，如摄像机、送话器、录像机、扫描仪、光驱等。
- 多媒体输出设备，如打印机、绘图仪、音箱、录音机、录像机、显示器等。
- 多媒体存储设备，如硬盘、光盘、磁带等。
- 多媒体功能卡，如视频卡、声音卡、压缩卡、家电控制卡、通信卡等。
- 操纵控制设备，如鼠标、操纵杆、键盘、触摸屏等。

多媒体计算机的软件系统包括：

- 支持多媒体的操作系统。
- 多媒体数据管理系统。
- 多媒体处理软件。

- 多媒体开发应用软件。
- 多媒体通信软件。

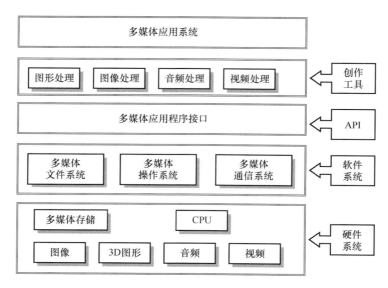

图 1-23　多媒体计算机系统的组成

现在微型机的功能已经很强大，可以构成多媒体计算机系统。能够处理多媒体的个人计算机称为多媒体 PC（Multimedia PC，MPC），MPC 具有图像、音频、视频采集、存储、处理能力。一台 MPC 典型的硬件组成如图 1-24 所示。

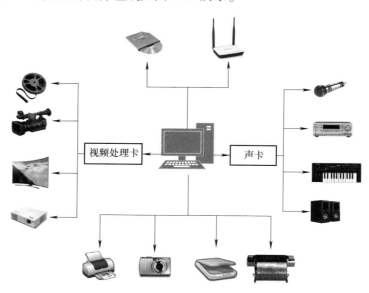

图 1-24　MPC 典型的硬件组成

多媒体计算机系统能够采集、存储、处理、传送多种媒体信息，对各种媒体素材进行处理是多媒体计算机的基本功能。常见的媒体素材包括图形、图像、音频、视频、动画等。

1.4.3　图形与图像

1. 图形与图像的区分

在计算机领域图形和图像是有区别的。图形一般指人工绘制的画面，基本组成是直线、圆、圆弧、曲线等几何形状，形式一般比较抽象。图像是由输入设备（如相机）捕捉的自然界真实场景。

计算机中常见的图像有两种类型：位图和矢量图。

位图又称点阵图，它是由许许多多的点组成的，这些点被称为像素。位图图像可以表现丰富的多彩变化并产生逼真的效果，易于在不同软件之间交换使用；但它在保存图像时需占用的存储空间较大，在进行旋转或缩放时边缘会产生锯齿。

矢量图通过数学向量的方式来进行描述和计算。使用这种方式记录的文件所占用的存储空间小，在进行旋转、缩放等操作时，可以保持对象光滑、无锯齿。

2. 位图图像的基本属性

位图图像的基本属性有图像尺寸、图像分辨率、颜色深度等。

图像尺寸是指图像幅面的大小，用长度×宽度表示。长度与宽度一般以像素为单位，也有的以厘米、英寸等为单位。

图像分辨率是单位长度内包含像素点的数量，通常以像素每英寸（Pixels per Inch，PPI）为单位来表示。例如分辨率为72PPI，表示每英寸包含72个像素点。分辨率越高，包含的像素点就越多，图像就越清晰，但占用的存储空间也越大。

颜色深度也称位深，是指每个像素可以显示的颜色数，一般用"位"（bit）为单位来描述。如果一个图片支持256种颜色，则每个像素需要8位二进制数，所以颜色深度是8位。常见的颜色深度还有16位、24位、32位等。颜色深度越大，图像色彩越丰富，图像需要的存储空间也越大。

3. 图形图像文件格式

目前有多种图形图像文件格式，这些格式有各自的适用范围。常见的位图文件格式有BMP、JPEG、TIFF、GIF、PNG、PSD等，常见的矢量图文件格式有AI、DXF、WMF等，见表1-3。

表 1-3　常见的图形图像文件格式

文 件 格 式	简　　　介	压 缩 技 术
JPEG JPEG 2000	应用很广的图像格式。广泛用于 Web 和图像预览。在获得较高压缩率的同时图像质量也较高	JPEG 2000 同时支持有损和无损压缩
GIF	经过压缩的 8 位图像格式。具有 87a \ 89a 两种格式，87a 描述单（静止）图像，89a 描述多帧图像	支持 LZW 无损压缩、可变长度等压缩算法
BMP	Microsoft Paint 的固有格式。普遍应用于 Windows 系统中，采用位映射存储格式	RLE 无损压缩
TIFF	扫描图像标准化。支持 macOS 与 Windows 平台的图像打印输出格式，可以保存通道、多幅图像	多种压缩 LZW 无损压缩

（续）

文件格式	简　　介	压缩技术
PNG	专门为 Web 创造。色彩丰富，支持 Alpha 透明属性，跨平台适用性较强，较易进行图像二次修改	无损压缩
PSD	Photoshop 文件存储格式，包含各种图层、通道、遮罩等的设计样稿	无损压缩
AI	Adobe Illustrator 的固有格式，矢量图	—
WMF	Microsoft 定义的矢量图文件格式	—
EPS	广泛应用在 macOS 和 Windows 环境下的图形和版面设计领域，支持在 PostScript 输出设备上跨平台打印	—
DXF	工程设计领域广泛使用的 CAD 数据文件格式，是一种开放的矢量图文件格式	—

4. 图形图像处理软件

市场上有许多种图形图像处理软件，人们使用这些软件可以实现图形绘制，以及图像编辑、合成、修饰、特效等功能。常用的图形图像处理软件见表 1-4。

表 1-4　常用的图形图像处理软件

软件名称	类　　型	简　　介
Photoshop	图像编辑软件	使用非常广泛，具有强大的效果处理和后期渲染功能。其基本功能是图像编辑、图像合成、校色调色及功能色效制作等
Coreldraw	平面设计软件	具有矢量图绘制、图像处理功能。能完成一幅作品从设计、构图、草稿、绘制、渲染的全过程
Illustrator	矢量绘图、图形处理软件	能绘制和处理矢量图，也能处理位图图像
Painter	图形绘图软件	模仿现实的工具和自然媒体进行创造性的工作，是图像编辑与失量图制作的结合体
Freehand	图形绘图软件	能够画出纯线条的美术作品和光滑的工艺图，使用 PostScript 对线条、形状和填充图进行定义
Visio	图形绘图软件	用于绘制流程图和示意图的软件，有大量模板，可以绘制多种矢量图

1.4.4　音频

音频是指人耳可以听到的频率在 20Hz~20kHz 之间的声波，包括语言、音乐、自然界的声音、噪声等。为了能让计算机处理音频，需要将声波从模拟信号转换为数字信号，形成数字音频。在播放时再转换为模拟信号，通过音响设备输出。

1. 音频数字化

音频数字化的方法是采用固定的时间间隔，对音频信号进行处理，并将结果以数字的形式存储。这一处理过程涉及音频的采样、量化与编码。数字音频的质量与处理过程的技术特征有关。音频数字化过程中重要的技术指标有采样频率、采样位数、通道数等。

1）采样频率指每秒钟取得声音样本的次数。采样的过程就是抽取信号某点的频率值，采样频率越高，声音的质量就越好，声音的还原也就越真实，但同时它占的资源也比较多。为了保证声音不失真，采样频率应该在 40kHz 左右，44.1kHz 的是 CD 音质，超过 48kHz 的采样频率对人耳已经没有意义。

2）采样位数又称采样大小或量化位数。它是用来衡量声音动态变化范围的一个参数，可以理解为声音的解析度。一般量化位数为 8 位、16 位、32 位等。它的数值越大，分辨率也就越高，录制和回放的声音就越真实。

3）通道数即声音的通道的数目。常见的有单声道和立体声（双声道），现在发展到了四声环绕（四声道）和 5.1 声道等。

2. 音频文件格式

音频数字化产生的内容以文件形式保存起来，由于音频的数据量较大，存储时经常要采用压缩算法对其进行压缩，尽量减小文件的大小。有些压缩算法压缩比大，但解压时不能 100% 还原，称为有损压缩；有的压缩算法能够保证 100% 还原，称为无损压缩。

根据压缩算法性质的不同，有两类主要的音频文件格式：有损压缩格式，如 MP3、AAC、OGG Vorbis、Opus 等；无损压缩格式，如 WAV、APE、FLAC 等。

几种常用的有损压缩格式：

- MP3：流行的一种数字音频编码和有损压缩格式，几乎所有的终端和软件都支持此格式。MP3 的压缩算法压缩率高，但是牺牲了声音文件中 12 ~ 16kHz 音频部分的质量。相同长度的音乐文件，用 MP3 格式来储存，一般只有 WAV 文件的 1/10，但音质要次于 CD 或 WAV 格式的声音文件。
- AAC：MP3 的下一代格式，压缩率比 MP3 更高、音质更好，得到了众多公司的支持。
- OGG Vorbis：完全免费开源的一种音频压缩格式，类似于 MP3 格式。
- Opus：IETF 标准的开源格式，是 OGG Vorbis 下一代格式。它用单一格式包含声音和语音，具有低延迟特性，适用于网络上的即时声音传输。

几种常用的无损压缩格式：

- WAV：微软公司开发的一种声音文件格式，用于保存 Windows 平台的音频信息资源，被 Windows 平台及应用程序所支持。
- APE：一种比较流行的无损压缩格式。WAV 音频文件可以通过 Monkey's Audio 软件压缩为 APE，APE 也可以通过 Monkey's Audio 还原成 WAV，还原后得到的 WAV 文件与压缩前的源文件完全一致。
- FLAC：一种非常成熟的无损压缩格式，该格式的源码完全开放，而且支持所有的操作系统平台。它的编码算法相当成熟，已经通过了严格的测试。当 FLAC 文件受损时依然能正常播放。另外，该格式是最先得到广泛硬件支持的无损压缩格式。

对于音乐类型的音频，有一种重要的格式——MIDI（Musical Instrument Digital Interface）。MIDI 是编曲界广泛使用的音乐文件标准格式，可称为"计算机能理解的乐谱"。它用音符的数字控制信号来记录音乐，一首完整的 MIDI 音乐能包含数十条音乐轨道，但大小只有几十 KB。几乎所有的现代数字音乐都是用 MIDI 加上音色库来制作合成的。MIDI 允许数字合成器和其他设备交换数据。MIDI 格式在数字音乐领域使用广泛。

3. 音频处理软件

音频处理软件的功能主要包括录音、混音、后期效果处理等，是以音频处理为核心，集声音记录、播放、编辑、处理和转换于一体的功能强大的数字音频软件，具备制作专业声效所需的丰富效果和编辑功能，可以完成各种复杂和精细的专业音频编辑操作。在声音处理方面，有频率均衡、效果处理、降噪、变调等多项功能。常用的音频处理软件有 Adobe Audition、GoldWave、Sound Forge 和 Vegas 等。

以 Adobe Audition 为例简单进行介绍。Adobe Audition 是一款专业的音频编辑和混合软件，可提供音频混合、编辑、控制和效果处理功能，最多混合 128 个声道，可编辑单个音频文件，创建回路并可使用 45 种以上的数字信号处理效果。Adobe Audition 是一个完善的多声道录音室，可提供灵活的工作流程。

1.4.5 视频

视频又称活动图像或运动图像，是指随着时间变化的图像。活动图像是人类接收的信息中最丰富、直观、生动的一类信息。视频的本质就是内容随时间变化的一组动态图像。从技术特征上看，视频分为模拟视频和数字视频两大类。早期的摄像机采集的视频是模拟视频，模拟视频信号每帧的图像信息是连续获取的，用连续的电信号表示。现在以数字视频成为主流，数字视频信号从摄像机开始就数字化了。数字视频相对模拟视频而言有很多优点，如容易处理、传输稳定、抗干扰能力强、交互能力强，以及能够按照需要改变图像质量和传输速率。

1. 视频技术参数

数字视频中几个能影响视频质量的重要技术参数分别是帧率、分辨率和码率。

1）帧率：表示一秒播放的视频中有多少帧，单位是 FPS（Frame per Second）。常见的有 25 帧/s（PAL）、30 帧/s（NTSC）。帧率越高，数据量越大，视频质量越好。

2）分辨率：表示每英寸所包含的像素数。视频的分辨率越大，数据量越大，质量越好。视频中 720P 对应的分辨率是 1280×720，1080P 对应的分辨率是 1920×1080。

3）码率（Data Rate）：表示单位时间内传输的数据位数，通常以 kbit/s 或 Mbit/s 为单位。同样分辨率下，压缩比越小，视频图像的码率就越大，画面质量就越高。

2. 视频格式

视频格式涉及视频文件格式、视频封装格式、视频编码格式，极易混淆。

1）视频文件格式是指视频保存的一种格式。在 Windows 平台上，文件有明确的扩展名，根据视频文件的扩展名就能确定视频文件格式。常见的视频文件格式有：

- 微软视频：WMV、ASF、ASX。
- Real Player：RM、RMVB。
- MPEG 视频：MP4。
- 手机视频：3GP。

- Apple 视频：MOV、M4V。
- 其他常见视频：AVI、DAT、MKV、FLV、VOB。

2）视频文件是由视频、音频、字幕、脚本等组成的。要将视频、音频等数据以一定的方式组合在一起，需要定义封装格式。常见的封装格式有 AVI、MP4、FLV、MKV、RMVB等。视频文件的扩展名与封装格式有密切关系，例如 AVI 文件对应的是 AVI 封装格式。但文件扩展名与封装格式并不是一一对应的关系，有的视频文件扩展名可能对应多种封装格式，如 MP4 文件可能采用 MPEG-1、MPEG-2、MPEG-4 等封装格式。

3）同一种封装格式可以支持多种视频、音频编码方案。视频编码格式是指视频所用的压缩算法。视频是连续的图像序列，连续的帧之间相似度较高，可以使用压缩算法去除冗余。视频编码的作用是将视频数据压缩成视频码流。对于视频数据有多种流行的编码方案。视频编/解码重要的标准有国际电联的 H. 261、H. 263、H. 264、运动静止图像专家组的 M-JPEG，以及国际标准化组织运动图像专家组的 MPEG 系列标准，此外还有在互联网上广泛应用的 RealVideo、WMV 及 QuickTime 等。

3. 视频编辑与处理

在多媒体应用中，一般要对视频素材进行编辑处理。目前，非线性编辑方式非常普遍。从狭义上讲，非线性编辑是指剪切、复制和粘贴素材，无须在存储介质上重新安排它们。从广义上讲，非线性编辑是指在用计算机编辑视频的同时，还能实现诸多的处理效果，例如特技等。非线性编辑的工作流程主要分成如下 5 个步骤。

（1）素材的采集与输入

素材的采集和输入指将模拟视频信号转换成数字信号存储到计算机中，或者将外部的数字视频存储到计算机中，成为可以处理的素材。除了视频素材，还包括文字、图像、音频等类型的素材。

（2）素材编辑

素材编辑就是设置视频素材的入点与出点，剪辑得到最合适的部分，然后按时间顺序组合不同素材。

（3）特技处理

对于视频素材，特技处理包括转场、特效、合成叠加。对于音频素材，特技处理包括转场、特效。令人震撼的画面效果就是在这一过程中产生的。

（4）字幕制作

字幕是节目中非常重要的部分，它包括文字和图形两个方面。

（5）输出和生成

编辑完成后可以将最后的视频生成视频文件，或者输出到录像带、发布到网上、刻录到光盘等。

目前有多种非线性编辑软件，这些视频编辑软件可以对文字、图像、音频、视频等素材进行编辑加工，合成后生成视频。除了简单地将各种素材合成视频外，视频编辑软件通常还具有添加转场特效、字幕特效、添加文字注释的功能，生成具有不同表现力的新视频。比较流行的视频编辑软件有 Adobe Premiere、EDIUS、Final Cut Pro、会声会影等。

1.4.6 计算机动画

根据人眼视觉特性，按一定的速度播放多个连续画面，就能显示运动和变化的过程，从而形成动画。早期动画完全由人工绘制完成。目前计算机在动画制作中发挥了巨大作用，极大地减轻了人的负担，也为创造更多精良的动画提供了可能。计算机动画就是通过计算机生成一系列画面并实现动态播放的技术。

计算机动画按画面中物体的空间特征分为二维动画和三维动画。二维动画是平面动画，不精确考虑三维空间关系，一般是通过绘制关键帧，由计算机自动计算中间帧的方式生成的。三维动画关注真实的三维空间特性，对其中的人和物进行三维造型，并且考虑光线、空气、天气等的影响，通过在三维空间设置摄像机计算产生连续二维图像。

常用的动画文件格式有以下几种。

1）GIF 动画。网上常见的小动画大多是 GIF 格式的，也叫逐帧动画，是由几张图片合在一起形成的动画。制作 GIF 动画比较容易，准备好每一幅画面，然后用专门的制作动态 GIF 文件的软件把这些静止的画面连在一起，定好帧与帧之间的时间间隔，最后保存成 GIF 格式就可以了。制作 GIF 动画的软件有很多，常见的有 Animagic GIF、GIF Construction Set、GIF Movie Gear、Ulead GIF Animator 等。

2）FLIC 格式。FLIC 是 FLC 和 FLI 的统称，是 Autodesk 公司的 Animator Pro 及 3DS Max 常用的动画文件格式。FLI 是最初基于 320×200 像素的动画文件格式，FLC 则是 FLI 的扩展格式，采用了更高效的数据压缩技术，其分辨率也不再局限于 320×200 像素。

3）SWF 格式。SWF 是一种基于矢量的 Flash 动画文件，一般用 Flash 软件创作并生成，也可以通过相应软件将其他格式转换为 SWF 格式。SWF 采用曲线方程描述其内容，这种格式的动画在缩放时不失真，非常适合描述由几何图形组成的动画。

二维动画常用的制作软件有 Flash，2015 年后更名为 Animate CC，它在支持 Flash SWF 文件的基础上，加入了对 HTML 5 的支持。其他的矢量动画制作软件有 Toon Boom Studio、专业的二维动画制作软件 ANIMO 等。

Adobe Flash 是制作网页二维动画的常用软件。Flash 支持矢量绘图和动画制作，可导入 BMP、MOV、MP3 等素材，有丰富的 ActionScript 函数，生成的 SWF 文件存储空间小，制作时对人力要求较小，能实现动画、视频、复杂文稿演示和应用程序等多项功能。制作完成的视频文件可应用于网站、游戏等多个领域。Flash 技术在二维动画制作中应用广泛。

三维动画制作软件也有很多，不同的三维软件功能各异，各有其特色。使用比较广泛的有 3DS Max、Maya、Cinema 4D, Animated Maker、Softimage 3D、Lightwave 3D 等，其中 3DS Max 和 Maya 应用范围最广，是主流的三维动画设计软件。

3DS Max 基于 Windows 平台、方便易学、价格相对低廉，是目前 PC 领域最为流行的三维动画制作软件。3DS Max 可通过基本的几何体组合、扩展、修改、放样、多边形编辑建模等方法建立各种类型的三维模型；还可在建立好的三维模型上添加材质并使用光源和相关的环境设置，建立立体的三维模型场景，如能够模拟真实的空气、云雾、光线、火焰等效果，制作出极具观赏性和可信度的场景。3DS Max 提供了丰富的运动系统功能，利用动力学、空间扭曲、粒子系统编辑制作各种动画。3DS Max 广泛应用于广告、影视、工业设计、建筑设计、多媒体制作、游戏、辅助教学及工程可视化等领域。

1.5　计算机安全

1.5.1　计算机安全的概念

　　计算机在现代社会中得到普遍应用，为人们的生活、学习、工作带来极大的便利。但是有很多风险因素可能导致计算机系统受到破坏。对于计算机安全，国际标准化组织（ISO）给出的定义是：为数据处理系统建立和采用的技术与管理的安全保护，保护计算机硬件、软件、数据不因偶然的或恶意的原因而遭到破坏、更改或泄露。我国公安部计算机管理监察司给出的定义是：计算机安全是指计算机资产安全，即计算机信息系统资源和信息资源不受自然和人为有害因素的威胁和危害。

　　计算机安全从所包含的内容和所涉及的技术方面考虑，主要包括以下几个方面。

- 实体安全：主要指主机、网络硬件设备、通信线路、存储介质等物理介质的安全。
- 系统安全：指主机操作系统的安全，如用户的账号和口令、文件和目录的存取权限、系统安全设置权限、服务程序使用管理和计算机安全运行保障措施。
- 信息安全：主要包括软件安全和数据安全，主要是指保障计算机存储、处理、传送的信息不被非法阅读、修改和泄露。

　　计算机安全涵盖的范围非常广，既有硬件也有软件，涉及技术也涉及管理，还涉及密码学、容错容灾等领域。影响计算机安全的主要因素可能是人为的恶意攻击，也可能是用户的操作失误，还包括自然灾害，如地震、洪水，也包括事故灾难，如火灾、电路短路等。常见的影响因素主要有以下几方面。

　　1）影响实体安全：火灾、灰尘、静电、电磁干扰、超负荷、硬件故障、盗窃、某些病毒、自然灾害等。

　　2）影响系统安全：操作系统的漏洞、通信协议的漏洞、用户误操作和设置不当、数据库管理系统管理不当等。

　　3）影响信息安全：分为信息泄露和信息破坏。信息泄露指某些敏感信息被未授权人获得。信息破坏是指信息的正确性、完整性、可用性遭到破坏。常见原因如偶然失误、病毒破坏、黑客攻击、电磁干扰等。

1.5.2　影响信息安全的人为因素

　　可能对计算机信息安全造成人为破坏的有计算机病毒、流氓软件、钓鱼网站、网络攻击等。

　　（1）计算机病毒

　　计算机病毒在《中华人民共和国计算机信息系统安全保护条例》中被明确定义："计算机病毒，是指编制或者在计算机程序中插入的破坏计算机功能或者毁坏数据，影响计算机使用，并能自我复制的一组计算机指令或者程序代码"。

　　计算机病毒种类繁多而且复杂，按照不同的方式及计算机病毒的特点和特性，可以有多种不同的分类方法。根据病毒存在的媒体可划分为：

- 引导型病毒：感染启动扇区（Boot）和硬盘的系统引导扇区（MBR）。
- 文件病毒：感染计算机中的文件（如 COM、EXE、DOC 等）。
- 宏病毒：利用 Office 软件的宏命令编制的病毒，通常寄生在文档或模板中。
- 网络病毒：通过网络传播感染网络中的计算机，包括蠕虫、特洛伊木马、电子邮件病毒等。
- 混合型病毒：两种或两种以上病毒的混合。

（2）流氓软件

流氓软件是指在未明确提示用户或未经用户许可的情况下，在用户计算机或其他终端上强行安装运行，侵犯用户合法权益的软件，但已被我国法律法规规定的计算机病毒除外。这些软件又被称为恶意广告软件（Adware）、间谍软件（Spyware）、恶意共享软件（Malicious Shareware）。它具有难以卸载、浏览器劫持、广告弹出、恶意收集用户信息等特点。

（3）钓鱼网站

钓鱼网站通常指伪装成银行或电子商务网站，窃取用户提交的银行账号、密码等私密信息的网站。"钓鱼"是一种网络欺诈行为，不法分子利用各种手段，仿冒真实网站 URL 地址及页面内容，或利用真实网站服务器程序上的漏洞，在站点的某些网页中插入危险的代码，以此来骗取用户银行或信用卡账号、密码等私人资料。

（4）网络攻击

在互联网上有一些恶意人员使用技术手段对计算机系统进行攻击，干扰系统的正常运行，非法获取信息，或进行欺骗、敲诈等违法行为。网络攻击手段可分为非破坏性攻击和破坏性攻击两类。非破坏性攻击一般是为了扰乱系统的运行，并不盗窃系统资料，通常采用拒绝服务攻击或信息炸弹；破坏性攻击是以侵入他人计算机系统、盗窃系统保密信息、破坏目标系统的数据为目的。

1.5.3　计算机安全防范策略

计算机病毒和网络攻击的出现，为安全使用计算机带来了极大的威胁。在使用计算机时要树立安全意识，遵循"预防为主、防治结合"的原则，在技术上和管理上采取行动，提高计算机系统的安全水平。就个人用户而言，可以采取以下一些措施。

（1）分类设置密码，密码要尽可能复杂并且要经常更换

在不同的场合使用不同的密码。使用计算机时需要设置密码的地方有很多，如用户登录、网上银行、上网账户、E-mail 及一些网站的会员等。应尽可能使用不同的密码，以免因一个密码泄露导致所有资料外泄。对于重要的密码（如网上银行的密码）一定要单独设置，并且不要与其他密码相同。

设置密码时要尽量避免使用有意义的英文单词、姓名缩写，以及生日、电话号码等容易被猜出的字符作为密码，最好采用字符与数字混合的密码，且尽可能长。还要经常修改密码，至少一个月更改一次，这样可以确保即使原密码泄露，也能将损失减到最少。

（2）安装防病毒软件，并且及时更新

安装具有预防功能的杀毒软件，拒病毒于计算机之外。打开杀毒软件的实时监控程序，

及时升级所安装的杀毒软件。如果安装的是网络版，在安装时可先将其设定为自动升级，自动升级杀毒引擎、自动更新病毒库，以保证能够抵御最新出现的病毒的攻击。及时给操作系统打补丁，堵塞系统漏洞。

（3）使用防火墙

一些操作系统自带防火墙（Fire Wall），也可以安装第三方厂商的防火墙软件，抵御网络攻击。防火墙是一种将内部网和 Internet 隔离，对网络上进出的信息进行控制的软件，能最大限度地阻止网络中的黑客非法访问计算机。应掌握防火墙的设置方法，合理设置防火墙，及时对防火墙进行更新。

（4）不下载来路不明的软件及程序，不打开来历不明的邮件及附件

一些不法分子将恶意程序隐藏在正常的软件中，一旦下载就可能被感染。应选择信誉较好的下载网站下载软件。安装实时监控病毒的软件，随时监控网上下载的信息，使用前用杀毒软件查杀病毒。将下载的软件及程序集中放在非引导分区的某个目录，发现问题马上隔离处理。

不要打开来历不明的电子邮件及其附件，以免遭受邮件病毒的侵害。一些邮件经常设有非常有诱惑力的标题，如果下载或运行了它的附件，就会被感染。所以，对于来历不明的邮件应当将其拒之门外。

（5）只在必要时共享文件夹

在内部网络上共享文件夹要谨慎，在共享文件的同时有可能被有恶意之人利用和攻击。因此共享文件必须设置密码，一旦不需要共享时立即关闭。一般情况下不要设置共享文件夹，如果确实需要共享文件夹，要将文件夹设为只读。不要将整个硬盘设定为共享。

（6）定期备份数据

数据备份的重要性是无数血泪教训换来的，一定要经常备份数据！计算机可能发生故障或遭受攻击，如果计算机损坏或遭到致命的攻击，操作系统和应用软件可以重装，但重要的数据只能靠日常的备份。

本章小结

本章介绍了计算机的入门知识。

1）计算机的产生和发展。1946 年 2 月 15 日，第一台电子通用计算机 ENIAC 在美国宾夕法尼亚大学正式投入运行。计算机的发展大致经历了 4 个阶段。目前呈现高性能、微型化、网络化、智能化、多媒体化的发展趋势。未来的计算机可能发生重大变化。

2）计算机的组成。计算机可以采用不同的体系结构，目前最常见的是冯·诺依曼体系结构。冯·诺依曼体系计算机包括处理器、控制器、存储器、输入设备、输出设备五大功能部件。计算机在控制器的控制下，执行指令，实现信息处理功能。微机的主要硬件包括主板、CPU、内存、硬盘、总线等。

3）数制与编码。计算机内部是一个二进制的世界。不同进制之间可以相互转换。文本、声音、图像、视频等信息输入计算机需要进行编码，有多种编码方案。汉字编码比较复杂，包括输入码、机内码、交换码、输出码等。

4）多媒体技术。计算机能够处理多种媒体，如文字、图像、声音、视频等。各类媒体有多种存储格式，并有相应的处理软件。

5）计算机安全。计算机随时可能受到安全威胁，互联网上的计算机尤其如此。对计算机必须采取适当的防护措施，避免灾难性后果的发生。

习　题

一、填空题

1. 计算机是能够根据一组指令（程序）操作_____的机器。

2. 组成计算机系统的各种物理设备称为_____，是计算机系统的物质基础。_____是为运行、管理、维护计算机而编制的各种程序、数据、文档的总称。

3. 计算机可以采用不同的体系结构，目前使用最多的是_____体系结构。

4. 从硬件角度看，计算机包括五大功能部件，分别是_____，这五大部件分工合作实现自动计算功能。

5. _____是计算机的"大脑"，是控制器和运算器的组合。

6. _____的作用是暂时存放 CPU 中的运算数据，以及与硬盘等外部存储器交换的数据。

7. 人们通过_____将原始的程序和数据传送到计算机内部。

8. 在计算机软件中最重要且最基本的是_____。它是最底层的软件，它控制所有计算机运行的程序并管理整个计算机资源。

9. 由于音频的数据量较大，存储时经常要采用压缩算法对其进行压缩。有些压缩算法压缩比比较大，解压时不能 100%还原，称为_____，有的压缩算法能够100%还原，称为_____。

10. _____是一种将内部网和 Internet 隔离，对网络上进出的信息进行控制的软件。它能最大限度地阻止网络中的黑客非法访问计算机。

二、单项选择题

1. 音频数字化的方法是采用固定的时间间隔，对音频信号进行处理，每秒取得声音样本的次数称为（　　）。

A. 采样周期　　　　B. 采样频率　　　　C. 采样位数　　　　D. 通道数

2. 计算机处理汉字时，用户使用（　　）在键盘上输入汉字。

A. 输入码　　　　B. 机内码　　　　C. 交换码　　　　D. 字形码

3. 针对用户的具体问题，开发相应的软件，这类软件属于（　　）。

A. 专业软件　　　　B. 系统软件　　　　C. 应用软件　　　　D. 科学计算软件

4. 微型计算机采用（　　）结构实现中央处理器、存储器和外部输入/输出设备之间的信息连接。

A. 主板　　　　B. 接口　　　　C. 线缆　　　　D. 总线

5. 下列设备中不属于输出设备的是（　　）。

A. 打印机　　　　B. 显示器　　　　C. 鼠标　　　　D. 绘图仪

三、问答题

1. 描述冯·诺依曼体系结构计算机的基本组成和工作原理。

2. 计算机是如何处理汉字的？

3. 计算机分为哪些类型？

四、计算题

1. 将十进制数 156.74 转换为二进制。

2. 将八进制数 356.26 转换为十六进制。

第 2 章　使用 Word 2021 设计和制作文档

 学习目标

熟悉 Word 2021 的工作界面；
掌握 Word 文档的基本操作；
掌握文档的排版；
掌握图形处理和表格处理的基本操作；
熟悉复杂的图文混排操作。

知识结构

导入案例

　　小白在看杂志时，发现杂志的排版非常漂亮：文章的标题是令人赏心悦目的艺术字体、文章的第一个字占了两行的位置、文中配有与文字内容相辉映的各种小插图、文中的文字被分成了三列、每一页的下面还有一句名言警句，等等。小白心生好奇，这些究竟是如何做出来的呢？

　　这就是本章要学习的内容，Word 2021——文字处理软件。

2.1　Word 2021 概述

　　Word 是微软公司开发的办公软件的一个组件，通常用于文档的创建和排版，例如通知、计划、总结、报告，各种表格，图文混合排版，还可以进行长文档的处理，例如论文排版、书籍排版等。

2.1.1　Word 2021 窗口

　　Word 2021 的窗口主要由标题栏、快速访问工具栏、选项卡、功能区、文本编辑区、标尺、状态栏和视图栏等组成，如图 2-1 所示。

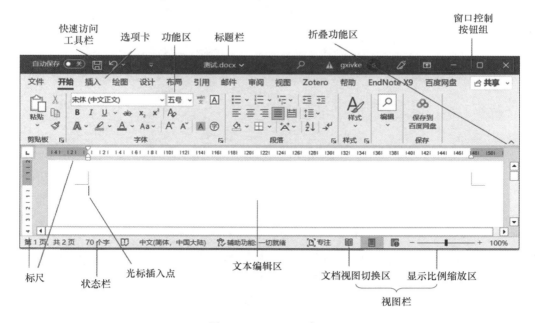

图 2-1　Word 2021 窗口

1. 标题栏

　　标题栏位于窗口的顶端，用于显示当前正在运行的文件名等信息，标题栏最右端有 4 个按钮（窗口控制按钮组），分别用来显示功能区、最小化窗口、向下还原/最大化窗口和关闭窗口。

2. 快速访问工具栏

快速访问工具栏中包含最常用操作的快捷按钮，方便用户使用。在默认状态下，快速访问工具栏中仅包含"保存""撤销"和"恢复"3个按钮。用户可单击右侧的下拉按钮添加其他常用快捷按钮，如"新建""打开"和"快速打印"等。如果选择"其他命令"选项，则会打开"快速访问工具栏"对话框，添加更多的选项，如图 2-2 所示。

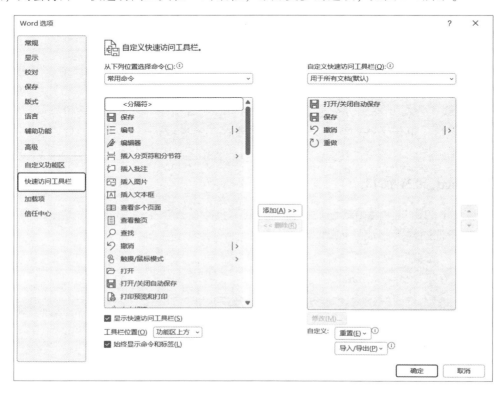

图 2-2 自定义快速访问工具栏

3. 选项卡

Word 2021 中的选项卡有"文件""开始""插入""绘图""设计""布局""审阅"和"视图"等。

单击某个选项卡会打开相应的功能区。对于某些操作，软件会自动添加与操作相关的选项卡。例如，插入或选中图片时，软件会自动在常见选项卡右侧添加"图片格式"选项卡，如图 2-3 所示。这样的选项卡常被称为"加载项"。

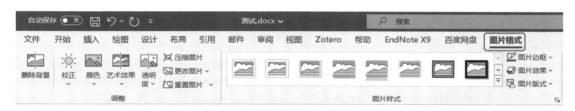

图 2-3 "图片格式"选项卡

4. 功能区

功能区用于显示当前选项卡下的各个功能组。例如：

"开始"选项卡：包括"剪切板""字体""段落""样式"和"编辑"等功能组，是 Word 2021 中最常用的选项卡，用来对 Word 文档进行字体、段落和样式等的设置。

"插入"选项卡：包括"页面""表格""插图""加载项""媒体""链接""批注""页眉页脚""文本"和"符号"等选项组，用于在 Word 2021 文档中插入目录等比较高级的设置。

5. 文本编辑区

光标所在的空白区域为文本编辑区。文本编辑区是用户输入文本、图形、图表，以及编辑文档的区域，对文本的操作结果也显示在这个区域。文本编辑区的右边和下边分别是垂直滚动条和水平滚动条。

6. 标尺

文本编辑区的上边和左边分别是水平标尺和垂直标尺。拖动水平标尺上的滑块可以设置页面的左边距、右边距、制表位和段落缩进等；拖动垂直标尺上的滑块可以设置页面的上边距和下边距。

7. 状态栏和视图栏

窗口底部的左侧是状态栏，主要显示当前页码、总页数、总字数等文档信息。窗口底部的右侧是视图栏，包括文档视图切换区和显示比例缩放区，单击文档视图切换区中的相应按钮可以切换文档视图，拖动缩放比例区的"显示比例"滑块，或者单击两端的"+"号或"−"号可以改变文档编辑区的大小。

2.1.2　文档格式和文档视图

Word 2021 为用户提供了多种视图模式，包括页面视图、阅读视图、Web 版式视图、大纲视图和草稿等。在"视图"选项卡"视图"选项组中或"文档视图切换区"中单击相应的视图按钮，可切换到相应的视图模式。

1. 页面视图

页面视图是 Word 2021 的默认视图模式。文档内容在页面视图中的显示效果与打印的效果完全一致。在页面视图模式下，用户可以看到页眉、页脚、图形、图表等各种对象在页面中的实际打印位置，便于用户对各种对象进行编辑。

2. 阅读视图

阅读视图模式主要用于阅读比较长的文档，该模式下文档会自动分成多屏以方便用户阅读。如果用户需要对文档内容进行批注和突出显示，选中相应的内容，右击，在弹出的快捷菜单中选择相应的命令进行操作即可。

3. Web 版式视图

在 Web 版式视图下，Word 按照窗口的大小来显示文档的内容。在该视图下用户不需要拖动滚动条就可以查看整行文字。

4. 大纲视图

大纲视图按照文档中标题的层次来显示文档，可以将文档折叠起来只看标题，也可以将文档展开查看所有内容。

5. 草稿

草稿视图是 Word 2021 中最简化的视图模式。草稿视图模式不显示页边距、页眉和页脚、背景、图形图像，以及未设置"嵌入型"环绕方式的图片。该视图模式只适用于编辑内容和格式比较简单的文档。

2.2 Word 2021 文档的基本操作

2.2.1 Word 文档的新建、保存、打开与关闭

1. 创建文档

在 Word 2021 中可以创建空白文档，也可以利用模板创建具有特殊要求的文档。在利用模板创建文档时如果没有需要的模板，可以在搜索框中输入关键词，进行联机搜索。

2. 保存文档

要保存文档可单击快速访问工具栏上的"保存"按钮，也可以单击"文件"选项后在下拉列表中选择"保存"命令。对于已经保存过的文档将会按照原文件的存放路径、文件名称及文件类型进行保存。对于新建文档，则会弹出"另存为"对话框，在该对话框中选择保存路径，然后在"文件名"文本框中输入文件名，在"保存类型"下拉列表框中选择默认类型，即"Word 文档（∗.docx）"，如图 2-4 所示，也可以根据需要选择其他类型，然后单击"保存"按钮。例如，选择"Word97-2003 文档（∗.doc）"类型，则在 Word97-2003 版本环境下可以不加转换就打开所保存的文档。

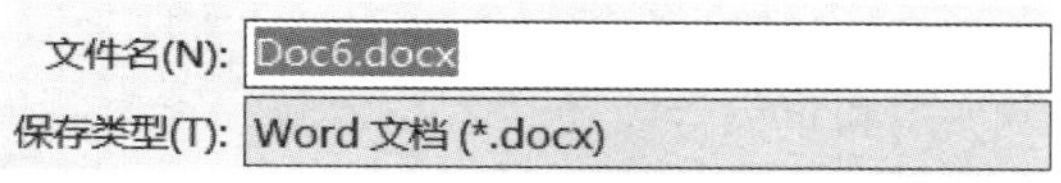

```
文件名(N): Doc6.docx
保存类型(T): Word 文档 (*.docx)
```

如果文档已经保存过，在进行了一些编辑操作之后还想要保留原文档，则需要打开"另存为"对话框保存重新编辑过的文档。

图 2-4 保存文档

【例 2-1】利用模板创建一份简历，并保存在 D 盘根目录下。

操作步骤如下：

1）根据自己的喜好，在"新建"界面中单击选中"永恒的简历"模板，如图 2-5 所示。

2）在生成的简历模板中填写自己的内容。

3）单击快速访问工具栏上的"保存"按钮，或者单击"文件"选项后在下拉列表中选择"保存"命令，弹出"另存为"对话框，按要求选择保存地址，并输入文件名，最后单击"保存"按钮。

3. 打开与关闭文档

对于任何一个文档，都需要先将其打开，然后才能对其进行编辑，编辑完成后再将文档关闭。

图 2-5　选择自己喜欢的模板

（1）打开文档

对于已经存在的 Word 文档，只需双击该文档的图标便可打开该文档；若要在一个已经打开的 Word 文档中打开另外一个文档，可单击"文件"选项后在下拉列表中选择"打开"命令，在弹出的"打开"对话框中选择需要打开的文件，然后单击"打开"按钮。

（2）关闭文档

在对文档完成全部操作后要关闭文档时，可单击窗口右上角的"关闭"按钮，或单击"文件"选项后在下拉列表中选择"关闭"命令。

2.2.2　在文档中输入文本

用户建立的文档常常是一个空白文档，可以根据需要，在文档中输入文字、图形、图表等。下面介绍向文档中输入文本的一般方法。

1. 定位插入点

在 Word 文档的编辑状态下，光标起着定位的作用，光标的位置即对象的插入点。定位插入点可通过键盘和鼠标两种方式来完成。

（1）用键盘快速定位插入点

<Home>键：将插入点移动到所在行的行首。

<End>键：将插入点移动到所在行的行尾。

<PgUp>键：上翻一屏。

<PgDn>键：下翻一屏。

<Ctrl+Home>组合键：将插入点移动到文档的开始位置。

<Ctrl+End>组合键：将插入点移动到文档的结束位置。

（2）用鼠标单击直接定位插入点

将鼠标指针指向文本的某处，直接单击即可定位插入点。

2. 输入文本的一般方法和原则

输入文本是 Word 的基本操作。在 Word 窗口中有一个闪烁的插入点，标识输入的文本将出现的位置，每输入一个文字，插入点会自动向后移动。在文档中除了可以输入汉字、数字和字母以外，还可以输入一些特殊的符号，也可以输入日期和时间。

在输入文本的过程中，Word 2021 遵循以下原则。

1）Word 具有自动换行功能。输入到每一行的末尾时 Word 会自动换行。但当一个段落结束时需要按<Enter>键，此时将在插入点的下一行重新创建一个段落。

2）按<Space>键（空格键），将在插入点的左侧插入一个空格符号，其宽度由当前输入法的全/半角状态而定。

3）按<BackSpace>键，将删除插入点左侧的一个字符。

4）按<Delete>键，将删除插入点右侧的一个字符。

3. 插入符号

在文档中插入符号可以使用 Word 2021 的插入符号功能。操作步骤如下：

1）将插入点移动到需要插入符号的位置。

2）在"插入"选项卡的"符号"组中单击"符号"按钮。

3）从弹出的下拉列表中选择需要的符号。

4）如果不能满足要求，选择"其他符号"选项，打开"符号"对话框。在"符号"对话框的"符号"或"特殊字符"选项卡下选择所需要的符号或特殊字符。

5）选中符号或特殊字符后单击"插入"按钮，再单击"关闭"按钮关闭"符号"对话框即可完成操作。

4. 输入 CJK 统一汉字

有些汉字很难通过键盘输入，这时可借助"符号"对话框。操作步骤如下：

1）在"符号"对话框的"字体"下拉列表框中选择"普通文本"选项，再在"来自"下拉列表框中选择"Unicode（十六进制）"选项。

2）在"子集"下拉列表框中选择"CJK 统一汉字"或"CJK 统一汉字扩充"选项，如图 2-6 所示。

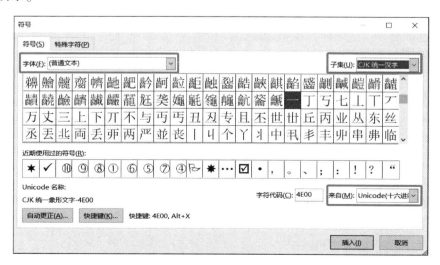

图 2-6　输入 CJK 统一汉字

3）选中所需汉字后单击"插入"按钮，再单击"关闭"按钮关闭"符号"对话框即可。

5. 插入文件

插入文件是指将另一个 Word 文档的内容插入到当前 Word 文档的插入点。使用该功能可以将多个文档合并成一个文档。操作步骤如下：

1）定位插入点。

2）在"插入"选项卡的"文本"组中单击"对象"下拉按钮，如图 2-7 所示。

图 2-7　"对象"下拉按钮

3）从下拉列表中选择"文件中的文字"选项，打开"插入文件"对话框。

4）在"插入文件"对话框中选中所需的文件，然后单击"插入"按钮，插入文件内容后系统会自动关闭对话框。

6. 插入数学公式

在编辑文档时经常需要输入数学符号和数学公式，可以使用 Word 软件提供的"公式编辑器"进行输入。操作步骤如下：

1）将插入点定位到需要输入数学符号和数学公式的位置。

2）在 Word 文档"插入"选项卡的"符号"组中单击"公式"下拉按钮，如图 2-8 所示。

图 2-8　"公式"下拉按钮

有 3 种方式可以插入公式。

方式 1：与内置公式基本模板相符合的公式，可以选择内置的公式，然后对公式进行简单的修改。

例如，需要输入公式 $x=\dfrac{-b\pm\sqrt{b^2-4ac}}{2a}$，直接选择内置的"二次公式"即可，若需输入 $x=\dfrac{-b}{2a}$，则可以选择内置的"二次公式"，然后对其进行简单的修改。

方式 2：可以在打开的列表中选择"插入新公式"选项，在文档中出现一个公式编辑区。系统自动加载"公式"选项卡，在其中根据需要在"符号"或者"结构"组中选择要输入的公式，如图 2-9 所示。

图 2-9   "公式"选项卡

方式 3：在"公式"选项卡的"工具"组中选择"墨迹公式"进行手动输入。

【例 2-2】 请在 Word 文档中插入如下公式：

$$v = \frac{1}{3} \times 0.25 \times (0.5^2 + 2.1^2 + \sqrt{0.5^2 \times 2.1^2})$$

操作步骤如下：

1）将插入点定位到需要插入数学公式的位置。

2）在"插入"选项卡的"符号"选项组中单击"公式"下拉按钮，选择"插入新公式"选项，进入公式编辑区，如图 2-10 所示。

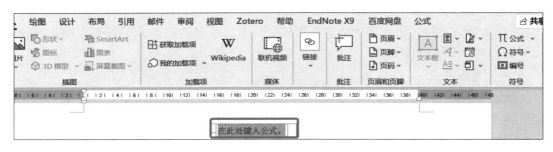

图 2-10   公式编辑区

3）在公式编辑区输入相应的内容。对于分数、根式等的输入可以选择"结构"组中相应的选项进行输入，例如输入根式时，可以选择"根式"选项。

4）在根号下虚线方框内输入相应的内容即可。

5）输入完成后，单击公式编辑区外任意一点即可退出公式编辑状态，进入文档编辑状态。

2.2.3   编辑文档

对文档的编辑操作主要包括文本的选定、文本的插入与改写、复制、移动、删除、查找与替换，以及撤销、恢复和重复等。

1. 文本的选定

1）连续文本的选定。将鼠标指针移动到需要选定文本的开始处，按住鼠标左键并拖动至需要选定文本的结尾处，释放鼠标左键；或者单击需要选定文本的开始处，按住<Shift>键再在结尾处单击，则被选中的文本呈反显状态。

2）不连续多块文本的选定。在选中一块文本之后，按住<Ctrl>键再选中另外的文本块，则多块文本可同时被选中。

3）文档的一行、一段及全文的选定。移动鼠标指针至文档左侧的文档选定区，当鼠标指针变成空心斜向上的箭头时单击可选中箭头所指向的一整行，双击可选中整个段落，三击可选中全文。

按住<Ctrl>键单击文档选定区的任何位置，可以选定指定区域的整段。

4）选定整个文档。按<Ctrl+A>组合键。或者在"开始"选项卡的"编辑"组中单击"选择"按钮，在弹出的下拉列表框中选择"全选"选项。

2. 文本的插入与改写

插入与改写是输入文本时的两种不同状态，在"插入"状态下输入文本时，插入点右侧的文本将随着新输入文本自动向右移动，即新输入的文本插入到原来的插入点之前；而在"改写"状态时，插入点右边的文本被新输入的文本所替代。

插入与改写模式两种状态之间的切换有 3 种方法。

方法 1：单击文档窗口底部状态栏中的"改写/插入"按钮，可以在这两种状态之间进行切换。若状态栏中没有显示"改写/插入"按钮，则在状态栏上右击，打开"自定义状态栏"，然后选中"改写"选项。

方法 2：使用"文件"选项卡进行设置。打开"文件"选项卡，单击最下端的"Word 选项"按钮，打开"Word 选项"对话框，然后选择"高级"选项卡，选中"使用改写模式"复选框即可。若想取消的话，取消选中该复选框即可。

方法 3：按<Insert>键。在"Word 选项"对话框的"高级"选项卡中，选中"用 Insert 键控制改写模式"复选框。以后可以直接按<Insert>键随意切换插入和改写模式。

3. 文本的复制

复制文本常使用以下 3 种方法。

方法 1：使用鼠标复制文本。选定需要复制的文本，在按住鼠标左键的同时按住<Ctrl>键将其拖动至目标位置，然后释放鼠标左键。

方法 2：使用剪贴板复制文本。选定需要复制的文本，在"开始"选项卡的"剪贴板"组中单击"复制"按钮，或右击再选择快捷菜单中的"复制"命令；然后将指针移至目标位置，再单击"剪贴板"组中的"粘贴"按钮，或右击再选择快捷菜单中的"粘贴"命令。

方法 3：使用快捷键复制文本。选定要复制的文本，按<Ctrl+C>组合键进行复制，然后将指针移至目标位置，按<Ctrl+V>组合键进行粘贴。

4. 文本的移动

移动文本常使用以下 3 种方法。

方法 1：使用鼠标移动文本。选定需要移动的文本，按住鼠标左键将其拖动至目标位置，然后释放鼠标左键。

方法 2：使用剪贴板移动文本。选定需要移动的文本，在"开始"选项卡的"剪贴板"组中单击"剪切"按钮，或右击再选择快捷菜单中的"剪切"命令；然后将指针移至目标位置，单击"剪贴板"组中的"粘贴"按钮，或右击再选择快捷菜单中的"粘贴"命令。

方法 3：使用快捷键移动文本。选定要移动的文本，按<Ctrl+X>组合键，然后将指针移至目标位置，按<Ctrl+V>组合键进行粘贴。

5. 文本的删除

如果要删除一个字符，可以将插入点移动到要删除字符的左边，然后按<Delete>键；也可以将插入点移动到要删除字符的右边，然后按<BackSpace>键。

如果要删除一个连续的文本块，首先选定需要删除的文本，然后按<BackSpace>键或按<Delete>键。

6. 文本的查找与替换

查找功能可以帮助用户快速找到文档中的某些内容，以便进行相关操作。替换是在查找的基础上将找到的内容替换成用户需要的内容。Word 2021 提供了如下两种方式进行文档的搜索与替换。

（1）使用"编辑"选项卡和导航栏中的搜索框

单击"开始"选项卡下"编辑"组中的"查找"按钮。光标定位在"导航"窗格的搜索框中，如图 2-11 所示。

在搜索框中输入需要查找的内容，输入完毕后可以看到，在"导航"窗格的"结果"选项卡中自动显示出包含有要查找的段落内容，并且在文档中搜索到的文本底色呈现黄色。

单击搜索框右侧的下拉按钮，在展开的列表中选择"替换"选项（见图 2-12），或单击"开始"选项卡下"编辑"组中的"替换"按钮，弹出"查找和替换"对话框。

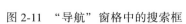

图 2-11　"导航"窗格中的搜索框　　　图 2-12　使用搜索框打开"查找和替换"对话框

在"替换为"文本框中输入替换后要显示的文本，单击"替换"按钮。完成操作后返回文档即可看到替换之后的内容。

（2）使用快捷键

使用快捷键<Ctrl+F>可以打开"查找和替换"对话框的"查找"选项卡；使用快捷键<Ctrl+H>可以打开"查找和替换"对话框的"替换"选项卡。

!! 注意

通过替换操作不仅可以替换内容，还可以同时替换内容和格式，也可以只替换格式。

7. 撤销、恢复和重复

向文档中输入一串文本，在快速访问工具栏中将立即生成两个命令按钮"撤销键入"

和"重复键入"。如果单击"重复键入"按钮，则会在插入点处重复输入这一串文本；如果单击"撤销键入"按钮，刚输入的文本会被清除，同时"重复键入"按钮变成"恢复键入"按钮，单击"恢复键入"按钮，刚刚清除的文本会重新恢复到文档中。这 3 个按钮如图 2-13 和图 2-14 所示。

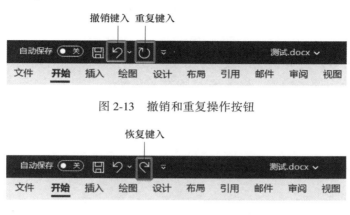

图 2-13 撤销和重复操作按钮

图 2-14 恢复操作按钮

按钮名称中的"键入"两个字是随着操作的不同而变化的，例如，如果执行的是删除文本操作，则按钮名称会变成"撤销清除"和"重复清除"。

使用撤销操作按钮可以撤销编辑操作中最近一次的误操作，而使用恢复操作按钮可以恢复被撤销的操作。

在撤销操作按钮右侧有一个下拉按钮，单击该按钮，在弹出的下拉列表中记录了最近几次编辑操作，最上面的是最近的一次操作，如果直接单击撤销操作按钮，则撤销的是最近一次的操作，如果在下拉列表中选择某次操作进行恢复，则下拉列表中这次操作之上（即这次操作之后）的所有操作都将被恢复。

2.3 Word 2021 文档的基本排版

Word 文档的基本排版主要包括文字格式、段落格式和页面格式的设置。

2.3.1 设置文字格式

本书所指的文字即字符，除了汉字以外还包括字母、数字、标点符号、特殊符号等。文字格式即字符格式，文字格式主要指字体、字号、倾斜、加粗、下画线、颜色、边框和底纹等。在 Word 中，文字通常有默认的格式，在输入文字时采用默认的格式，如果要改变文字的格式，用户可以重新设置。

在设置文字格式时要先选定需要设置格式的文字，如果在设置之前没有选定任何文字，则设置的格式对后面输入的文字有效。

设置文字格式有以下两种方法。

方法 1：在"开始"选项卡的"字体"组中单击相应的按钮进行设置。

方法 2：单击"字体"组右下角的"对话框启动器"按钮，即"字体"按钮，打开"字体"对话框进行设置，在该对话框中设置字体时中文和西文字体可以分别进行设置。

1. 设置字体和字号

字体和字号的设置可以分别用"字体"组中的字体、字号下拉列表框，或者"字体"对话框中的"字体"和"字号"下拉列表框实现。

在设置字号时可以使用中文格式，以"号"作为字号单位，如"小一""二号""小二"等，也可以使用数字格式，以"磅"作为字号单位，如"5"表示 5 磅等。在 Word 2021 中，中文格式的字号最大为"初号"，有"初号"至"八号"，共 16 种，字号越小字越大；数字格式的字号最大为"72"，数字格式的字号从"5"至"72"，共 21 种，字号越大字越大。

由于 1 磅（b）= 1/72 英寸（in），而 1in = 25.4mm，所以 1b = 0.353mm。

!! 注意

设置中文字体类型对中、英文均有效，而设置英文字体类型仅对英文有效。

2. 设置字形和颜色

文字的字形可使用"字体"组中的"加粗"按钮和"倾斜"按钮进行设置。字体的颜色可使用"字体"组中的"字体颜色"下拉按钮进行设置。文字的字形和颜色还可通过"字体"对话框进行设置。

3. 设置下画线和着重号

在"字体"对话框的"字体"选项卡中可以对文本设置不同类型的下画线，还可以设置着重号。在 Word 2021 中默认的着重号为"."。

设置下画线最直接的方法是使用"字体"组中的"下画线"按钮。

4. 设置文字特殊效果

文字特殊效果的设置方法：选定文字，打开"字体"对话框，然后在"效果"选项组进行设置，设置完成后单击"确定"按钮。

如果只是对文字加删除线，或者对文字设置上标或下标，直接使用"字体"选项组中的"删除线""上标"或"下标"按钮即可。

例如，输入"你好![2]"的步骤如下：

1）输入"你好![2]"。

2）选中"[2]"，单击"字体"选项组中的"上标"按钮，如图 2-15 所示。

5. 缩放文字和设置文字间距

用户在使用 Word 2021 的过程中有时会有某些特殊需要，例如加大文字的间距、对文字进行缩放，以及提升文字的位置等。

（1）缩放文字

缩放文字指的是将文字本身放大或缩小，具体操作方法如下：选定需要缩放的文字，打开"字体"对话框，切换至"高级"选项卡（见图 2-16）；在"字符间距"选项组中单击

"缩放"列表框右侧的下拉按钮，在弹出的下拉列表中选择缩放值；最后单击"确定"按钮。

图 2-15　"字体"组中的"上标"按钮

图 2-16　"字体"对话框中的"高级"选项卡

（2）设置文字间距和位置

设置文字间距和位置的具体操作方法如下：选定需要设置文字间距和位置的文字，打开"字体"对话框，切换至"高级"选项卡；在"字符间距"选项组的"间距"下拉列表框中设置间距及其后的磅值；在"位置"下拉列表框中设置位置及其后的磅值。

6. 设置文字边框和文字底纹

设置边框和底纹可以使内容更加醒目、突出。在 Word 2021 中，可以添加的边框有 3 种，分别为文字边框、段落边框和页面边框；可以添加的底纹有文字底纹和段落底纹。这里首先介绍文字边框和文字底纹。

设置文字边框和文字底纹可使用"字体"选项组中的"字符边框"按钮和"字符底纹"按钮。"字符边框"按钮和"字符底纹"按钮如图 2-17 所示。

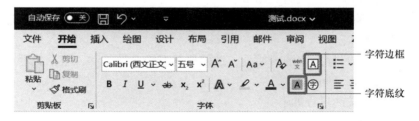

图 2-17　"字符边框"按钮和"字符底纹"按钮

（1）设置文字边框

1）给文字设置系统默认的边框：选定文字后，在"开始"选项卡的"字体"组中单击"字符边框"按钮即可。

2）给文字设置用户自定义的边框：选定文字后，在"开始"选项卡的"段落"组中单击"边框"下拉按钮（见图 2-18），在弹出的下拉列表中选择"边框和底纹"选项，或在"设计"选项卡的"页面背景"组中单击"页面边框"按钮，打开"边框和底纹"对话框；切换至"边框"选项卡，在"设置"选项组中选择"方框"类型，再设置方框的"样式""颜色"和"宽度"，在"应用于"下拉列表框中选择"文字"选项；最后，单击"确定"按钮。

图 2-18 "边框"下拉按钮

（2）设置文字底纹

1）给文字设置系统默认的底纹：选定文字后，在"开始"选项卡的"字体"组中直接单击"字符底纹"按钮即可。

2）给文字设置用户自定义的底纹：选定要设置"边框和底纹"的文字；打开"边框和底纹"对话框，然后切换至"底纹"选项卡，在"填充"下拉列表框中选择颜色，在"图案"选项组中选择"样式"和"颜色"，并在"应用于"下拉列表框中选择"文字"选项；最后，单击"确定"按钮。

7. 文字格式的复制和清除

（1）复制文字格式

如果文档中有若干个不连续的文本段落需要设置相同的文字格式，可以先对其中一段文本设置格式，然后使用 Word 的"格式刷"功能将在一段文本上设置好的格式复制到另一段文本上。"格式刷"不仅可以复制字符格式，还可以复制段落格式。

复制一次字符格式的过程如下：

1）选定已设置好文字格式的文本。

2）在"开始"选项卡的"剪贴板"组中单击"格式刷"按钮，此时该按钮下沉显示，鼠标指针变成刷子形状。

3）将指针移动到目标文本的开始处，按住鼠标左键开始拖动，直至拖至目标文本结尾处释放鼠标，完成格式复制。

多次复制文字格式的过程如下：

1）选定已设置好文字格式的文本。

2）在"开始"选项卡的"剪贴板"组中双击"格式刷"按钮，此时该按钮下沉显示，鼠标指针变成刷子形状。

3）将指针移动到目标文本的开始处，按住鼠标左键开始拖动，直至拖至目标文本结尾处释放鼠标。

4）重复上述操作对不同位置的文本进行格式复制。

5）复制完成后再次单击"格式刷"按钮结束格式的复制。

（2）清除文字格式

格式的清除是指将用户所设置的格式恢复到默认状态，可以使用以下两种方法。

方法 1：选定使用默认格式的文本，然后用格式刷将该格式复制到要清除格式的文本。

方法 2：选定需要清除格式的文本，然后在"开始"选项卡的"字体"组中单击"清除所有格式"按钮（见图 2-19），或按<Ctrl+Shift+Z>组合键。

对于文字，除了可以进行上述字体、字号等的设置以外还可以进行一些其他设置，如带圈字符、拼音、更改字母的大小写、突出显示和中文简繁转换等。这些设置可以通过单击"字体"组中的相应按钮，以及"审阅"选项卡的"中文简繁转换"组中的相应按钮来实现。

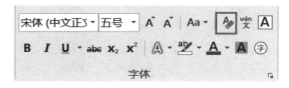

图 2-19　"清除所有格式"按钮

2.3.2　设置段落格式

段落是指以段落标记作为结束的一段文本或一个对象，它可以是一个空行、一个字、一句话、一个表格或者一个图形等。在 Word 中，每按一次<Enter>键便会产生一个段落标记。段落标记不仅是一个段落结束的标志，同时还包含了该段落的格式信息。

设置段落格式常使用以下两种方法。

方法 1：在"开始"选项卡的"段落"组中单击相应按钮进行设置。

方法 2：单击"段落"组右下角的"对话框启动器"按钮，即"段落"按钮（见图 2-20），打开"段落"对话框进行设置。

图 2-20　"段落"按钮

段落格式的设置包括对齐方式、缩进方式、段间距和行距、项目符号和编号，以及段落边框和段落底纹等。

在 Word 中，进行段落格式设置前需先选定段落。当只对某一个段落进行格式设置时，只需选定该段落；如果要对多个段落进行格式设置，则必须先选定需要设置格式的所有段落。

1. 设置对齐方式

在 Word 中，段落的对齐方式有"左对齐""居中""右对齐""两端对齐"和"分散对齐"5 种。

（1）各种对齐方式的特点

左对齐：使文本靠左对齐。

居中：使段落各行居中，一般用于标题或表格中的内容。

右对齐：使文本靠右对齐。

两端对齐：使文本按左、右边距对齐，并自动调整每一行的空格。

分散对齐：使文本按左、右边距在一行中均匀分布。

（2）设置对齐方式的操作方法

设置对齐方式的操作方法有两种：一种是在"开始"选项卡的"段落"组中单击相应的对齐方式按钮；另一种是打开"段落"对话框，利用"对齐方式"下拉列表框进行设置。

2. 设置缩进方式

（1）缩进方式

段落缩进方式共有 4 种，分别是首行缩进、悬挂缩进、左缩进和右缩进。其中，首行缩进和悬挂缩进是控制段落的首行和其他行的相对起始位置；左缩进和右缩进用于控制段落的左、右边界。段落的左边界是指段落的左端与页面左边距之间的距离，段落的右边界是指段落的右端与页面右边距之间的距离。

在输入文本时，当输入到一行的末尾时会自动另起一行，这是因为在 Word 中默认以页面的左、右边距作为段落的左、右边界，通过左、右缩进的设置可以改变选定段落的左、右边界。下面对段落的 4 种缩进方式进行相关说明。

首行缩进：在实施首行缩进操作后，被设置段落的第 1 行相对于其他行向右侧缩进一定的距离。

悬挂缩进：悬挂缩进与首行缩进相对应。在实施悬挂缩进操作后，各段落除第 1 行以外的其余行向右侧缩进一定的距离。

左缩进：在实施左缩进操作后，被设置段落会整体向右侧缩进一定的距离。左缩进的数值可以为正数也可以为负数。

右缩进：与左缩进相对应，在实施右缩进操作后，被设置段落会整体向左侧缩进一定的距离。右缩进的数值可以为正数也可以为负数。

（2）通过标尺进行缩进设置

选定需要设置缩进方式的段落后拖动水平标尺（横排文本时）或垂直标尺（纵排文本时）上的滑块到合适的位置。在拖动滑块的过程中如果按住<Alt>键，可同时看到拖动的数值。

在水平标尺上有 3 个缩进标记（其中悬挂缩进和左缩进为一个缩进标记），如图 2-21 所示，但可进行 4 种缩进操作，即悬挂缩进、首行缩进、左缩进和右缩进。拖动首行缩进标记，控制段落的第 1 行中第一个字的起始位置；拖动左缩进标记，控制段落的第 1 行以外的其他行的起始位置；拖动右缩进标记，控制段落右缩进的位置。

图 2-21　缩进标记

（3）通过"段落"对话框进行缩进

选定需要设置缩进方式的段落后打开"段落"对话框，切换至"缩进和间距"选项卡，在"缩进"选项组中设置相关的缩进值后单击"确定"按钮。

（4）通过"段落"组中的按钮进行设置

选定需要设置缩进方式的段落，然后通过单击"段落"组中的"减少缩进量"按钮或"增加缩进量"按钮进行缩进设置。

3. 设置段间距和行距

段间距指段与段之间的距离，包括段前间距和段后间距。段前间距指选定段落与前一段落之间的距离。段后间距指选定段落与后一段落之间的距离。

行距指各行之间的距离，包括单倍行距、1.5 倍行距、2 倍行距、多倍行距、最小值和固定值。

设置段间距和行距的方法如下。

方法 1：选定需要设置段间距和行距的段落后打开"段落"对话框，切换至"缩进和间距"选项卡，在"间距"选项组中设置"段前"和"段后"间距，在"行距"下拉列表框中设置行距。

方法 2：选定需要设置段间距和行距的段落，在"开始"选项卡的"段落"组中单击"行和段落间距"按钮，在打开的下拉列表中选择合适的段间距和行距，如图 2-22 所示。

图 2-22　用功能按钮设置
段间距和行距

!! 注意

不同字号的默认行距是不同的，一般来说字号越大默认行距越大。默认行距的固定值以磅值为单位，五号字的行距是 12 磅。

4. 设置项目符号和编号

在 Word 中，为了让文本内容更具条理性和可读性，往往需要给文本内容添加项目符号和编号。项目符号是一组相同的特殊符号，编号是一组连续的数字或字母。

对于添加项目符号或编号，用户可以在"段落"组中单击相应的按钮实现，还可以使用自动添加的方法，下面分别予以介绍。

（1）自动创建项目符号和编号

如果要自动创建项目符号和编号，应先为需要设置项目符号或编号的段落做相应的设置，然后在本段落输入完成后按<Enter>键，项目符号和编号会自动添加到下一并列段的开头。

例如，为当前段落设置了一个星号（＊），当在段尾按<Enter>键时 Word 会将星号自动添加到下一个新的段落；若为当前段落设置了"a."" 1."" 1）"或"一、"等格式的编号，当在段尾按<Enter>键，新一段开头会接上一段自动按顺序进行编号。

（2）设置项目符号

选定需要设置项目符号的文本段，单击"段落"组中的"项目符号"下拉按钮（见图 2-23），在打开的"项目符号库"面板中选择一种需要的项目符号插入，同时系统会自动关闭"项目符号库"面板。

自定义项目符号的操作步骤如下：

1）如果给出的项目符号不能满足用户的需求，可以在"项目符号"下拉列表中选择"定义新项目符号"选项，打开"定义新项目符号"对话框。

图 2-23 "项目符号"下拉按钮

2）在打开的"定义新项目符号"对话框中单击"符号"按钮，打开"符号"对话框，选择需要的符号，然后单击"确定"按钮返回"定义新项目符号"对话框。

3）单击"字体"按钮，打开"字体"对话框，为符号设置颜色，设置完毕后单击"确定"按钮返回"定义新项目符号"对话框。

4）在"定义新项目符号"对话框中单击"图片"按钮，打开"图片项目符号"对话框，选择一张图片，单击"确定"按钮返回"定义新项目符号"对话框，即可用所选图片作为项目符号。如果用户对系统提供的图片不满意，还可以单击"图片项目符号"对话框中的"导入"按钮导入所需的图片。

5）在"定义新项目符号"对话框的"对齐方式"下拉列表框中设置对齐方式，然后单击"确定"按钮插入符号，同时系统自动关闭"定义新项目符号"对话框。

（3）设置编号

设置编号的一般方法为在"段落"组中单击"编号"下拉按钮（见图 2-24），打开"编号库"面板，从现有编号列表中选择一种需要的编号后即可。

图 2-24 "编号"下拉按钮

自定义编号的操作步骤如下：

1）如果现有编号库中的编号样式不能满足用户的需求，则在"编号"下拉列表中选择"定义新编号格式"选项，打开"定义新编号格式"对话框。

2）在"编号格式"选项组的"编号样式"下拉列表框中选择一种编号样式。

3）在"编号格式"选项组中单击"字体"按钮打开"字体"对话框，对编号的字体和颜色进行设置。

4）在"对齐方式"下拉列表框中选择一种对齐方式。

5）设置完成后单击"确定"按钮，在插入编号的同时系统会自动关闭"定义新编号格式"对话框。

5. 设置段落边框和段落底纹

（1）设置段落边框

选定需要设置边框的段落，将打开的"边框和底纹"对话框切换至"边框"选项卡，在"设置"选项组中选择边框类型，然后选择"样式""颜色"和"宽度"，在"应用于"下拉列表框中选择"段落"选项，然后单击"确定"按钮。

（2）设置段落底纹

选定需要设置底纹的段落，在"边框和底纹"对话框中切换至"底纹"选项卡，在"填充"下拉列表框中选择一种填充色，在"图案"选项组中选择"样式"和"颜色"，在

"应用于"下拉列表框中选择"段落"选项，单击"确定"按钮。

（3）设置页面边框

将插入点定位在文档中的任意位置，打开"边框和底纹"对话框，切换至"页面边框"选项卡，可以设置普通页面边框，也可以设置艺术型页面边框，如图 2-25 所示。

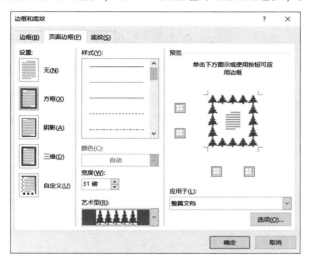

图 2-25　设置艺术型页面边框

（4）取消边框或底纹

取消边框或底纹的操作是先选定带边框和底纹的对象，然后打开"边框和底纹"对话框，将边框设置为"无"，将底纹的"填充"设置为"无颜色"即可。

2.3.3　设置页面格式

文档的页面格式设置主要包括页面排版、分页与分节、插入页码、插入页眉和页脚，以及预览与打印等。页面格式设置一般是针对整个文档而言的。

1. 页面排版

Word 在新建文档时采用默认的页边距、纸型、版式等页面格式，用户可根据需要重新设置页面格式。用户在设置页面格式时，首先必须切换至"布局"选项卡的"页面设置"组，如图 2-26 所示。

图 2-26　"页面设置"组

页面格式可以通过单击"页边距""纸张方向"和"纸张大小"等按钮进行设置，也可以通过单击"页面设置"按钮打开"页面设置"对话框进行设置。使用"页面设置"对话框进行页面格式设置的方法如下。

（1）设置纸张类型

单击"页面设置"按钮（见图 2-27），打开"页面设置"对话框，切换至"纸张"选项卡，在"纸张大小"下拉列表框中选择纸张类型，也可以在"宽度"和"高度"数值框中自定义纸张大小，在"应用于"下拉列表框中选择页面设置适用的文档范围。

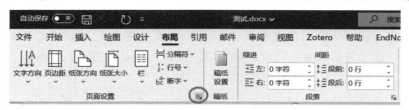

图 2-27　"页面设置"按钮

（2）设置页边距

页边距指文本区和纸张边沿之间的距离，页边距决定了页面四周的空白区域，它包括上、下页边距和左、右页边距。

在"布局"选项卡"页面设置"选项组中单击"页边距"按钮，会自动显示"上次的自定义设置""常规"、"窄"、"适中"、"宽"几种页边距设置，用户可以根据自己的需要选择。如果这几种设置都不满足需求，还可以选择"自定义边距"选项，在弹出的"页面设置"对话框中进行设置：在"页边距"选项组中设置上、下、左、右 4 个边距值，在"装订线"下拉列表框中设置占用的空间和位置；在"纸张方向"选项组中选择纸张的显示方向；在"应用于"下拉列表框中选择适用范围。

2. 分页与分节

（1）分页

在 Word 中，当文档内容到达页面底部时 Word 会自动分页。但如果需要在某些特定内容处重新开启新的一页则需要通过手工插入分页符来强制分页。

对文档进行分页有两种方法。

方法 1：使用快捷键。将插入点移至需要分页的位置，然后按<Ctrl+Enter>组合键，文档将在光标处分页。

方法 2：使用"分隔符"按钮。具体操作步骤如下：

1）将光标定位到需要分页的位置。

2）在"布局"选项卡的"页面设置"组中单击"分隔符"按钮，如图 2-28 所示。

3）在打开的"分隔符"下拉列表中选择"分页符"选项，即可完成对文档的分页。

图 2-28　"分隔符"按钮

（2）分节

为了便于对文档进行格式化，可以将文档分隔成任意数量的节，然后根据需要分别为每节设置不同的格式。一般在建立新文档时 Word 默认整篇文档是一个节。分节的具体操作步骤如下。

1）将光标定位到需要分节的位置，在"布局"选项卡的"页面设置"组中单击"分隔符"按钮。

2）在打开的"分隔符"下拉列表中列出了 4 种不同类型的分节符，选择文档所需的分节符即可完成相应的设置。

下一页：插入分节符并在下一页开始新节。

连续：插入分节符并在同一页开始新节。

偶数页：插入分节符并在下一偶数页开始新节。

奇数页：插入分节符并在下一奇数页开始新节。

3. 插入页码

页码用来表示每页在文档中的顺序编号，在 Word 2021 中添加的页码会随文档内容的增删自动更新。插入"页码"的操作方法如下：

在"插入"选项卡的"页眉和页脚"组中单击"页码"按钮，在弹出的下拉列表中，用户可以根据需要选择页码的位置和样式，如图 2-29 所示。如果选择"设置页码格式"选项，则打开"页码格式"对话框，在其中可以对页码格式进行设置。对页码格式的设置包括对编号格式、是否包括章节号，以及页码起始编号等的设置。

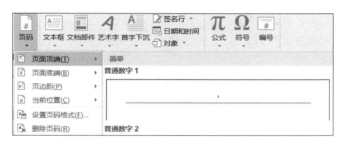

图 2-29　"页码"下拉列表

若要删除页码，只要在"插入"选项卡的"页眉和页脚"组中单击"页码"按钮，在下拉列表中选择"删除页码"选项即可。

4. 插入页眉和页脚

页眉指每页文稿顶部的文字或图形。页脚指每页文稿底部的文字或图形。页眉和页脚通常用来显示文档的附加信息，例如页码、书名、章节名、作者名、公司徽标、日期和时间等。

（1）插入页眉/页脚

插入页眉和插入页脚的操作完全相同，下面以插入页眉为例，说明其操作步骤。

1）在"插入"选项卡的"页眉和页脚"组中单击"页眉"按钮，弹出下拉列表。用户可以根据需要选择任意一种 Word 内置的页眉样式。如果内置的页眉样式不符合需求，则可以选择"编辑页眉"选项，或者直接在文档的页眉处双击，进入页眉编辑状态。

2）在页眉编辑区中输入页眉的内容，系统会自动添加"页眉和页脚"选项卡，如图 2-30 所示。

图 2-30　"页眉和页脚"选项卡

3）如果想输入页脚的内容，可单击"导航"组中的"转至页脚"按钮，转到页脚编辑区中输入文字或插入图形。

（2）首页不同的页眉/页脚

对于论文、书刊、信件、报告或总结等 Word 文档，通常需要去掉首页的页眉/页脚，这时可以按以下步骤操作：

1）进入页眉/页脚编辑状态，在"页眉和页脚"选项卡的"选项"组中选中"首页不同"复选框，如图 2-31 所示。

2）按上述添加页眉和页脚的方法在页眉或页脚编辑区中输入页眉或页脚。

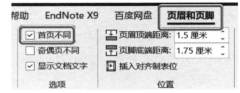

图 2-31　选中"首页不同"复选框

（3）奇偶页不同的页眉/页脚

对于进行双面打印并装订的 Word 文档，有时需要在奇数页上打印书名、在偶数页上打印章节名，这时可按以下步骤操作。

1）进入页眉/页脚编辑状态，在"页眉和页脚"选项卡的"选项"组中选中"奇偶页不同"复选框。

2）按上述添加页眉和页脚的方法在页眉或页脚编辑区中分别输入奇数页和偶数页的页眉或页脚。

5. 预览与打印

如需将文档打印出来，则可以先通过打印预览功能查看其打印效果。如果对效果不满意可以进行修改和调整，满意后再对打印文档的页面范围、打印份数和纸张大小进行设置，然后将文档打印出来。

（1）预览文档

在 Word 2021 中单击"文件"按钮，在下拉菜单中选择"打印"命令，打开打印预览界面。在打印预览界面中，如果看不清预览的文档，可多次单击界面右下方的"显示比例"工具右侧的"+"号按钮，使之达到合适的缩放比例以便进行查看。单击"显示比例"工具左侧的"–"号按钮，可以使文档缩小至合适大小，以便实现以多页方式查看文档。此外，拖动"显示比例"滑块同样可以对文档的缩放比例进行调整。单击"+"号按钮右侧的"缩放到页面"按钮，可以预览文档的整个页面。

（2）打印文档

在预览效果满足要求后即可对文档实施打印了，打印的操作方法如下：

单击"文件"按钮，在打开的下拉菜单中选择"打印"命令，在打开的对话框中设置打印机属性、打印份数和单/双面打印、纸张方向、纸张大小、页面边距等，设置完成后单击"打印"按钮即可。

【例 2-3】请帮某高校制作一份关于清明节放假的通知，通知内容如图 2-32 所示，格式要求：标题为宋体加粗四号字，正文部分为宋体小四号字，行间距为 1.25 倍行距。

关于 2023 年清明节放假的通知

各单位：

　　根据《国务院办公厅关于 2023 年部分节假日安排的通知》，现将清明节放假安排通知如下：4 月 5 日放假，共 1 天。

　　节假日期间，各单位要强化值班值守，安排好疫情防控、安全保卫等工作，如遇突发事件，应及时报告并妥善处置，确保假期安全。

　　学校总值班室电话：XXXXXX

　　保卫处值班电话：XXXXXXX

　　特此通知。

学校办公室

2023 年 4 月 4 日

图 2-32　某高校清明节放假通知示意图

操作步骤如下：

1）单击"文件"按钮，在下拉菜单中选择"新建"命令，打开新建文档界面。

2）在"可用模板"区域中单击"空白文档"图标。

3）在空白文档中输入通知的内容。

4）按照格式要求设置标题格式。具体方法如下：选定标题，在"开始"选项卡的"字体"组中设置字体为"宋体"，字号为"四号"，并单击"加粗"按钮，设置"加粗"格式。

5）按照格式要求设置正文部分格式要求。具体方法如下：选定正文部分，单击"段落"组右下角的"对话框启动器"按钮，即"段落"按钮，打开"段落"对话框，在其中进行设置。

6）操作完成后对文件进行保存，可单击快速访问工具栏中的"保存"按钮，也可以单击"文件"按钮后在下拉菜单中选择"另存为"命令。在这两种情况下都会弹出一个"另存为"对话框，在该对话框中设置保存路径，然后在"文件名"文本框中输入文件名，在"保存类型"下拉列表框中选择默认类型，即"Word 文档（＊.docx）"，单击"保存"按钮即可。

2.4　Word 2021 文档的高级排版

Word 文档的高级排版主要包括文档的修饰，例如分栏，首字下沉，插入题注、批注、脚注和尾注，编辑长文档以及邮件合并等。

2.4.1　分栏

对于报刊和杂志，在排版时经常需要对文章内容进行分栏排版，以使文章易于阅读，页面更加生动美观。

分栏的操作步骤如下：

1）打开需要分栏的文档，选定需要进行分栏的文本区域（如果对整篇文档进行分栏则不用选定文本区域）。

2）在"布局"选项卡的"页面设置"组中单击"栏"按钮，如图 2-33 所示，弹出下拉列表。

图 2-33 "栏"按钮

3）在"栏"下拉列表中可选择一栏、两栏、三栏或偏左、偏右。如果默认的分栏设置不满足要求，还可以选择"更多栏"选项，打开"栏"对话框，进行分栏设置。

例如：可以在"预设"组中选择或在"栏数"数值框中输入所需要的栏数；如果需要设置相同的栏宽，可选中"栏宽相等"复选框，如果设置不同的栏宽，则取消选中"栏宽相等"复选框，各栏的"宽度"和"间距"可以在相应的数值框中输入和调节；如果需要在各栏之间加上分隔线，则选中"分隔线"复选框。

取消分栏的操作步骤如下：

1）选定已分栏的文本；

2）在"分栏"对话框中选择"一栏"选项。

!!! 注意

如果遇到最后一段分栏不成功的情况，则需要在最后一段的段末加上回车符。

【例 2-4】将"分栏文字素材.doc"文档的正文分为等宽的两栏，中间加分隔线，然后将文档以"分栏（排版结果）.doc"为文件名保存到"分栏文字素材"文件夹中。

操作步骤如下：

1）打开"分栏文字素材.doc"文档，选定除标题文字以外的正文部分。

2）在"布局"选项卡的"页面设置"组中单击"栏"按钮，弹出下拉列表。

3）选择"更多栏"选项，打开"分栏"对话框。

4）在"预设"选项组中选择"两栏"，或在"栏数"数值框中输入 2，选中"栏宽相等"和"分隔线"复选框，在"应用于"下拉列表框中选择"所选文字"选项。

5）单击"确定"按钮，完成设置，分栏效果如图图 2-34 所示。

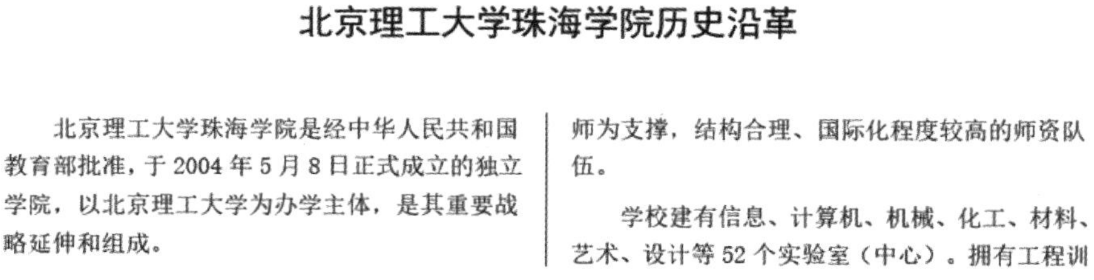

北京理工大学珠海学院历史沿革

北京理工大学珠海学院是经中华人民共和国教育部批准，于 2004 年 5 月 8 日正式成立的独立学院，以北京理工大学为办学主体，是其重要战略延伸和组成。

师为支撑，结构合理、国际化程度较高的师资队伍。

学校建有信息、计算机、机械、化工、材料、艺术、设计等 52 个实验室（中心）。拥有工程训

图 2-34 分栏效果

6）单击"文件"按钮选择"另存为"命令，在打开的"另存为"对话框中将文档以

"分栏（排版结果）.doc"为文件名保存到"分栏文字素材"文件夹中。

2.4.2　设置首字下沉

首字下沉是指一个段落的第一个字用特殊的格式显示，目的是使段落醒目，引起读者的注意。首字下沉分为两种情况：一是使首字在原来的段落中直接变大，并且下到一定的距离；二是使首字脱离原来的段落单独悬空缀在段落前。首字下沉的设置步骤如下：

1）打开 Word 文档，将插入点定位在文档的第一个文字前。

2）在"插入"选项卡的"文本"组中单击"首字下沉"按钮，如图 2-35 所示，打开下拉列表，若选择"首字下沉选项"选项，则打开"首字下沉"对话框。

图 2-35　"首字下沉"按钮

3）在"首字下沉"对话框的"位置"选项组中选择"无"选项将取消原来设置的首字下沉；选择"下沉"选项可将段落的第一个字符设为下沉格式并与左页边距对齐，段落中的其余文字环绕在该字符的右侧和下方；选择"悬挂"选项可将段落的第一个字符设为下沉，并将其置于从段落首行开始的左页边距中。

4）在"选项"选项组中可设置"字体""下沉行数"和"距正文"的距离。

5）单击"确定"按钮完成设置。

【例 2-5】对"首字下沉文字素材.doc"文档，按如下要求设置不同的首字下沉效果。

1）第二段设置为：下沉 4 行，"华文行楷"字体，距正文 0.5 厘米。

2）第三段设置为：下沉 3 行，"华文行楷"字体，距正文 0.5 厘米。

3）第四段设置为：悬挂，下沉 3 行，"华文行楷"字体，距正文 0 厘米。

操作步骤如下：

1）打开"首字下沉文字素材.doc"文档，将插入点定位在文档指定段落的第一个文字前。例如，对第二段进行设置时将插入点定位在第二段的第一个文字前，对第三段进行设置时将插入点定位在第三段的第一个文字前。

2）在"插入"选项卡的"文本"组中单击"首字下沉"按钮，打开下拉列表，选择"首字下沉选项"选项。

3）打开"首字下沉"对话框，根据要求进行设置。例如，第二段的设置如图 2-36 所示。设置完成后单击"确定"按钮。

4）最后的设置效果如图 2-37 所示。

图 2-36　"首字下沉"下沉 4 行

北京理工大学珠海学院历史沿革

北京理工大学珠海学院是经中华人民共和国教育部批准，于 2004 年 5 月 8 日正式成立的独立学院，以北京理工大学为办学主体，是其重要战略延伸和组成。

校举办校——北京理工大学，1940 年诞生于延安，是中国共产党创办的第一所理工科大学，是新中国成立以来国家历次次重点建设的高校，首批进入国家"211工程"和"985 工程"，首批进入"世界一流大学"建设高校 A 类行列，现隶属于工业和信息化部。80 余年来，北京理工大学始终听党话、跟党走，坚持以党育

人、为国育才，走出了一条中国共产党创办和领导中国特色高等教育的"红色育人路"，一条立足国防传统优势、服务国家战略的"强军报国路"，一条开放包容、融合协同的"创新发展路"。

京理工大学珠海学院位于珠海市高新区唐家湾金凤路 6 号，占地面积约 5000 亩，北倚青葱翠绿的凤凰山麓，面向浩瀚的南中国海，京港澳高速公路、广东西部沿海高速公路从学校的东北两侧通过。学校东门面对广珠城轨唐家湾站，50 分钟往返珠海与广州，交通十分便利。校园内 20 万平方米的人工湖波光涟漪，绿化环境达校区总面积 80%以上，绿树成荫，鸟语花香，浅潭碧水点缀其中，宁静、典雅，是莘莘学子学习生活的理想之地。

校已建成教学楼、图书馆、实验室、学生宿舍和学生食堂等教学和配套设施 50 万余平方米，体育运动场地 10 万余平方米，教学行政用房 22 万余平方米，图书 205.25 万册，教学科研仪器设备总值约 2.1 亿元。

图 2-37 "首字下沉"设置效果

2.4.3 插入题注、批注、脚注和尾注

为了便于排版、查找和用户阅读审阅，通常会在文档中插入题注、批注、脚注和尾注。

1. 插入题注

题注就是显示在对象下方的一排文字，用于对对象进行说明。如果需要在文档中添加图形、表格、公式或其他对象时，则可以利用题注为对象进行自动编号。如果在文档的编辑过程中对题注进行了添加、删除或移动操作，则可以一次性更新所有题注编号，而不需要单独进行调整。

在文档中插入题注的操作步骤如下：

1）在文档中选择要插入题注的位置。

2）在"引用"选项卡的"题注"组中单击"插入题注"按钮。

3）打开"题注"对话框，可以根据添加题注的不同对象在"选项"选项组的"标签"下拉列表框中选择不同的标签类型，如图 2-38 所示。

4）如果期望在文档中使用自定义的标签显示方式，则可以单击"新建标签"按钮打开"新建标签"对话框，如果在"标签"文本框中输入文字"图"，则新标签名"图"将出现在"标签"下拉列表中。

5）如果要为该标签设置编号类型，可单击"编号"按钮，在打开的"题注编号"对话框中进行设置。

6）如果要为题注设置显示相对于对象的位置，可以在"题注"对话框的"选项"选项组的

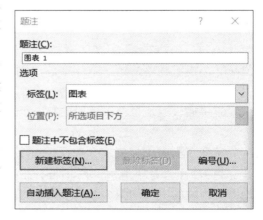

图 2-38 选择以"图表"为标签的"题注"对话框

"位置"下拉列表框中进行选择。最后单击"确定"按钮。

说明:"位置"下拉列表框灰显表示无法设置。Word 2021 默认图表标签的题注在所选项目下方,表格和公式标签的题注在所选项目的上方。

2. 插入批注

批注是给文档添加的注释和说明性文字。批注可以帮助阅读者更好地理解文档的内容,或者帮助文档的作者根据审阅者的批注对文档进行修改和更正。

插入批注的操作步骤如下:

1)将光标定位在要插入批注的位置处,或选定需要插入批注的文字。

2)在"审阅"选项卡的"批注"组中单击"新建批注"按钮,如图 2-39 所示,此时文档中会出现一个批注框。

图 2-39　"新建批注"按钮

3)在打开的批注框中用户根据需要输入批注信息。Word 2021 在批注信息前面会自动加上用户名及添加批注的时间。

3. 插入脚注和尾注

脚注和尾注用于给文档中的文本提供解释、说明及相关的参考资料。一般可用脚注对文档内容进行注释说明,用尾注说明引用的文献资料。脚注和尾注分别由两个互相关联的部分组成,即注释引用标记和与其对应的注释文本。脚注位于页面底端,尾注位于文档末尾。

插入脚注的操作步骤如下:

1)选定需要添加脚注的文本。

2)在"引用"选项卡的"脚注"组中单击"插入脚注"按钮,如图 2-40 所示。

图 2-40　单击"插入脚注"按钮

3)此时选中文本的右上角插入了一个"脚注"的序号,同时在选中文本页面下方添加了一条分割线并出现光标,光标位置为插入"脚注"内容的插入点,此时输入"脚注"内容即可。

4)以后将光标移至插入脚注的文本上,该文本的上方就会出现脚注内容。

插入尾注的操作与插入脚注的操作类似,只是需要在"引用"选项卡的"脚注"组中单击"插入尾注"按钮。

插入脚注和尾注还可以选择在"引用"选项卡的"脚注"组中单击"脚注和尾注"按钮,如图 2-41 所示,在打开的"脚注和尾注"对话框中进行设置。

图 2-41 "脚注和尾注"按钮

!! 注意

删除脚注和尾注时，只需要删除文本右上角的脚注和尾注的序号即可。

2.4.4 编辑长文档

编辑长文档需要对文档使用高效的排版技术。Word 2021 提供了一系列的高效排版功能，包括样式、大纲、目录、封面等。

1. 使用样式功能

样式是一组已命名的字符和段落格式的组合。例如，一篇文档有各级标题、正文、页眉和页脚等，它们都有各自的字体大小和段落间距等，各以其样式名存储以便使用。

系统中默认的样式有很多种，一般分为标题样式、正文样式、要点、引用样式等。不同的样式有不同的作用，用户可以根据需要进行选择。

（1）设置样式

操作步骤如下：

1）打开 Word 文档，选定需要应用样式的文本。

2）在"开始"选项卡的"样式"组中选择所需样式。

【例 2-6】为标题文本应用"标题"样式。

操作步骤如下：

选定标题，或者将光标放在标题后面，在"开始"选项卡的"样式"组中单击"标题"按钮，其应用效果如图 2-42 所示。

【例 2-7】为文本应用"明显引用"样式。

操作步骤如下：选定需要应用样式的文本，或者将光标放在需要应用样式的段落的结尾；在"开始"选项卡的"样式"组中单击"样式"列表框的"其他"按钮，如图 2-43 所示；在展开的样式库中选择"明显引用"样式，其应用效果如图 2-44 所示。

图 2-42 "标题"样式应用效果

图 2-43 "样式"列表框的"其他"按钮

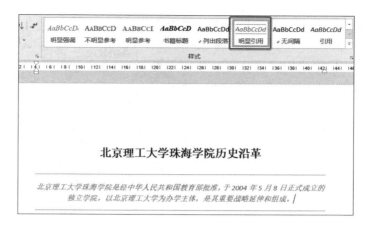

图 2-44　"明显引用"样式应用效果

（2）自定义文档样式

当系统提供的样式不能满足需求时，用户可以修改已有的样式或者自行创建新的样式。创建新建样式的操作步骤如下：

1）打开 Word 文档，选定需要设置样式的文本，或将光标放在需要应用样式的段落的末尾。

2）在"开始"选项卡的"样式"组中单击"对话框启动器"按钮，即"样式"按钮，打开"样式"任务窗格，在"样式"任务窗格中单击"新建样式"按钮（见图 2-45），弹出"根据格式设置创建新样式"对话框。

图 2-45　"新建样式"按钮

3）在弹出的"根据格式设置创建新样式"对话框中，在"属性"选项组的"名称"文本框中输入新建样式的名称，分别在"样式类型""样式基准"和"后续段落样式"下拉列表框中分别选择需要的样式类型，并在"格式"选项组中根据需要设置字体等，单击"确定"按钮。

4）新样式建立好以后，用户可以像使用系统提供的样式那样使用新样式。

（3）修改和删除样式

当样式不能满足需求时，用户可以根据需要对其进行修改，也可以将其删除。在"样式"任务窗格中右击样式名，在弹出的下拉菜单中选择"从样式库中删除"命令，即可将该样式删除，原应用该样式的段落改用"正文"样式；如果要修改样式，则在弹出的下拉菜单中选择"修改"命令，在打开的"修改样式"对话框中进行相应设置。"样式"下拉菜单如图 2-46 所示。

（4）使用样式快速格式化段落

现有的样式库中包含许多样式，例如有专门用于文档标题的样式——标题、标题 1、标题 2、副标题等，也有专门用于正文的样式——强调、题注、要点、明显参考、不明显参考、明显强调、不明显强调、书籍标题等。用户利用样式库中的样式可以快速格式化段落。

图 2-46 "样式"下拉菜单

【例 2-8】为"北京理工大学珠海学院历史沿革"的第一段应用"要点"样式。

操作步骤如下：打开"北京理工大学珠海学院历史沿革"文档，选定第一段，在"开始"选项卡的"样式"组中单击"其他"按钮，在展开的样式库中选择"要点"样式。其应用效果如图 2-47 所示。

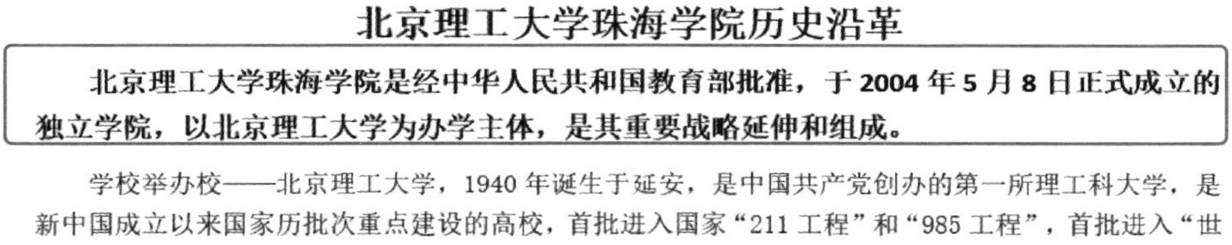

北京理工大学珠海学院历史沿革

北京理工大学珠海学院是经中华人民共和国教育部批准，于 2004 年 5 月 8 日正式成立的独立学院，以北京理工大学为办学主体，是其重要战略延伸和组成。

学校举办校——北京理工大学，1940 年诞生于延安，是中国共产党创办的第一所理工科大学，是新中国成立以来国家历批次重点建设的高校，首批进入国家"211 工程"和"985 工程"，首批进入"世

图 2-47 "要点"样式的应用效果

如果需要清除样式，则首先选定需要清除样式的文本，然后单击"开始"选项卡"样式"组中的"其他"按钮，在展开的样式库下方单击"清除格式"按钮，则应用该样式的文本改用"正文"样式。

2. 设置大纲级别

如果没有为文档的段落创建样式，那么为了区分标题与标题、标题与正文之间的级别，就需要设置大纲级别。设置大纲级别也是创建自动生成目录之前必须要完成的操作。设置大纲级别的操作步骤如下：

1）将光标定位在一级标题文本中，在"开始"选项卡的"样式"组中单击对话框启动器，打开"样式"任务窗格，将光标置于"标题 1"选项上，查看大纲级别是否为"1 级"，如图 2-48 所示。

2）若要修改大纲级别，则在"标题 1"下拉菜单中选择"修改"命令，在打开的"修改样式"对话框中单

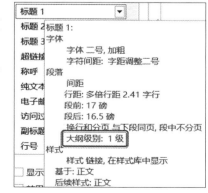

图 2-48 查看"标题 1"的大纲级别

击"格式"按钮，在展开的列表框中选择"段落"选项。

3）弹出"段落"对话框，在"常规"选项组中单击"大纲级别"下拉按钮，选择需要设置的大纲级别，单击"确定"按钮。

3. 创建目录

在编撰书籍、撰写论文时都需要有目录，以清晰地展示文档的内容和层次结构，便于阅读。Word 2021 提供了两种创建目录的方式：手动编制目录和自动生成目录。

（1）手动编制目录

手动编制目录相当麻烦，常常会使目录与正文部分出现偏差，因此多使用自动生成目录。

（2）自动生成目录

Word 2021 的自动生成目录功能可以实现自动提取文档的各级标题和相应页码，从而快速准确地添加目录。生成目录前，需先对文档的各级标题进行格式化，通常利用样式的"标题"统一格式化，以便于长文档、多人协作编辑的文档的统一。目录一般分为 3 级，使用相应的"标题 1""标题 2"和"标题 3"样式来格式化，也可以使用其他几级标题样式，甚至还可以是自己创建的标题样式。同一层级的标题需要使用相同的样式。

生成目录后，若对文档内容进行了修改，需要对目录进行更新。目录的更新操作步骤如下：

在"引用"选项卡的"目录"组中，单击"更新目录"按钮，弹出"更新目录"对话框，用户可以根据需要选择"只更新页码"或"更新整个目录"。

【例 2-9】为本文自动生成目录。

操作步骤如下：

1）利用样式对各级标题进行格式化：将一级标题（章标题）设置为"样式 1"，二级标题（小节标题）设置为"书 – 节标题"，正文部分的三级标题设置为"正文 1 级"，如图 2-49 所示。

图 2-49　利用"样式"对各级标题进行格式化

2）将光标定位在需要插入目录处，一般为正文开始前。

3）打开"目录"面板。有两种方式可以打开"目录"下拉列表框：一是在"引用"

选项卡的"目录"组中，单击"目录"按钮，弹出"目录"面板；二是在搜索框中输入"目录"，打开"目录"面板。

4）单击需要的目录样式，即可自动生成目录，也可以单击"自定义目录"选项，打开"目录"对话框，根据需要进行目录设置。设置好后单击"确定"按钮即可。

4．制作封面

通过插入图片和文本框，用户可以快速地为文档制作封面。

（1）插入图片

插入图片的操作步骤如下：

1）打开 Word 文档，将光标定位在文档的标题行文本前，在"插入"选项卡的"页面"组中，单击"空白页"按钮，则在文档的开头插入了一个空白页。

2）在空白页中需要插入图片的行双击，切换到"插入"选项卡的"插图"组，单击"图片"按钮。

3）弹出"插入图片"对话框，选择图片的保存位置，选择要插入的图片素材。

4）单击"插入"按钮，返回 Word 文档，此时在文档空白页中插入了一个封面底图。

用户还可根据需要对插入的图片进行编辑，例如设置图片的大小。设置图片的大小有3种方式。

方式1：选定图片，切换到"图片工具–格式"选项卡，在"大小"组的"高度"和"宽度"数值框中输入合适的高度和宽度。

方式2：选定图片，右击，在弹出的快捷菜单中选择"大小和位置"命令。在弹出的"布局"对话框的"大小"选项卡中，可以设置图片的高度、宽度、旋转角度、缩放比例，以及是否锁定纵横比等。"大小"选项卡中还显示了图片的原始尺寸。

方法3：选定图片，在图片的四周出现8个控制点，如图 2-50 所示，将指针放在控制点处，指针会变为"双箭头"形状。在四个角上的控制点处，向外或向内拖动双向箭头，可以等比例放大或缩小图片；在上下两个控制点处，向内或向外拖动双向箭头，可以改变图片的高度；在左右两个控制点处，向内或向外拖动双向箭头，可以改变图片的宽度。

图 2-50　选定图片，在图片四周出现 8 个控制点

（2）设置图片的文字环绕

选定图片，右击，在弹出的快捷菜单中选择"大小和位置"命令。在弹出的"布局"对话框的"文字环绕"选项卡中，可以根据需要设置图片的环绕方式、环绕文字的位置及距正文的距离。

（3）设置图片的位置

选定图片，右击，选择"大小和位置"命令。在弹出的"布局"对话框的"位置"选项卡中，可以根据需要设置图片的水平位置和垂直位置。

2.4.5　邮件合并技术

导入案例

　　小王是校学生会外联部的成员，正值新生入学和国庆节来临之际，学校要举办"庆国庆迎新生联欢会"，要求小王给全校所有的新生发一份邀请函。邀请函要单独发给每一位同学。一想到全校那么多新生，小王有点犯难了。

　　如果用户需要批量创建一组文档，可以通过邮件合并功能来实现。邮件合并是指将文档中的固定内容与一组收件人通信资料或其他内容有变化的数据进行合并，从而快速地批量生成所需的邮件文档。邮件合并功能除了可以批量处理邀请函、信函、信封等与邮件相关的文档外，还可以批量地制作标签、工资条和水电通知单等。

　　1. 邮件合并所需的文档

　　邮件合并所需要的文档包括主文档和数据源。主文档是文档中内容相同的部分；数据源是文档中内容有变化的部分，如姓名、地址等。

　　2. 利用邮件合并向导合并邮件

　　Word 2021 提供了"邮件合并分步向导"功能，用以帮助用户便捷、高效地完成邮件合并任务。

　　【例 2-10】 利用"邮件合并分步向导"帮助小王同学创建带有不同同学姓名的邀请函。

　　操作步骤如下：

　　（1）创建主文档

　　创建一个 Word 2021 文档，输入邀请函中固定不变的内容，将文件命名为"邀请函 .docx"并保存在指定的目录下。邀请函中固定的内容如图 2-51 所示。

庆国庆迎新生联欢会
邀请函

　　亲爱的　　　同学：

　　　你好！为庆祝中华人民共和国成立 73 周年和迎接 2022 级新生的到来，同时活跃校园文化，我院将于 XX 年 xx 月 xx 日 19：00 在体育场举办"XX 年庆国庆迎新生联欢会"。欢迎你届时准时参加！

　　　　　　　　　　　　　　　　xx 大学校学生会
　　　　　　　　　　　　　　　　XX 年 xx 月 xx 日

图 2-51　邀请函中固定的内容

　　（2）创建数据源

　　将所有同学的联系方式编辑在一个 Excel 表格中，将其命名为"通讯录 .xls"，并与"邀请函 .docx"保存在同一个文件夹下。"通讯录 .xls"的内容如图 2-52 所示。

姓名	性别	电话	电邮
张三	女	137****	****@qq.com
李小小	男	137****	****@qq.com
王红	女	137****	****@qq.com
高小现	男	137****	****@qq.com

图 2-52　邀请函中数据源的内容

（3）利用"邮件合并分步向导"进行邮件合并

1）打开"邀请函.docx"，将光标定位在"亲爱的"和"同学"之间的空白处。

2）在"邮件"选项卡的"开始邮件合并"组中单击"开始邮件合并"按钮。

3）在下拉列表中选择"邮件合并分步向导"选项，打开"邮件合并"任务窗格，进入"邮件合并向导"的第1步。在"选择文档类型"选项组中选择希望创建的文档类型，此处选中"信函"单选按钮。

4）单击"下一步"超链接，进入"邮件合并向导"的第2步。在"选择开始文档"选项组中选中"使用当前文档"单选按钮，将当前文档作为合并的主文档。

5）单击"下一步"超链接，进入"邮件合并向导"的第3步。在"选择收件人"选项组中选中"使用现有列表"单选按钮，单击"浏览"超链接，打开"选取数据源"对话框，选择"通讯录.xls"。

6）单击"下一步"超链接，进入"邮件合并向导"的第4步。在"撰写信函"选项组中单击"其他项目"超链接，打开"插入合并区域"对话框，在"域"列表框中按照题目的要求选择"姓名"域。

7）单击"下一步"超链接，进入"邮件合并向导"的第5步。在"预览信函"选项组中单击"收件人"左右两端的按钮，可以查看具有不同同学姓名的邀请函，如图2-53所示。

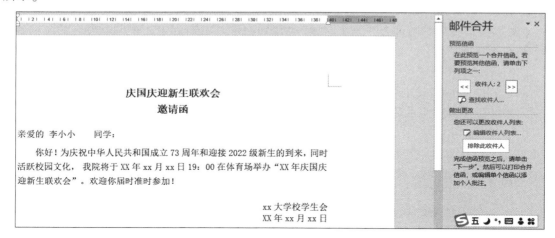

图 2-53　带有同学姓名的邀请函

8）单击"下一步"超链接，进入"邮件合并向导"的最后一步。单击"编辑单个信函"超链接，打开"合并到新文档"对话框，在"合并记录"选项组中选中"全部"单选按钮。

2.5　Word 2021 表格处理

在 Word 文档中常需要使用表格来直观地展示文档信息。本节主要介绍表格的基本操作，如创建表格、编辑表格、设置表格格式，以及对表格中的数据进行统计和排序。

2.5.1　创建表格

Word 2021 提供了 6 种创建表格的方法。

1. 拖动法

将指针定位在需要插入表格的位置，在"插入"选项卡的"表格"组中，单击"表格"按钮，弹出"表格"面板。在"插入表格"区域，从左上角向右下角移动鼠标，直至表格行列数满足需要，单击即可。此种方法插入的表格最大为 8 行 10 列。

2. 利用对话框插入表格

将指针定位在需要插入表格的位置，在"表格"面板中选择"插入表格"命令，弹出"插入表格"对话框，按照需要设置参数，单击"确定"按钮即可在指定位置插入所需的表格。

3. 绘制表格

在"表格"面板中选择"绘制表格"命令，鼠标指针变成铅笔状，同时系统会自动添加"表格工具"选项卡，此时可以在文档任意位置绘制表格，并且可以利用"表格工具"选项卡中的按钮进行相应的操作。

4. 组合符号法

可以利用"+"和"-"组合，生成一个单行多列的表格。再将指针定位在表格的行尾，通过<Enter>键增加行数，每按一次<Enter>键增加一行，从而生成多行多列的表格。具体操作步骤如下：将指针定位在需要插入表格的位置，输入一个"+"号和若干个"-"号的组合，依次类推，然后用一个"+"号结尾，如图 2-54 所示，最后按<Enter>键，则一个一行多列的表格就插入到了文档中。其中，"+"号代表表格中的列分隔线，若干个"-"号的长度代表列的宽度。

图 2-54　用组合符号法创建表格

5. 将文本转换成表格

在 Word 2021 中可以将具有一定行、列结构的文本转换成多行多列的表格。

【例 2-11】将如下文字转换成表格。

XX 级新生通讯录

姓名	性别	年龄	电话	电子邮箱
张三	男	22	137*****	***** @ qq. com
李小	女	22	137*****	***** @ qq. com
王衡	男	22	137*****	***** @ qq. com
白兰	女	22	137*****	***** @ qq. com

操作步骤如下：

1）选定需要转换成表格的文字。

2）在"插入"选项卡的"表格"组中，单击"表格"按钮，在弹出的"表格"面板中，选择"文本转换成表格"命令，弹出"将文字转换成表格"对话框。

3）在"'自动调整'操作"选项组中选中"根据内容调整表格"单选按钮；在"文字分隔位置"选项组中根据需要选择文字分隔符，此处选中"空格"单选按钮。单击"确定"按钮，完成转换。转换结果见表2-1。

表 2-1 ××级新生通讯录

姓　　名	性　　别	年　　龄	电　　话	电 子 邮 箱
张三	男	22	137*****	*****@qq.com
李小	女	22	137*****	*****@qq.com
王衡	男	22	137*****	*****@qq.com
白兰	女	22	137*****	*****@qq.com

6. 插入 Excel 电子表格

在 Word 文档中不仅可以创建表格，还可以插入并编辑 Excel 表格，从而使用户能够更方便快捷地处理数据。在"表格"面板中选择"Excel 电子表格"命令，即可在指定位置插入 Excel 表格。

2.5.2 编辑表格

编辑表格一般分为在表格中插入或删除行和列、对单元格进行合并与拆分、调整表格的行高与列宽、调整表格的对齐方式等。

1. 选定表格的编辑区域

在对表格进行编辑之前，需要先选定表格编辑区，表格的编辑区包括单个单元格、整行、整列、连续多个单元格、不连续多个单元格及整张表格。

1）选定一个单元格。

① 将指针指向单元格的左侧，当指针变成实心向上的箭头时单击。

② 从要选定的单元格开始拖动鼠标至两个或两个以上连续的单元格，然后再拖动鼠标回到最初要选定的单元格。

2）选定整行。将鼠标指针指向行的左侧，当指针变成空心向上的箭头时单击。

3）选定整列。将鼠标指针指向列的上边界，当指针变成实心铅直向下的箭头时单击。

4）选定连续多个单元格。拖动鼠标从需要选定区域的左上角单元格开始至右下角单元格结束，或按住<Shift>键再单击左上角单元格和右下角单元格选定。

5）选定不连续多个单元格。按住<Ctrl>键再分别单击所需的单元格。

6）还可以利用"表设计-布局"选项卡下"表"组中的"选择"按钮进行单元格、行、列或整张表格的选择，如图2-55所示。

2. 插入行和列

Word 2021 提供了两种插入行和列的方法。

（1）使用快捷键

将指针定位在表格需要插入行或列的位置，右击，在弹出的快捷菜单中选择"插入"

命令，在其级联菜单中按照需要选择相应的命令，便可以在指定位置插入行或列。

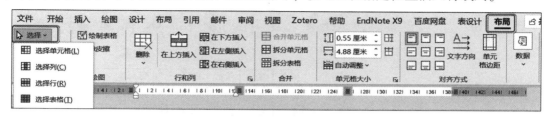

图 2-55　"选择"按钮

如需插入多行或多列，则需要先选定相应的行数或列数，然后再右击进行相应的操作。

（2）使用功能按钮

将指针定位在表格中需要插入行或列的位置，激活"表设计–布局"选项卡。单击"行和列"组中相应的按钮即可在指定位置插入行或列。

如需插入多行或多列，则需要先选定相应的行数或列数，激活"表设计–布局"选项卡，然后再进行相应的操作。

如果需要在表格底部添加空白行，有两种操作方法。

方法 1：将光标定位在表格右下角的单元格中，按<Tab>键。

方法 2：将光标定位在表格最后一行右侧的行结尾处，按<Enter>键。

3．删除行和列

Word 2021 提供了两种方法删除行和列。

（1）使用快捷键

将指针定位在需要删除的行或列，右击，在弹出的快捷菜单中选择"删除单元格"命令，弹出"删除单元格"对话框，选中"删除整行"或"删除整列"单选按钮即可。

（2）使用功能按钮

选定需要删除的行或列，在"表设计–布局"选项卡的"行和列"组中单击"删除"按钮，在弹出的下拉列表中选择"删除行"或"删除列"命令即可。

4．调整行高和列宽

（1）使用鼠标在表格线上拖动

将鼠标指针移动到需要调整列宽（行高）的列（行）表格线上，当指针变成左右（上下）双向箭头时，按住鼠标左键拖动列（行）表格线直到列宽（行高）合适，释放鼠标。

（2）使用鼠标在标尺的行、列标记上拖动

单击表格中的任意单元格，激活标尺，沿水平方向左右移动列标记可以调整列宽，沿垂直方向上下移动行标记可以调整行高。行、列标记如图 2-56 所示。

（3）用表格属性对话框

选定需要设置行高或列宽的区域，右击，选择"表格属性"命令，打开"表格属性"对话框。也可以利用"表设计–布局"选项卡下"表"组中的"属性"按钮（见图 2-57），打开"表格属性"对话框。

切换到"列"选项卡，选中"指定宽度"复选框，然后在其后的数值框中输入需要的列宽，单击"确定"按钮。

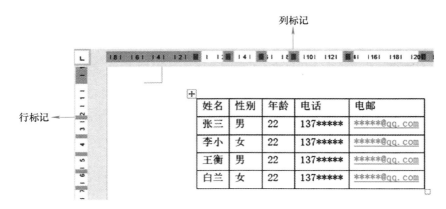

图 2-56　行、列标记

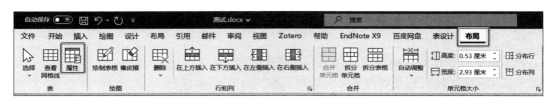

图 2-57　"属性"按钮

切换到"行"选项卡，选中"指定高度"复选框，然后在其后的数值框中输入需要的行高，单击"确定"按钮。

切换到"表格"选项卡，选中"指定宽度"复选框，然后在其后的数值框中输入需要的列宽，可以对整张表格的列宽进行设置。

5. 合并和拆分单元格

（1）合并单元格

1）使用快捷命令。

选定需要合并的单元格，右击，在弹出的快捷菜单中选择"合并单元格"命令，选定的多个单元格将被合并成一个单元格。合并前后的效果如图 2-58 所示。

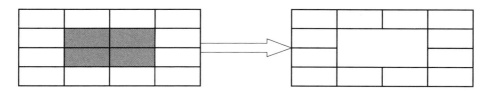

图 2-58　单元格合并前后的效果

2）使用功能按钮。

选定需要合并的单元格，在"表设计-布局"选项卡的"合并"组中单击"合并单元格"按钮，选定的多个单元格将被合并成一个单元格。

（2）拆分单元格

选定需要拆分的单元格，右击，在弹出的快捷菜单中选择"拆分单元格"命令，弹出

"拆分单元格"对话框，输入需要拆分列数和行数，单击"确定"按钮，即可将指定单元格拆分。拆分前后的效果如图 2-59 所示。

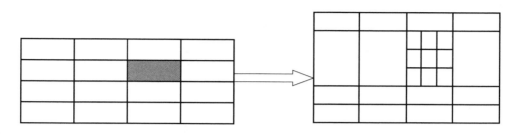

图 2-59　单元格拆分前后的效果

也可以通过单击"表设计–布局"选项卡下"合并"组中的"拆分单元格"按钮，打开"拆分单元格"对话框。

2.5.3　设置表格格式

为了使表格的界面更加美观、简洁，需要对表格的格式进行设置。设置表格格式主要包括：设置单元格对齐方式、设置边框和底纹、设置内置表格样式、设置文字排列方向、设置斜线表头，以及将表格转换成文本等。

1. 设置单元格对齐方式

选定需要设置对齐方式的单元格，在"表设计–布局"选项卡的"对齐方式"组中，单击相应的对齐方式按钮。

2. 设置边框和底纹

（1）设置表格边框的两种方法

方法 1：将指针定位在表格中的任意一点，右击，在弹出的快捷菜单中选择"边框样式"命令，在其级联菜单中选择所需要的线型，当鼠标指针变成笔的形状时，重描边框线。

方法 2：将指针定位在需要设置边框的单元格内，在"表设计–设计"选项卡的"边框"组（见图 2-60）中，选择"边框样式"和"笔颜色"，单击"边框"按钮，在下拉列表选择需要的边框。

图 2-60　"边框"组

（2）设置底纹

选定需要设置底纹的单元格，在"表设计"选项卡的"表格样式"组中单击"底纹"按钮，在弹出的下拉列表中选择需要的底纹。

3. 设置内置表格样式

Word 2021 内置了多种表格样式。选定表格，在"表设计"选项卡的"表格样式"组中单击"其他"按钮（见图 2-61），在打开的表格样式面板中选择任意一种样式即可。如果内置样式不满足要求可以对内置样式进行修改，也可以新建样式。

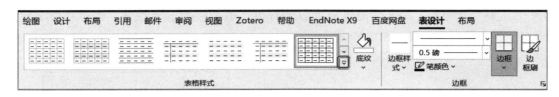

图 2-61 "表格样式"组中的"其他"按钮

4. 设置文字排列方向

有两种方法对文字排列方向进行设置。

方法1：将指针定位在表格中，右击，在弹出的快捷菜单中选择"文字方向"命令，打开"文字方向–表格单元格"对话框，在"方向"选项组中选择需要的文字方向，单击"确定"按钮即可。

方法2：选定需要设置文字方向的单元格，在"表格布局"选项卡的"对齐方式"组中，单击"文字方向"按钮，可以切换文字方向为横排或者竖排。

5. 设置斜线表头

选定需要设置斜线表头的单元格，在"开始"选项卡的"段落"组中单击"边框"按钮，在弹出的下拉列表中，选择"斜下框线"或"斜上框线"。如果需要取消斜线表头，选定已设置斜线表头的单元格，执行与设置斜线表头相同的操作即可取消。

也可以在"表设计"选项卡的"边框"组中单击"边框"按钮，打开"边框"下拉列表。

6. 将表格转换成文本

将指针定位在表格中，在"表设计–布局"选项卡的"数据"组中，单击"转换为文本"按钮，打开"表格转换成…"对话框，在"文字分隔符"选项组中选择文字分隔符，单击"确定"即可将表格转换成文本。

2.5.4 表格中的数据统计和排序

Word 提供了常用统计函数，例如求和（SUM）、求平均值（AVERAGE）、求最大值（MAX）、求最小值（MIN）、计数（COUNT）等。Word 中的表格和 Excel 中的一样，每一行依次用 1、2、3 等数字表示，每一列依次用 A、B、C 等大写英文字母表示，每一单元格号用行列交叉号表示，即行列交叉处的列号+行号，例如表 2-2 中 A3 单元格中的内容为"赵二"。如果要引用表格中的单元格区域，可采用"左上角单元格号：右下角单元格号"的形式。

在 Word 2021 中，用户除了可以调用函数对表格中的数据进行简单处理，还可以对表格中的数据进行排序。

1. 数据统计

【例 2-12】 有一成绩单见表 2-2，要求计算孙一同学四门课的平均分，并将结果存放在单元格 F2 中。

表 2-2　成绩单

姓名＼成绩	语文	数学	英语	政治	平均分
孙一	88	92	86	83	
赵二	88	93	80	86	

操作步骤如下：

1）将指针定位在 F2 单元格内。

2）在"表设计–布局"选项卡的"数据"组中，单击"公式"按钮，弹出"公式"对话框。

3）单击"公式"对话框中"粘贴函数"下拉列表框的下拉按钮，在弹出的下拉列表中选择"AVERAGE"函数，相应的函数出现在"公式"文本框中，如图 2-62所示。

4）在"公式"文本框中 AVERAGE 函数后面的括号内输入参数"B2：E2"，单击"确定"按钮。计算结果见表 2-3。

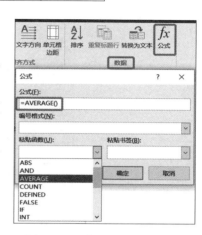

图 2-62　选择 AVERAGE 函数

表 2-3　成绩单

姓名＼成绩	语文	数学	英语	政治	平均分
孙一	88	92	86	83	87.25
赵二	88	93	80	86	

2．排序

【例 2-13】对于表 2-4 所列的成绩单，要求按语文成绩降序排序，如果语文成绩相同，则按数学成绩升序排序。

表 2-4　成绩单

姓名＼成绩	语文	数学	英语	政治	平均分
孙一	88	92	86	83	
赵二	88	93	80	86	
李四	90	92	88	92	
王五	95	98	95	93	

操作步骤如下：

1）将指针定位在表格内。

2）在"表设计–布局"选项卡的"数据"组中，单击"排序"按钮，弹出"排序"

对话框。

　　3）在"主要关键字"下拉列表框中填写"语文"，选中其后的"降序"单选按钮；在"次要关键字"下拉列表框中填写"数学"，选中其后的"升序"单选按钮，如图 2-63 所示。单击"确定"按钮，排序结果见表 2-5。

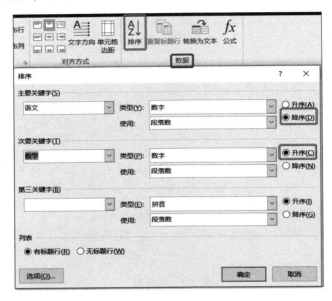

图 2-63　设置关键字及排序

表 2-5　排序后的成绩单

成绩 姓名	语文	数学	英语	政治	平均分
王五	95	98	95	93	
李四	90	92	88	92	
孙一	88	92	86	83	
赵二	88	93	80	86	

2.6　Word 2021 图文混排

2.6.1　手动绘制图形

　　Word 2021 提供了丰富的"形状"供用户调用，包括线条、矩形、基本形状、箭头、公式形状、流程图、星与旗帜、标注形状等。用户在文档中插入"形状"后，还可以在"形状"中编辑文字。

　　绘制"形状"的操作步骤如下：

　　1）在"插入"选项卡的"插图"组中单击"形状"按钮，弹出"形状"下拉列表。

　　2）在展开的下拉列表中选择合适的图形，鼠标指针变成"+"形。

3）在文档中合适的位置，按下鼠标左键并拖动鼠标直至完成图形的绘制，释放鼠标左键。

4）画好形状后，系统会加载"形状格式"选项卡，如图 2-64 所示。在其中用户可对"形状样式""形状填充""形状轮廓"和"形状效果"进行设置。

图 2-64　"形状格式"选项卡

5）右击画好的"形状"，在弹出的快捷菜单中选择"添加文字"命令，可以在画好的"形状"里填写文字。

!!! 注意

在绘制"形状"的过程中，同时按下<Shift>键，可以画出特殊的图形。例如：在绘制"椭圆"时，按住<Shift>键画出的是标准的圆；在绘制"矩形"时，按住<Shift>键，画出的是正方形。

2.6.2　插入图片

用户可以根据需要在文档中插入图片。Word 提供了"图片"和"联机图片"供用户选择。

1. 插入"图片"

操作步骤如下：

1）将指针定位到需要插入图片的位置。

2）在"插入"选项卡的"插图"组中单击"图片"按钮，弹出"插入图片"对话框。

3）按图片所在的路径，选择需要插入的图片，单击"插入"按钮，则选中的图片出现在文中指针定位处。

2. 插入"联机图片"

联机图片是一种特殊的图片，文件体积比较小，画面美观、逼真。一般是系统自带的或来源于必应搜索网站的。

插入"联机图片"的操作步骤如下：

1）将指针定位到需要插入联机图片的位置。

2）在"插入"选项卡的"插图"组中单击"联机图片"按钮，弹出"插入图片"对话框。

3）在"联机图片"后的文本框内输入想要插入的图片内容，例如"雪景"，单击"搜索"按钮。

4）在搜索出的"雪景"图片中，选择需要的图片，单击"插入"按钮，图片即可出现在文中指针定位处。

2.6.3　插入 SmartArt 图形

SmartArt 图形是 Office 办公软件中设计好的图形和文字相结合的一种专业图形。这些图形外观简洁、美观、逻辑清晰，能够直观地显示出流程、层次结构和关系等。用户可以将其理解为一种面向商业应用的已定义好的结构流程图。运用 SmartArt 图能够直接创建出具有专业外观的商业模型。

SmartArt 图形包括列表、流程、循环、层次结构、关系、矩阵、棱锥图和图片等类型，用户可根据需要进行选择。

1. 插入 SmartArt 图形并输入文字

插入 SmartArt 图形的操作步骤如下：

1）将指针定位到需要插入 SmartArt 图形的位置。

2）在"插入"选项卡的"插图"组中单击"SmartArt"按钮，弹出"选择 SmartArt 图形"对话框。在左侧导航栏中选择 SmartArt 图形的类型，在中间列表栏中选择样式，如图 2-65 所示，单击"确定"按钮，即可在指针处插入所需要的图形。

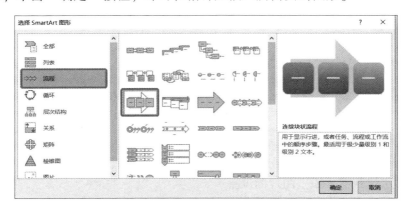

图 2-65　"选择 SmartArt 图形"对话框

3）在图形中的"文本"处单击，输入相应的文字。

2. 编辑 SmartArt 图形

Word 2021 为用户提供了"SmartArt 工具"选项，方便用户对 SmartArt 图形进行设计和格式修改。

【例 2-14】如图 2-66 所示的组织结构图，为"营销经理"添加"业务经理"和"企划经理"两个助理。

操作步骤如下：

图 2-66　组织结构图

1）将指针定位在"营销经理"处，激活"SmartArt 设计"选择卡。

2）在"SmartArt 设计"选项卡的"创建图形"组中，单击"添加形状"按钮（见图 2-67），选择"添加助理"选项，在添加的文本框中输入"业务经理"。

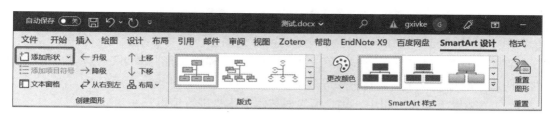

图 2-67　"添加形状"按钮

3）将指针定位在"业务经理"处，单击"添加形状"按钮，在下拉列表中选择"在后面添加形状"选项，在添加的文本框中输入"企划经理"。添加后的效果如图 2-68 所示。

利用"SmartArt 设计"选项卡，用户除了可以为 SmartArt 图形创建图形外，还可以对 SmartArt 图形的布局、文本窗格、版式、样式等进行设计。例如：修改形状大小、形状样式、形状填充颜色、形状轮廓、形状效果；艺术字样式、文本颜色、文本轮廓、文本效果；图文排列。

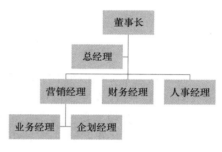

图 2-68　添加"企划经理"后的组织结构图

2.6.4　插入艺术字

艺术字是具有特殊效果的文字，在形状、颜色、立体感等方面有一定的装饰效果。使用艺术字可以增强用户的视觉冲击效果。多用于海报、广告宣传、文章标题等。

1. 建立艺术字

建立艺术字有两种方法：一是先输入文字，然后将文字应用为艺术字样式，二是先选择艺术字样式，再输入文字。用户可任意选择自己喜欢的方式。

下面介绍第一种方法，操作步骤如下：

1）将指针定位在需要插入艺术字的位置。

2）在"插入"选项卡的"文本"组中单击"艺术字"按钮，在展开的艺术字库中选择合适的艺术字样式。

3）在弹出的艺术字文本框中输入需要的文字即可。

2. 编辑艺术字

对艺术字的编辑主要包括对艺术字文本框进行编辑和对艺术字本身进行编辑。对艺术字进行编辑的方法如下。

1）将指针定位在艺术字文本框内，激活"形状格式"选项卡，如图 2-69 所示。

图 2-69　"形状格式"选项卡

2）在"形状样式"组中，可对艺术字的文本框进行编辑。

利用"形状填充"按钮可以为文本框设置填充颜色、图片、纹理等；利用"形状轮廓"按钮可以设置文本框轮廓线的颜色、粗细和线型；利用"形状效果"按钮可以设置文本框的阴影、映像、发光、柔化边缘等效果。

3）在"艺术字样式"组中，用户可以对艺术字本身进行编辑。

利用"文本填充"按钮可以为艺术字设置填充颜色；利用"文本轮廓"按钮可以设置艺术字轮廓线的颜色、粗细和线型；利用"文本效果"按钮可以设置艺术字的阴影、映像、发光、柔化边缘等效果。

2.6.5 使用文本框

如果想让 Word 文档中的文字或图片根据自己的需要移动或调整大小，可以将其放在文本框中。用户可以在文本框中放置文字、表格、图片等不同的对象，可以将其置于页面中的任意位置，并根据自己的需要移动或调整其大小。

Word 2021 提供了多种形式的内置文本框，也提供了绘制文本框的功能。

用户在使用文本框的时候，可以选择系统内置的文本框样式，也可以手动绘制文本框。

【例 2-15】制作如图 2-70 所示的文本框。

图 2-70　竖排文本框的效果图

操作步骤如下：

1）在"插入"选项卡的"文本"组中单击"文本框"按钮，在弹出的下拉列表框中，选择"简单文本框"选项，页面中出现文本框。

2）将文本框拖至合适的位置。

3）在文本框中输入需要的文字。

4）将指针定位在文本框内，激活"形状格式"选项卡。

5）在"形状格式"选项卡的"形状样式"组中，单击"形状轮廓"按钮，设置文本框轮廓的颜色、线型和线的宽度。

6）在"形状格式"选项卡的"文本"组中，单击"文字方向"按钮，在弹出的下拉列表框中选择需要的文字方向。

2.6.6 设置水印

水印是一种特殊的背景，用户可以用水印来标识文档。水印在页面视图模式或打印出的文档中才可以看到。

用户为文档添加水印，可在"设计"选项的"页面背景"组中，单击"水印"按钮，在弹出的下拉列表框中选择系统内置的水印即可。如果系统内置的水印不满足要求，用户也可以"自己定义水印"。

若要取消水印，只需要在"设计"选项卡的"页面背景"组中，单击"水印"按钮，在弹出的下拉列表中选择"删除水印"选项即可。

本章小结

本章主要介绍了 Word 2021 的窗口、文档格式和文档视图，Word 2021 文档的新建、保存、打开与关闭，在文档中输入文本，编辑文档等基本操作，以及 Word 文档的基本排版、高级排版、表格处理、图文混排等操作。希望通过本章的学习，读者可以制作出满足自己要求的精美文档。

习　　题

一、选择题

1. 以下不属于 Word 2021 文档视图的是（　　　　）。

A. 阅读视图　　　　　　B. 放映视图　　　　C. Web 版式视图　　　　D. 大纲视图

2. 在 Word 2021 文档中，不可直接操作的是（　　　　）。

A. 录制屏幕操作视频　B. 插入 Excel 图像　C. 插入 SmartArt 图形　D. 屏幕截图

3. 在 Word 2021 中，不能作为文本转换为表格的分隔符是（　　　　）。

A. 段落标记　　　　　　B. 制表符　　　　　C. @　　　　　　　　D. ##

4. 利用 Word 2021，将文档中的大写英文字母转换为小写，最优的操作方法是（　　　　）。

A. 单击"开始"选项卡"字体"组中的"更改大小写"按钮

B. 单击"审阅"选项卡"格式"组中的"更改大小写"按钮

C. 单击"引用"选项卡"格式"组中的"更改大小写"按钮

D. 右击，在弹出的快捷菜单中选择"更改大小写"命令

5. 在 Word 2021 中，邮件合并功能支持的数据源不包括（　　　　）。

A. Word 数据源　　　　B. Excel 工作表　　　C. PowerPoint 演示文稿 D. HTML 文件

6. 小张的毕业论文想设置为 2 栏页面布局，现需在分栏内容之前插入一横跨两栏内容的论文标题，在 Word 2021 中最优的操作方法是（　　　　）。

A. 在两栏内容之前空出几行，打印出来后手动写上标题

B. 在两栏内容之前插入一个分节符，然后设置论文标题位置

C. 在两栏内容之前插入一个文本框，输入标题，并设置文本框的环绕方式

D. 在两栏内容之前插入一个艺术字标题

7. 在 Word 2021 中，如果要对照查看一个上百页的文档的不同部分，最佳的方法是（　　　　）。

A. 将文档保存一份副本，打开并使用"并排查看"功能，和原文档进行对照查看

B. 使用 Word 的定位功能来对照查看文档内容

C. 在"阅读视图"模式下，对照查看文档不同部分的内容

D. 使用"拆分"功能，将文档窗口拆分为两个部分，并对照查看不同部分的内容

8. 小明需要将 Word 2021 文档内容以稿纸格式输出，最优的操作方法是（　　）。

A. 适当调整文档内容的字号，然后将其直接打印到稿纸上

B. 利用 Word 中的"稿纸设置"功能即可

C. 利用 Word 中的"表格"功能绘制稿纸，然后将文字内容复制到表格中

D. 利用 Word 中的"文档网格"功能即可

9. 下列操作中，不能利用 Word 2021 在文档中插入图片的操作是（　　）。

A. 使用插入"对象"功能　　　　　　　　B. 使用插入"交叉引用"功能

C. 使用复制、粘贴功能　　　　　　　　　D. 使用插入"图片"功能

10. 在 Word 2021 文档编辑状态下，将光标定位于任一段落位置，设置 1.5 倍行距后的结果将是（　　）。

A. 全部文档没有任何改变

B. 全部文档按 1.5 倍行距调整段落格式

C. 光标所在行按 1.5 倍行距调整格式

D. 光标所在段落按 1.5 倍行距调整格式

11. 小王需要利用 Word 2021 将文档中应用了"标题 1"样式的所有段落格式调整为"段前、段后各 12 磅，单倍行距"，最优的操作方法是（　　）。

A. 将每一个段落逐一设置为"段前、段后各 12 磅，单倍行距"

B. 将其中一个段落设置为"段前、段后各 12 磅，单倍行距"，然后利用格式刷功能将格式复制到其段落

C. 修改"标题 1"样式，将其段落格式设置为"段前、段后各 12 磅，单倍行距"

D. 利用查找替换功能，将"样式：标题 1"替换为"行距：单倍行距，段落间距段前：12 磅，段后：12 磅"

12. 在 Word 2021 中，如果希望为一个多页的文档添加页面图片背景，最优的操作方法是（　　）。

A. 在每一页中分别插入图片，并设置图片的环绕方式为衬于文字下方

B. 利用水印功能，将图片设置为文档水印

C. 利用页面填充效果功能，将图片设置为页面背景

D. 利用"插入"选项卡中的"页面背景"按钮，将图片设置为页面背景

13. 文档编辑过程中，如需将特定的计算机应用程序窗口界面作为文档的插图，在 Word 2021 中最优的操作方法是（　　）。

A. 使所需窗口界面处于活动状态，按<PrintScreen>键，再粘贴到 Word 文档指定位置

B. 利用 Word 插入"屏幕截图"功能，直接将所需窗口界面插入到 Word 文档中的指定位置

C. 使所需窗口界面处于活动状态，按<Alt+PrintScreen>组合键，再粘贴到 Word 文档指定位置

D. 在计算机系统中安装截屏工具软件，利用该软件实现屏幕界面的截取

14. 小王计划邀请 30 家客户参加答谢会，并为客户发送邀请函。快速制作 30 份邀请函的最优操作方法是（　　　）。

A. 发动同事帮忙制作邀请函，每人写几份

B. 利用 Word 的邮件合并功能自动生成

C. 先制作好一份邀请函，然后复印 30 份，在每份上添加客户名称

D. 先在 Word 中制作一份邀请函，通过复制、粘贴功能生成 30 份，然后分别添加客户名称

15. Word 2021 文档中有一个 5 行×4 列的表格，如果要将另外一个文件中的 5 行文字复制到该表格中，并且使其正好成为该表格一列的内容，最优的操作方法是（　　　）。

A. 在文本文件中选中这 5 行文字，复制到剪贴板；然后回到 Word 文档中，将光标置于指定列的第一个单元格，将剪贴板内容粘贴过来。

B. 将文本文件中的 5 行文字一行一行地复制、粘贴到 Word 文档表格对应列的 5 个单元格中。

C. 在文本文件中选中这 5 行文字，复制到剪贴板，然后回到 Word 文档中，选中对应列的 5 个单元格，将剪贴板内容粘贴过来

D. 在文本文件中选中这 5 行文字，复制到剪贴板，然后回到 Word 文档中，选中该表格，将剪贴板内容粘贴过来

16. Word 2021 文档的结构层次为"章—节—小节"，如章"1"为一级标题、节"1.1"为二级标题、小节"1.1.1"为三级标题。现已采用多级列表的方式完成了对第 1 章中章、节、小节的设置，如需完成剩余几章内容的多级列表设置，最优的操作方法是（　　　）。

A. 复制第 1 章中的"章、节、小节"段落，分别粘贴到其他章节对应位置，然后替换标题内容

B. 将第 1 章中的"章、节、小节"保存为标题样式，并将其应用到其他章节对应段落

C. 利用格式刷功能，分别复制第 1 章中的"章、节、小节"格式，并应用到其他章节对应段落

D. 逐个对其他章节对应的"章、节、小节"标题应用"多级列表"格式，并调整段落结构层次

17. 小张利用 Word 2021 完成了毕业论文，现需要在正文前添加论文目录以便检索和阅读，最优的操作方法是（　　　）。

A. 利用 Word 提供的"手动目录"功能创建目录

B. 直接输入作为目录的标题文字和相对应的页码创建目录

C. 将文档的各级标题设置为内置标题样式，然后基于内置标题样式自动插入目录

D. 不使用内置标题样式，而是直接基于自定义样式创建目录

二、上机练习题

1. 按要求对给定素材排版

1）将正文设置为小四号，楷体 GB2312；段落左右各缩进 0.8 厘米，首行缩进 2 个字符，行距设置为 1.25 倍行距。

2）给正文中"豪放"一词添加下画线。

3）插入页眉页脚，页眉包含自己的学号、姓名，页脚包括"第几页，共几页"信息。页眉和页脚设置为小五号字、宋体、居中。

4）在文字中插入一张联机图片，将图片的版式设置为"衬于文字下方"。

【素材】

苏轼是北宋中期文坛领袖，在诗、词、散文、书、画等方面取得很高成就。文纵横恣肆；诗题材广阔，清新豪健，善用夸张比喻，独具风格，与黄庭坚并称"苏黄"；词开豪放一派，与辛弃疾同是豪放派代表，并称"苏辛"；散文著述宏富，豪放自如，与欧阳修并称"欧苏"，为"唐宋八大家"之一。苏轼善书，是"宋四家"之一；擅长文人画，尤擅墨竹、怪石、枯木等。

2. 按要求对给定素材排版

1）将标题处理成艺术字的效果。

2）将正文文字分成两栏，栏宽相等，栏间加分隔线。

3）将正文第一段设置为首字下沉三行、隶书、距正文 0.4 厘米。

4）为作者"——朱自清"插入脚注，对作者进行简单介绍。

【素材】

《匆匆》

——朱自清

　　燕子去了，有再来的时候；杨柳枯了，有再青的时候；桃花谢了，有再开的时候。但是，聪明的，你告诉我，我们的日子为什么一去不复返呢？ ——是有人偷了他们罢：那是谁？又藏在何处呢？是他们自己逃走了罢：现在又到了哪里呢？

　　我不知道他们给了我多少日子；但我的手确乎是渐渐空虚了。在默默里算着，八千多日子已经从我手中溜去；像针尖上一滴水滴在大海里，我的日子滴在时间的流里，没有声音，也没有影子。我不禁头涔涔而泪潸潸了。

　　去的尽管去了，来的尽管来着；去来的中间，又怎样地匆匆呢？早上我起来的时候，小屋里射进两三方斜斜的太阳。太阳他有脚啊，轻轻悄悄地挪移了；我也茫茫然跟着旋转。于是——洗手的时候，日子从水盆里过去；吃饭的时候，日子从饭碗里过去；默默时，便从凝然的双眼前过去。我觉察他去的匆匆了，伸出手遮挽时，他又从遮挽着的手边过去，天黑时，我躺在床上，他便伶伶俐俐地从我身上跨过，从我脚边飞去了。等我睁开眼和太阳再见，这算又溜走了一日。我掩着面叹息。但是新来的日子的影儿又开始在叹息里闪过了。

　　在逃去如飞的日子里，在千门万户的世界里的我能做些什么呢？只有徘徊罢了，只有匆匆罢了；在八千多日的匆匆里，除徘徊外，又剩些什么呢？过去的日子如轻烟，被微风吹散了，如薄雾，被初阳蒸融了；我留着些什么痕迹呢？我何曾留着像游丝样的痕迹呢？我赤裸裸来到这世界，转眼间也将赤裸裸的回去罢？但不能平的，为什么偏要白白走这一遭啊？

　　你聪明的，告诉我，我们的日子为什么一去不复返呢？

3. 完成下面的操作

1）插入一个 3 行 3 列的表格，将样例中的数据填入表格。

2）将表格外框线改为 1.5 磅单实线。

3）表格中的文字改为粗黑体五号。

4）表格中的内容均居中。

5）将表格的名字设为"成绩单"，并利用题注为表格进行自动编号。

6）将样例中的内容用"文本转换成表格"的形式，转换成表格。

【样例】

英语　　数学　　计算机

97　　　65　　　86

67　　　86　　　87

4. 按要求对给定素材排版

1）将文中的"电脑"替换为"计算机"。

2）为当前文档添加水印。文字为"样本"，其他选项保持默认值。

3）将当前文档页面设置为 B5 纸型，方向为横向。

【素材】

电脑时代

电脑是 20 世纪伟大的发明之一，从发明第一台电脑到目前方便携带的笔记本型电脑，这期间不过短短数十年，不仅令人赞叹科技发展之迅速，而且电脑在不知不觉中，已悄然成为我们生活中的一部分。

第 3 章　使用 Excel 2021 设计和制作电子表格

 学习目标

了解 Excel 2021 电子表格的基本概念；
掌握 Excel 2021 的基本操作；
掌握 Excel 2021 的编辑和格式化工作表的方法；
掌握公式、函数和图表的使用方法；
掌握常用的数据管理和分析方法；
熟悉 Excel 2021 的数据综合管理与决策分析方法。

知识结构

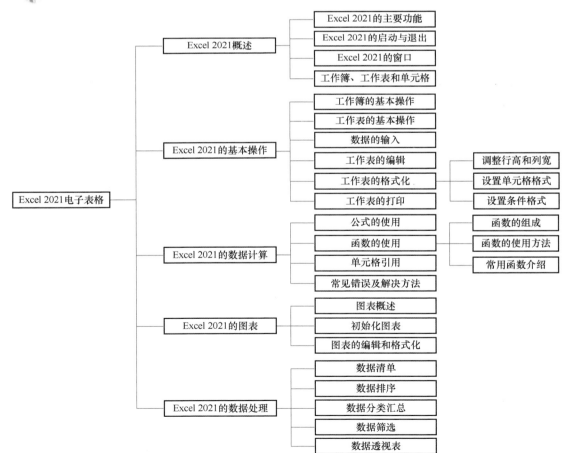

导入案例

为什么要学习 Excel?

小白在学习课程的教学大纲中发现有 Excel 的知识点。可是，他一直在思考为什么要学习 Excel? 如果有一个工具能够减轻重复烦琐的体力劳动，提高工作效率。当别人使用这个工具用半个小时就解决你要花一上午才能完成的事，你会做何感想? 这个工具当然是 Excel。

Excel 功能强大。其函数、图表和透视表可应用于财务、销售预测、薪酬统计及财务分析。

小白在学习并精通 Excel 之后发现，Excel 是一项技能。就像开车和游泳一样，会给我们的生活带来便利、带来乐趣，必要的时候还能助我们一臂之力。同样地，学习 Excel 可以显著提升工作效率，让工作更轻松，还能在职业晋升当中助你一臂之力。

3.1　Excel 2021 概述

Excel 2021 是一款出色的电子表格软件，能够为用户提供多种简洁的解决方案。它具有界面友好、操作简便、易学易用等特点，在人们的学习和工作中起着重要的作用。

3.1.1　Excel 2021 的主要功能

Excel 2021 主要具有表格制作、数据运算、数据处理和建立图表 4 个方面的功能。

1. 表格制作

制作或者填写一个表格是经常遇到的工作内容。手工制作表格不仅效率低，而且格式单调，难以制作出一个好的表格。而利用 Excel 2021 提供的丰富功能可以轻松、方便地制作出具有较高专业水准的电子表格，能满足用户的各种需要。

2. 数据运算

在 Excel 2021 中，用户不仅可以使用自定义的公式，而且可以使用系统提供的 13 大类函数，以完成各种复杂的数据运算。

3. 数据处理

在日常生活中有许多数据需要处理，Excel 2021 具有强大的数据管理功能，利用它所提供的有关数据库操作命令和函数可以十分方便地完成排序、筛选、分类汇总、查询及数据透视表等操作。Excel 2021 的应用也因此更加广泛。

4. 建立图表

Excel 2021 提供了 17 大类图表，每一大类又有若干子类。用户只需使用系统提供的图表向导功能并选择表格中的数据就可以方便、快捷地建立一个既实用又具有多种风格的图表。使用图表可以直观地展示工作表中的数据，增加了数据的可读性。

3.1.2　Excel 2021 的启动与退出

1. Excel 2021 的启动方法

方法 1：单击"开始"按钮，选择"所有程序"→"Excel 2021"命令。

方法2：在桌面或文件夹的空白处右击，选择"新建"→Microsoft Excel 工作表命令。

方法3：双击 Excel 文件，则自动启动 Excel 之后打开该文档。

2. Excel 2021 的退出方法

方法1：单击 Excel 2021 窗口右上角的"关闭"按钮。

方法2：单击"文件"按钮，在打开的列表中选择"关闭"命令。

方法3：单击 Excel 2021 窗口左上角的"控制"按钮，在弹出的控制菜单中选择"关闭"命令，或直接双击该按钮。

方法4：按<Alt+F4>组合键。

3. 1. 3 Excel 2021 的窗口

Excel 2021 应用程序的窗口主要有快速访问工具栏、标题栏、搜索框、功能区显示选项、窗口控制按钮、选项卡、功能区、名称框、编辑框、工作区、工作表标签、视图方式和显示比例缩放区等，如图3-1所示。

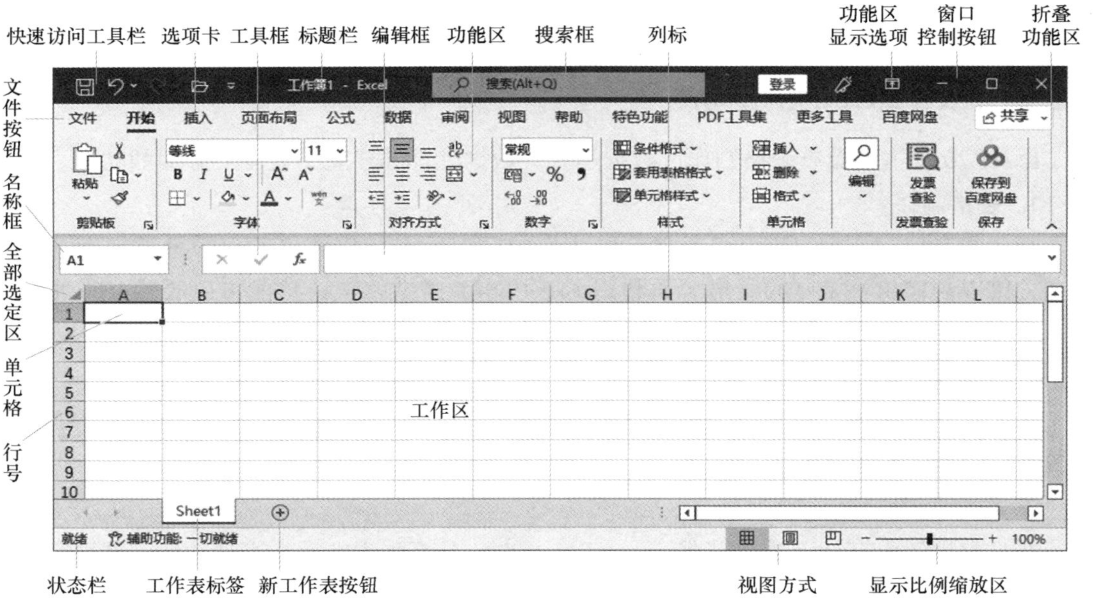

图 3-1　Excel 2021 的窗口

1. 快速访问工具栏

快速访问工具栏位于窗口的左上角，用户也可以将其放在功能区的下方。其中通常放置一些最常用的命令按钮，用户可单击自定义工具栏右边的█按钮，根据需要删除或添加常用命令按钮。

2. 标题栏

标题栏用于标识当前窗口程序或文档窗口所属程序或文档的名字，启动软件后默认标题是"工作簿1-Excel"。"工作簿1"是当前工作簿的名称，"Excel"是应用程序的名称。在保存工作簿时，用户可以根据表格内容取更直观的名字。

3. 窗口控制按钮

窗口控制按钮位于窗口的右上角，用来实现窗口的最小化、最大化和关闭操作。

4. 选项卡

功能选项卡包括"文件""开始""插入""页面布局""公式""数据""审阅""视图"等。用户可以根据需要单击功能选项卡进行切换，不同的功能选项卡对应不同的功能区。

5. 功能区

每一个选项卡都对应一个功能区，功能区按逻辑组的形式组织，旨在帮助用户快速找到完成某一任务所需的功能按钮。为了使屏幕更为整洁，可以单击窗口控制按钮左侧的 ▣ 按钮，在下拉列表中取消选中"显示选项卡"选项，则关闭功能区。如果选择"显示选项卡和命令"则打开功能区。

6. 名称框

名称框用于指示当前选定的单元格或地址、图表项和绘图对象等。单击名称框旁边的下拉按钮可弹出一个下拉列表框，列出所有已自定义的名称。

7. 编辑框

编辑框用于显示当前活动单元格中的数据或公式。可在编辑框中输入、删除或修改单元格的内容。编辑框中显示的内容与当前活动单元格的内容相同。单击"输入"按钮确认输入，单击"取消"按钮取消输入，单击"插入函数"按钮可插入函数。

8. 工作区

在编辑栏下面是 Excel 的工作区，工作区由行号、列标、单元格、工作表标签和滚动条组成。

9. 工作表标签

工作表的名称出现在屏幕底部的工作表标签上。默认情况下，名称是 Sheet1、Sheet2 等，用户也可以根据需要为工作表重新命名。

10. 视图方式和显示比例缩放区

视图切换按钮和显示比例滑块位于窗口底部右侧，Excel 2021 的视图主要有普通视图、分页预览视图、页面布局视图和自定义视图。可以通过"视图"选项卡的"工作簿视图"组中的按钮来实现切换，如图 3-2 所示。缩放级别随着显示比例滑块的拖动而改变。默认缩放级别为 100%，最小可以为 10%，最大可以到 300%。单击显示比例条左右的加、减按钮也可以实现缩放。

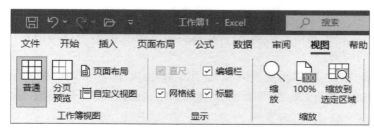

图 3-2 "视图"选项卡的"工作簿视图"组中的按钮

3.1.4　工作簿、工作表和单元格

1. 工作簿

工作簿是指 Excel 环境中用来存储并处理数据的文件。也就是说，Excel 文档就是工作簿。它是 Excel 工作区中一个或多个工作表的集合，其扩展名为 ".xlsx"。每一个工作簿可由一张或多张工作表组成，默认情况下有 3 张工作表，这 3 张表默认的名称分别是 Sheet1、Sheet2 和 Sheet3。用户可根据需要插入或删除工作表，在一个工作簿中最多可包含 255 个工作表。如果把一个 Excel 工作簿看成一个账本，那么每一张工作表就相当于账本中的一页。

2. 工作表

工作表是用于存储和处理数据的一个二维表格，是单元格的集合。初始化时，工作簿中至少包含 1 张独立的工作表，以 Sheet1、Sheet2、Sheet3……命名。工作表可以重命名。

3. 单元格

单元格就是工作表中的一个小方格，是组成工作表的基本元素，工作表中行列的交叉位置就是一个单元格，单元格的名称由列标和行号组成，如 A1。在单元格内输入和保存的数据既可以包含文字、数字或公式，也可以包含图片和声音等。对于每一个单元格中的内容，用户还可以设置格式，如字体、字号、对齐方式等。因此，一个单元格由数据内容、格式等组成。

4. 单元格的地址

单元格的地址由列标 + 行号组成，如第 D 列第 6 行交叉处的单元格，其地址是 D6。单元格的地址可以作为变量名用于表达式中，如 "A3 + B3" 表示将 A3 和 B3 两个单元格的数值相加。单击某个单元格，该单元格就成为当前单元格，在该单元格右下角有一个小方块，这个小方块称为填充柄或复制柄，用来进行单元格内容的填充或复制。当前单元格和其他单元格的区别是呈突出显示状态。

5. 单元格区域

在使用公式或函数进行运算时，若参与运算的是由若干相邻单元格组成的连续区域，可以使用区域的表示方法进行简化。只写出区域开始和结尾的两个单元格的地址，两个地址之间用冒号 ":" 隔开，即可表示包括这两个单元格在内的它们之间所有的单元格。如表示 A1~A8 这 8 个单元格的连续区域可写作 "A1:A8"。

区域表示法有以下 3 种情况。

1）同一行的连续单元格。例如 A1:G1 表示第 1 行中的第 A 列到第 G 列的 7 个单元格，所有单元格都在同一行。

2）同一列的连续单元格。例如 A1:A8 表示第 A 列中的第 1 行到第 8 行的 8 个单元格，所有单元格都在同一列。

3）矩形区域中的连续单元格。例如 A1:C6 表示以 A1 和 C6 作为对角线两端的矩形区域，共 3 列 6 行 18 个单元格。如果要对这 18 个单元格的数值求平均值，就可以使用求平均值函数 AVERAGE（A1:C6）来实现。

3.2 Excel 2021 的基本操作

Excel 文档的操作，也就是工作簿的操作，与 Word 文档的操作基本相似。下面主要介绍工作簿和工作表的基本操作、数据的输入、工作表的编辑、格式化和打印。

3.2.1 工作簿的基本操作

1. 新建工作簿

启动 Excel 后系统会自动创建一个名为"新建 Microsoft Excel 工作表 .xlsx"的新工作簿。如果用户要创建新工作簿，可以采用以下方法。

（1）创建空白工作簿

1）选择"新建"选项。

2）单击"空白工作簿"图标，即可创建一个名为"工作簿 1"的 Excel 文档。

（2）创建专业性工作簿

Excel 提供大量的、固定的、专业性很强的表格模板，如个人预算、会议议程等。这些模板对数字、字体、对齐方式、边框、底纹、行高和列宽都做了固定格式的编辑和设置，使用这些模板，用户可以轻松地设计出外观美丽且具有专业功能的表格。

创建专业性工作簿的操作步骤如下：

1）选择"新建"选项。在窗口右侧直接查看模板。

2）若没有找到适合的模板，则在搜索框中输入关键字查询，如"个人"。

【例 3-1】利用本机上的模板创建一个"家谱"表，文件名为"家谱 .xlsx"，保存在"我的文档"文件夹中。

操作步骤如下：

1）启动 Excel 后，选择"新建"选项。

2）在窗口右侧的搜索框中输入"家谱生成器"后，单击"搜索"按钮。

3）选择"家谱生成器"模板，如图 3-3 所示。

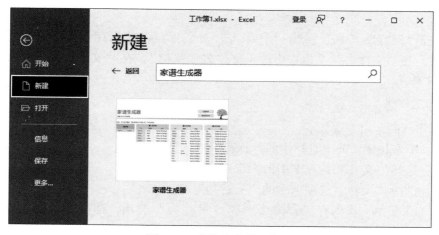

图 3-3 "家谱生成器"模板

4）单击"创建"按钮，然后对创建的家谱生成器表做适当修改，如图 3-4 所示。单击"创建家谱"按钮，生成新的家谱，如图 3-5 所示。

图 3-4　对家谱生成器表做适当修改

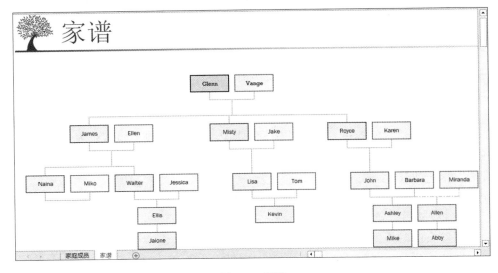

图 3-5　家谱

5）单击"保存"按钮，弹出"另存为"对话框，将"保存位置"设置为"我的文档"文件夹，在"文件名"文本框中输入文件名"家谱"，在"文件类型"下拉列表中选择"Excel 工作簿（*.xlsx）"，然后单击"保存"按钮。

2. 保存工作簿

保存工作簿的常用方法如下：

方法 1：单击快速访问工具栏中的"保存"按钮。

方法 2：选择"文件"选项卡中的"保存"选项。

方法 3：选择"文件"选项卡中的"另存为"选项。

说明：如果是第一次保存工作簿或选择"另存为"选项，都会弹出"另存为"对话框，确定"保存位置"和"文件名"，注意保存类型为"Excel 工作簿（*.xlsx）"。

3. 打开工作簿

打开已存在的工作簿的常用方法如下：

方法 1：如果在快速访问工具栏中有"打开"按钮，则单击"打开"按钮。

方法 2：选择"文件"选项卡中的"打开"选项。

4. 关闭工作簿

同时打开的工作簿越多，所占用的内存空间就越大，会直接影响计算机的处理速度。因此，当工作簿不再使用时，应及时将其关闭。关闭工作簿常用方法如下：

方法 1：选择"文件"选项卡中的"关闭"选项。

方法 2：单击工作簿窗口右上角的"关闭"按钮。

3.2.2 工作表的基本操作

新建立的工作簿中只包含 1 张工作表，用户可以根据需要添加工作表，最多可以添加 255 张。对工作表的操作是指对工作表进行选择、插入、删除、移动、复制和重命名等操作。所有这些操作都可以在 Excel 窗口的工作表标签上进行。

1. 选择工作表

选择工作表操作可以分为选择单张工作表和选择多张工作表。

（1）选择单张工作表

选择单张工作表时只需单击某个工作表的标签即可，该工作表的内容将显示在工作簿窗口中，同时该标签变为白色。

（2）选择多张工作表

1）选择连续的多张工作表：先单击第一张工作表的标签，然后按住<Shift>键单击最后一张工作表的标签。

2）选择不连续的多张工作表：按住<Ctrl>键后分别单击要选择的每张工作表的标签。

对于选定的工作表，用户可以进行复制、删除、移动和重命名等操作。最快捷的方法是右击选定工作表的标签，然后在弹出的快捷菜单中选择相应的操作命令。

2. 插入工作表

在现有工作表的前面插入一张新工作表的操作步骤如下：

1）右击工作表标签，在弹出的快捷菜单中选择"插入"命令，弹出"插入"对话框，如图 3-6 所示。

2）切换到"常用"选项卡，选择"工作表"选项，或者切换到"电子表格方案"选项卡，选择某个固定格式的表格，然后单击"确定"按钮关闭对话框。插入的新工作表会成为当前工作表。

其实，插入新工作表最快捷的方法是单击工作表标签右侧的"新工作表"按钮（"+"）。

3. 删除工作表

删除工作表的方法是：首先选定要删除的的工作表，然后右击工作表标签，在弹出快捷菜单中选择"删除"命令。

图 3-6　"插入"对话框

若工作表中含有数据，则会弹出确认删除对话框，单击"删除"按钮，则该工作表即可被删除，该工作表对应的标签也会消失。被删除的工作表无法用"撤销"命令来恢复。

如果要删除的工作表中没有数据，则不会弹出确认删除对话框，工作表将被直接删除。

4. 移动和复制工作表

工作表在工作簿中的顺序并不是固定不变的，用户可以通过移动重新安排它们的排列次序。移动或复制工作表的方法如下：

方法1：选定要移动的工作表，在标签上按住鼠标左键拖动，在拖动的同时可以看到鼠标指针上多了一个文档标记，同时在工作表标签上有一个黑色箭头指示位置，拖至目标位置处释放鼠标左键，即可改变工作表的位置，如图3-7所示。按住<Ctrl>键的同时拖动实现的是复制操作。

方法2：右击工作表标签，选择快捷菜单中的"移动或复制"命令，弹出"移动或复制工作表"对话框，如图3-8所示，选择要移动到的位置即可。如果选中"建立副本"复选框，则实现的是复制操作。

图 3-7　拖动工作表标签　　　　图 3-8　"移动或复制工作表"对话框

5. 重命名工作表

Excel 2021 在建立一个新的工作簿时只有 1 个工作表且以 Sheet1 命名。但在实际工作中，这种命名不便于记忆，也不利于进行有效管理，用户可以为工作表重新命名。重命名工作表有两种方法。

方法 1：双击工作表标签。

方法 2：右击工作表标签，在弹出的快捷菜单中选择"重命名"命令。

说明：上述两种方法均会使工作表标签变成黑底白字，输入新的工作表名后单击工作表中其他任意位置或按<Enter>键即可确认重命名。

3.2.3　数据的输入

1. 输入数据的基本方法

输入数据的一般操作步骤如下：

1）单击某个工作表标签，选择要输入数据的工作表。

2）单击要输入数据的单元格，使之成为当前单元格，此时名称框中显示该单元格的名称。

3）向该单元格直接输入数据，也可以在编辑框中输入数据，输入的数据会同时显示在该单元格和编辑框中。

4）如果输入的数据有错，可单击工具框中的"×"按钮或按<Esc>键取消输入，然后重新输入。如果正确，可单击工具框中的"√"按钮或按<Enter>键确认。

5）继续向其他单元格输入数据。选择其他单元格可用如下方法：

- 按方向键<→>、<←>、<↓>、<↑>。
- 按<Enter>键。
- 直接单击其他单元格。

2. 各种类型数据的输入

在每个单元格中可以输入不同类型的数据，如文本、数值、日期和时间等。输入不同类型的数据时必须使用不同的格式，只有这样 Excel 才能识别输入数据的类型。

（1）文本型数据的输入

文本型数据也称字符型数据，包括英文字母、汉字、数字及其他字符。在单元格中默认左对齐。在输入文本时，如果输入的是数字字符，则应在数字文本前加上单引号以示区别，而输入其他文本时可直接输入。

数字字符串是指全由数字字符组成的文本型数据，如学生学号、身份证号和邮政编码等。这种数字字符串是不能参与诸如求和、求平均值等运算的。在此特别强调，输入数字字符串时不能省略单引号，这是因为 Excel 无法判断输入的是数值还是字符串。

（2）数值型数据的输入

数值型数据可直接输入，在单元格中默认的是右对齐。在输入数值型数据时，除了 0~9、正负号和小数点外还可以使用以下符号。

- E 和 e 用于指数符号的输入，例如 6.78E+3。

- 以"＄"或"￥"开始的数值表示货币格式。
- 圆括号表示输入的是负数，例如（678）表示-678。
- 逗号","表示分节符，例如1,234,567。
- 以符号"％"结尾的表示输入的是百分数，例如80％。

如果输入的数值长度超过单元格的宽度，将会自动转换成科学计数法，即指数法表示。例如，如果输入的数据为123456789，则会在单元格中显示1.234567E+8。

（3）日期型数据的输入

日期型数据的输入格式比较多，例如要输入日期2023年3月16日。

1）如果要求按年月日的顺序，常使用以下3种格式输入。

- 23/3/16。
- 2023/3/16。
- 2023-3-16。

上述3种格式输入确认后，单元格中均显示相同格式，即2023-3-16。在此要说明的是，上述第一种输入格式中年份只用了两位，即23表示2023年。

2）如果要求按日月年的顺序，常使用以下两种格式输入，输入结果均显示为第一种格式。

- 16-Mar-23。
- 16/Mar/23。

如果只输入两个数字，则系统默认为输入的是月和日。例如，如果在单元格中输入3/6，则表示输入的是3月6日，年份默认为系统年份。如果要输入当天的日期，可按<Ctrl+;>组合键。

输入的日期型数据在单元格中默认右对齐。

（4）时间型数据的输入

在输入时间时，时和分之间、分和秒之间均用冒号（:）隔开，也可以在时间后面加上A或AM、P或PM等分别表示上午、下午，即hh:min:ss［A/AM/P/PM］，其中秒（ss）和字母之间应该留有空格，例如7:30 AM。

另外，也可以将日期和时间组合输入，输入时日期和时间之间要留有空格，例如2023-3-16 11:30。

若要输入当前系统时间，可以按<Ctrl+Shift+;>组合键。

输入的时间型数据和输入的日期型数据一样，在单元格中默认右对齐。

（5）分数的输入

由于分数线、除号和日期分隔符均使用同一个符号"/"，所以为了使系统能区分出输入的是日期还是分数，规定在输入分数时要在分数前面加上0和空格。例如，输入分数2/5，则应先在单元格输入0和空格，再输入2/5，即"0 2/5"，这时编辑框显示的是0.4，而单元格仍显示2/5，如图3-9所示。

（6）逻辑值的输入

在单元格中对数据进行比较运算时可得到True（真）

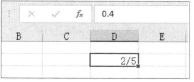

图3-9 分数的输入

或 False（假）两种比较结果，逻辑值在单元格中的对齐方式默认为居中。

3. 自动填充有规律的数据

如果要在连续的单元格中输入相同的数据或具有某种规律的数据，如数字序列中的等差序列、等比序列和有序文字（即文字序列）等，使用 Excel 的自动填充功能可以方便、快捷地完成输入操作。

（1）自动填充相同的数据

选定的单元格的右下角有一个黑色的小方块，称为填充柄或复制柄，当将指针移至填充柄处时，指针的形状变成“+”形，拖动填充柄向相邻单元格移动，可填充相同的数据，如图 3-10 所示。

	A	B	C	D
1				
2	6			
3				
4	珠海			

	A	B	C	D
1				
2	6	6	6	6
3				
4	珠海	珠海	珠海	珠海

图 3-10　填充相同的数据

（2）自动填充数字序列

【例 3-2】 在 A1:H1 单元格区域中分别输入等差数列数字 2，4，6，8，10，12，14，16。

操作步骤如下：

1）在 A1 和 B1 单元格中分别输入数字 2 和 4。

2）选定 A1 和 B1 两个单元格，此时这两个单元格被黑框包围。

3）将鼠标指针移至 B1 单元格右下角的填充柄处，指针变为十字形状“+”。

4）按住鼠标左键拖动“+”形状控制柄至 H1 单元格后释放，这时 C1 到 H1 单元格即会分别填充数字 6、8、10、12、14、16，如图 3-11 所示。

A	B	C	D	E	F	G	H
2	4	6	8	10	12	14	16
1	3	9	27	81	243	729	2187
星期一	星期二	星期三	星期四	星期五	星期六	星期日	

图 3-11　填充数字序列和文字序列

【例 3-3】 在 A3:H3 单元格区域的单元格中分别输入等比数列数字 1，3，9，27，81，243，729，2187。

操作步骤如下：

1）在 A3 单元格中输入第一个数字 1。

2）选定 A3:H3 单元格区域。

3）在“开始”选项卡的“编辑”组中单击“填充”下拉按钮，在打开的下拉列表中选择“系列”选项，打开“序列”对话框。

4）在“序列产生在”选项组中选中“行”单选按钮，在“类型”选项组中选中“等比序列"单选按钮；在"步长值"文本框中输入数字 3。

5）单击"确定"按钮关闭对话框即可。

（3）自动填充文字序列

使用上述方法还可以输入文字序列。

【例 3-4】 利用填充法在 A5:G5 单元格区域的单元格中分别输入星期一至星期日，如图 3-11 所示。

操作步骤如下：

1）在 A5 单元格中输入文字"星期一"。

2）选定 A5 单元格，并将鼠标指针移动到该单元格右下角的填充柄处，此时指针变成十字形状"+"。

3）拖动填充柄到 G5 单元格后释放鼠标，这时 A5:G5 单元格区域的单元格中即分别填充了所要求的文字。

‼️ 注意

本例中的"星期一""星期二"…"星期日"等文字是 Excel 预先定义好的文字序列。所以，在 A5 单元格中输入了"星期一"后拖动填充柄，Excel 就会按该序列的内容依次填充"星期二"…"星期日"。如果序列的数据用完了，会再使用该序列的开始数据继续填充。

Excel 在系统中已经定义了以下一些常用的文字序列：

- 日、一、二、三、四、五、六。
- Sunday、Monday、Tuesday、Wednesday、Thursday、Friday、Saturday。
- Sun、Mon、Tue、Wed、Thur、Fri、Sat。
- 一月、二月、三月…。
- January、February…。
- Jan、Feb…。

3.2.4 工作表的编辑

工作表的编辑操作主要包括修改内容、移动内容、复制内容、删除内容、行/列的插入与删除等。在进行编辑之前首先要选定对象。

1. 选定操作对象

选定操作对象主要包括选定单个单元格、连续区域、不连续多个单元格或区域及特殊区域。

1）选定单个单元格。单击某个单元格，该单元格以黑色方框显示，即表示被选定。

2）选定连续区域。选定连续区域的方法有以下 3 种（以选定 A1:F6 为例）。

方法 1：单击区域左上角的单元格 A1，然后按住鼠标左键拖动到该区域的右下角单元格 F6。

方法 2：单击区域左上角的单元格 A1，然后按住<Shift>键再单击该区域右下角的单元格 F6。

方法 3：在名称框中输入 A1:F6，然后按<Enter>键。

3）选定不连续多个单元格或区域。按住<Ctrl>键再分别选定各个单元格或单元格区域。

4）选定特殊区域。特殊区域的选定主要是指以下不同区域的选定：

- 选定某个整行：直接单击该行的行号。
- 选定连续多行：在行号区按住鼠标左键从首行拖动到末行。
- 选定某个整列：直接单击该列的列标。
- 选定连续多列：在列标区按住鼠标左键从首列拖动到末列。
- 选定整个工作表：单击工作表的左上角的"全部选定区"按钮或按<Ctrl+A>组合键。

2. 修改单元格内容

修改单元格内容的方法有以下两种：

方法 1：双击单元格或选定单元格后按<F2>键，使光标变成闪烁的方式，此时便可直接对单元格的内容进行修改。

方法 2：选定单元格，在编辑框中进行修改。

3. 移动单元格的内容

若要将某个单元格或某个区域的内容移动到其他位置上，可以使用鼠标拖动法或剪贴板法。

（1）鼠标拖动法

首先将鼠标指针移动到所选区域的边框上，然后按住鼠标左键拖动到目标位置即可。在拖动过程中，边框显示为虚框。

（2）剪贴板法

操作步骤如下：

1）选定要移动内容的单元格或单元格区域。

2）在"开始"选项卡的"剪贴板"组中单击"剪切"按钮。

3）单击目标单元格或目标单元格区域左上角的单元格。

4）在"剪贴板"组中单击"粘贴"按钮。

4. 复制单元格内容

若要将某个单元格或某个单元格区域的内容复制到其他位置，同样也可以使用鼠标拖动法或剪贴板的方法。

（1）鼠标拖动法

首先将鼠标指针移动到所选单元格或单元格区域的边框，然后按住<Ctrl>键的同时按住鼠标左键并拖动鼠标到目标位置即可。在拖动过程中边框显示为虚框。同时鼠标指针的右上角有一个小的"+"符号。

（2）剪贴板法

使用剪贴板复制的过程与移动的过程类似，只是最后单击"剪贴板"组中的"复制"按钮。

5. 清除单元格

清除单元格或某个单元格区域不会删除单元格本身，而只是删除单元格或单元格区域中的内容或格式等，或全部清除。

操作步骤如下：

1）选定要清除的单元格或单元格区域。

2）在"开始"选项卡的"编辑"组中单击"清除"按钮，在其下拉列表中选择"全部清除""清除格式""清除内容"等选项，即可实现相应项目的清除操作，如图 3-12 所示。

图 3-12　清除选项

!! 注意

选定某个单元格或某个单元格区域后按<Delete>键，只能清除该单元格或单元格区域的内容。

6. 行、列和单元格的插入与删除

（1）插入行和列

在"开始"选项卡的"单元格"组中单击"插入"按钮，在打开的下拉列表中选择"插入工作表行"或"插入工作表列"选项即可插入行或列。插入的行或列分别显示在当前行或当前列的上端或左端。

（2）删除行和列

选定要删除的行或列，或该行或该列所在的一个单元格，然后单击"单元格"组中的"删除"按钮，在下拉列表中选择"删除工作表行"或"删除工作表列"选项，即可将该行或列删除。

（3）插入单元格

选定要插入单元格的位置，单击"单元格"组中的"插入"按钮，在打开的下拉列表中选择"插入单元格"选项，打开"插入"对话框（见图 3-13），选中"活动单元格右移"或"活动单元格下移"单选按钮后单击"确定"按钮，即可插入新的单元格。插入后原活动单元格会右移或下移。

（4）删除单元格

选定要删除的单元格，单击"单元格"组中的"删除"按钮，在打开的下拉列表中选择"删除单元格"选项，打开"删除文档"对话框（见图 3-14），选中"右侧单元格左移"或"下方单元格上移"单选钮按钮后单击"确定"按钮，该单元格即可被删除。如果选中"整行"或"整列"单选按钮，则该单元格所在的行或列会被删除。

图 3-13　"插入"对话框

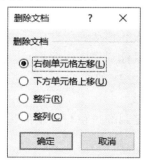

图 3-14　"删除文档"对话框

3.2.5　工作表的格式化

工作表的格式化工作表包括调整行高和列宽、设置单元格格式及设置条件格式。

1. 调整行高和列宽

工作表中的行高和列宽是 Excel 默认设定的，行高自动以本行中最高的字符为准，列宽默认为 8 个字符宽度。调整行高和列宽的操作方法有以下几种。

（1）使用鼠标拖动法

将鼠标指针指向行号或列标的分界线上，当指针变成双向箭头时按下左键并拖动即可调整行高或列宽。此时指针上方会自动显示行高或列宽的数值，如图 3-15 所示。

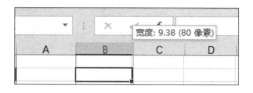

图 3-15　显示列宽

（2）使用功能按钮精确设置

选定需要设置行高和列宽的单元格或单元格区域，然后在"单元格"组中单击"格式"按钮，在下拉列表中选择"行高"或"列宽"选项，打开"行高"对话框或"列宽"对话框。在其中输入数值后单击"确定"按钮关闭对话框，即可精确设置行高和列宽。如果选中"自调整行高"或"自动调整列宽"单选按钮，系统将自动调整到最佳行高或列宽。

2. 设置单元格格式

在一个单元格中输入了数据内容后可以对单元格格式进行设置。设置单元格格式可以使用"开始"选项卡中的功能按钮，如图 3-16 所示。

图 3-16　"开始"选项卡

开始选项卡包括"字体""对齐方式""数字""样式""单元格"等组，主要用于单元格或单元格区域的格式设置；其中的"剪贴板"和"编辑"两个组，主要用于进行 Excel 文档的编辑输入、单元格数据的计算等。

单击"单元格"组中的"格式"按钮，在其下拉列表中选择"设置单元格格式"选项；或单击"字体"组、"对齐方式"组和"数字"组中的"设置单元格格式"按钮，均可打开"设置单元格格式"对话框，如图 3-17 所示。用户可以在该对话框中设置"数字""对齐""字体""边框""填充"和"保护"6 个方面格式。

（1）设置"数字"格式

Excel 2021 提供了多种数字格式，在对数字进行格式化时可以通过设置小数位数、百分号、货币符号等来表示单元格中的数据。在"设置单元格格式"对话框中切换至"数字"选项卡，在"分类"列表框中选择一种分类格式，在对话框的右侧窗格中进一步设置小数位数、货币符号等即可，如图 3-17 所示。

图 3-17 "设置单元格格式"对话框

（2）设置"字体"格式

在"设置单元格格式"对话框中切换至"字体"选项卡，如图 3-18 所示。在其中可对字体、字形、字号、颜色、下画线及特殊效果等进行设置。

图 3-18 "设置单元格格式"对话框中的"字体"选项卡

（3）设置“对齐”方式

在“设置单元格格式”对话框中切换至“对齐”选项卡，如图 3-19 所示。在其中可实现水平对齐、垂直对齐、改变文字方向、自动换行及合并单元格等的设置。

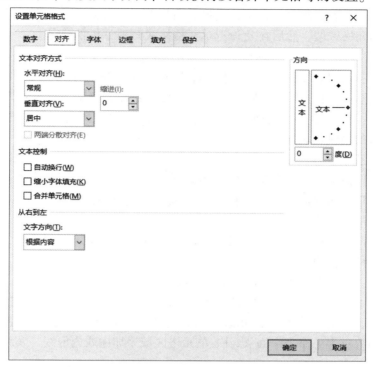

图 3-19　“设置单元格格式”对话框中的“对齐”选项卡

【例 3-5】设置“大学生综合成绩表”标题行居中。

设置标题行居中的操作方法有两种。

方法 1：合并及居中。选定要合并的单元格区域 A1:E1，如图 3-20 所示，然后单击“对齐方式”组中的“合并后居中”按钮，则所选定的单元格区域合并为一个单元格 A1，并且标题文字居中，效果如图 3-21 所示。

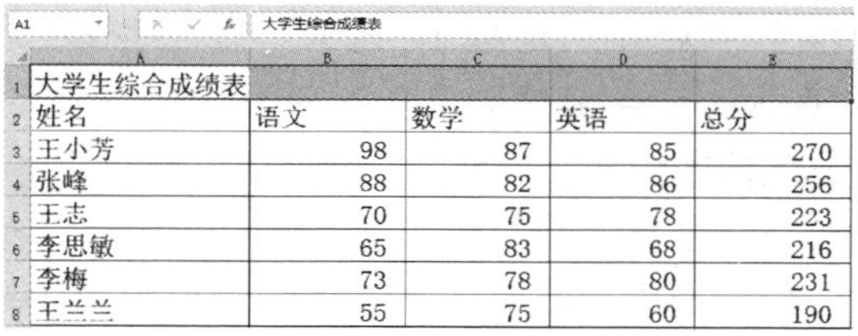

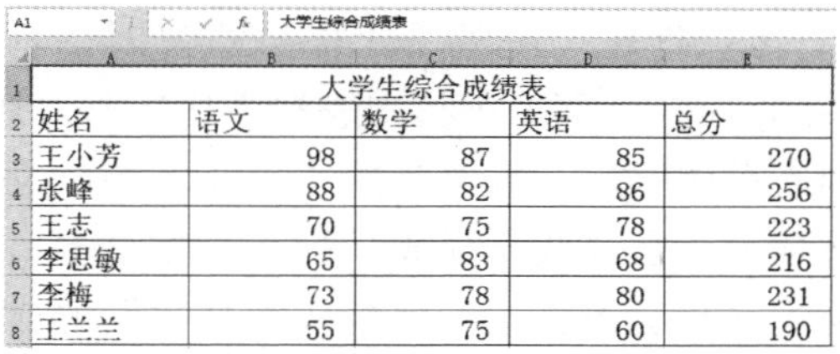

	A	B	C	D	E
1	大学生综合成绩表				
2	姓名	语文	数学	英语	总分
3	王小芳	98	87	85	270
4	张峰	88	82	86	256
5	王志	70	75	78	223
6	李思敏	65	83	68	216
7	李梅	73	78	80	231
8	王兰兰	55	75	60	190

图 3-20　选定要合并的单元格区域

	A	B	C	D	E
1	大学生综合成绩表				
2	姓名	语文	数学	英语	总分
3	王小芳	98	87	85	270
4	张峰	88	82	86	256
5	王志	70	75	78	223
6	李思敏	65	83	68	216
7	李梅	73	78	80	231
8	王兰兰	55	75	60	190

图 3-21　合并后居中的效果

方法 2：跨列居中。选定要跨列的单元格区域 A1:E1，然后打开“设置单元格格式”对话框并切换至“对齐”选项卡，在“水平对齐”下拉列表框中选择“跨列居中”选项，在“垂直对齐”下拉列表中选择“居中”选项，然后单击“确定”按钮。此时标题居中放置了，但是单元格并没有合并。

（4）设置"边框"和"填充"

在 Excel 工作表中可以看到灰色的网格线，但如果不进行设置，这些网格线是打印不出来的。为了突出工作表或某些单元格的内容，可以为其添加边框和底纹。首先选定要设置边框和底纹的单元格区域，然后在"设置单元格格式"对话框的"边框"或"填充"选项卡中进行设置。

- 设置边框：在"边框"选项卡中，首先选择线条的"样式"和"颜色"，然后在"预置"选项组中选择"内部"或"外边框"选项，分别设置内外线条。
- 设置填充：在"填充"选项卡中设置单元格底纹的"颜色"或"图案"，可以设置选定区域的底纹与填充色。

（5）设置"保护"

设置单元格保护是为了保护单元格中的数据和公式，其中有锁定和隐藏两个选项：锁定可以防止单元格中的数据被更改、移动，或单元格被删除；隐藏可以隐藏公式，在编辑框中看不到所应用的公式。

首先选定要设置保护的单元格区域，打开"设置单元格格式"对话框，在"保护"选项卡中即可设置锁定和隐藏。只有在工作表被保护后（在"审阅"选项卡上的"保护"组中，单击"保护工作表"按钮），锁定单元格或隐藏公式才生效。

【例 3-6】工作表格式化。对"大学生综合成绩表"的标题行设置跨列居中，将字体设置为楷体、20 磅、加粗、深红色，并添加浅绿色底纹；表格中其余数据水平且垂直居中，设置保留两位小数；为工作表中的 A2:E8 单元格区域添加虚线内框线、实线外框线。

操作步骤如下：

1）选定 A1:E1 单元格区域。

2）打开"设置单元格格式"对话框，切换至"对齐"选项卡，在"水平对齐"下拉列表中选择"跨列居中"选项，在"垂直对齐"下拉列表中选择"居中"选项；切换至"字体"选项卡，从"字体"列表框中选择"楷体"选项，在"字形"列表框中选择"加粗"选项，在"字号"列表框中选择 20 选项，设置颜色为"深红色"；切换至"填充"选项卡，在"背景栏"选项组中设置颜色为"浅绿色"；然后单击"确定"按钮关闭对话框。

3）选定 A2:E8 单元格区域。

4）打开"设置单元格格式"对话框，切换至"对齐"选项卡，在"水平对齐"和"垂直对齐"两个下拉列表框中均选择"居中"选项；切换至"数字"选项卡，在"分类"列表框中选择"数值"选项，在"小数位数"数值框中输入 2 或调整为 2；切换至"边框"选项卡，在"线条样式"列表框中选择"实线"选项，在"预置"选项组中选择"外边框"选项，再从"线条样式"列表框中选择"虚线"选项，然后在"预置"选项组中选择"内部"选项；单击"确定"按钮关闭对话框。最终效果如图 3-22 所示。

3. 设置条件格式

利用 Excel 2021 提供的条件格式化功能可以根据指定的条件设置单元格的格式，如改变字形、颜色、边框和底纹等，以便在大量数据中快速查阅到所需的数据。

大学生综合成绩表				
姓名	语文	数学	英语	总分
王小芳	98.00	87.00	85.00	270.00
张峰	88.00	82.00	86.00	256.00
王志	70.00	75.00	78.00	223.00
李思敏	65.00	83.00	68.00	216.00
李梅	73.00	78.00	80.00	231.00
王兰兰	55.00	75.00	60.00	190.00

图 3-22　格式化工作表最终效果

【例 3-7】在"大学生综合成绩表"中，利用条件格式化功能，指定当成绩大于 90 分时字形格式为"加粗"、字体颜色为"蓝色"，并添加黄色底纹。

操作步骤如下：

1）选定要进行条件格式化的区域。

2）在"开始"选项卡的"样式"组中单击"条件格式"→"突出显示单元格规则"→"大于"选项，打开"大于"对话框，如图 3-23 所示。在"为大于以下值的单元格设置格式"文本框中输入 90，在其右边的"设置为"下拉列表框中选择"自定义格式"选项，打开"设置单元格格式"对话框。

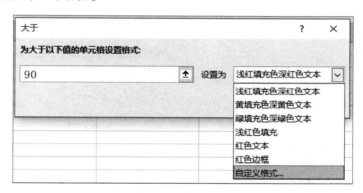

图 3-23　"大于"对话框

3）在"设置单元格格式"对话框中切换至"字体"选项卡，将字形设置为"加粗"、字体颜色设置为"蓝色"；切换至"填充"选项卡，将底纹颜色设置为"黄色"；然后单击"确定"按钮返回"大于"对话框。再单击"确定"按钮关闭对话框。最终效果如图 3-24 所示。

大学生综合成绩表				
姓名	语文	数学	英语	总分
王小芳	98.00	87.00	85.00	270.00
张峰	88.00	82.00	86.00	256.00
王志	70.00	75.00	78.00	223.00
李思敏	65.00	83.00	68.00	216.00
李梅	73.00	78.00	80.00	231.00
王兰兰	55.00	75.00	60.00	190.00

图 3-24　设置条件格式效果图

3.2.6　工作表的打印

打印工作表一般可分为两步：打印预览和打印输出。Excel 2021 提供了打印预览功能，只需将工作表打开，单击"文件"按钮，在打开的 Backstage 视图中选择"打印"命令，在窗口的右侧显示工作表的预览效果，如图 3-25 所示。在打印之前，可在 Backstage 视图的中间区域对各项打印属性进行设置，包括打印的份数、页边距、纸型、打印的页码范围等。全部设置完成后，只需单击"打印"按钮，即可打印工作表。

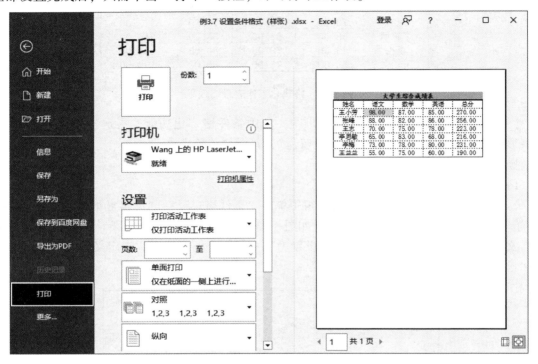

图 3-25　工作表的打印预览效果

3.3　Excel 2021 的数据计算

Excel 电子表格具有数据计算功能。用户可以在单元格中输入公式或使用 Excel 提供的函数完成对工作表中数据的计算，并且当工作表中的数据发生变化时计算的结果也会自动更新，用户能够更快速、更准确地完成数据计算。

3.3.1　公式的使用

Excel 中的公式由等号、运算符和运算数 3 个部分构成。运算数包括常量、单元格引用值、名称和工作表函数等元素。使用公式是实现电子表格数据处理的重要手段，它可以对数据进行加、减、乘、除及比较等多种运算。

1. 运算符

用户可以使用的运算符有算术运算符、比较运算符、文本运算符和引用运算符 4 种。

（1）算术运算符

算术运算符包括加"+"、减"-"、乘"＊"、除"/"、百分数"％"及乘方"＾"等。当一个公式中包含多种运算时要注意运算符之间的优先级。算术运算符运算的结果为数值型。

（2）比较运算符

比较运算符包括等于"="、大于">"、小于"<"、大于或等于">="、小于或等于"<="及不等于"<>"。比较运算符运算的结果为逻辑值 True 或 False。例如，在 B1 单元格中输入数字 6，在 B2 单元格输入"=B1>3"，由于 B1 单元格中的数值 6>3，因此为真，B2 单元格中会显示 True，且居中显示；如果在 B1 单元格中输入数字 2，则 B2 单元格中会居中显示 False。

（3）文本运算符

文本运算符即文本连接符"&"，用于将两个或多个文本连接为一个组合文本。例如"中国"&"北京"的运算结果即为"中国北京"。

（4）引用运算符

引用运算符用于对单元格区域进行合并运算，包括冒号"："、逗号","和空格" "。

- 冒号运算符用于定义一个连续的数据区域，例如 A1:B4 表示 A1~B4 的 8 个单元格，即包括 A1、A2、A3、A4、B1、B2、B3、B4。
- 逗号运算符称为并集运算符，用于将多个单元格或单元格区域合并成一个引用。例如，要求将 C2、D2、F2、G2 单元格的数值相加，结果放在单元格 E2 中。则单元格 E2 中的计算公式可以用"=SUM（C2,D2,F2,G2）"表示。
- 空格运算符称为交集运算符，表示只处理区域中互相重叠的部分。例如公式"SUM（A1:B3 B1:C3）"表示求 A1:B3 单元格区域与 B1:C3 单元格区域的相交部分的和，即单元格 B1、B2、B3 的和。

说明：运算符的优先级由高到低依次为冒号"："、逗号","、空格" "、负号"－"、百分号"%"、乘方"^"、乘"＊"和除"/"、加"+"和减"－"、文本连接符"&"、比较运算符。

2. 输入公式

在指定的单元格内可以输入自定义的公式，其语法格式为"=公式"。

操作步骤如下：

1）选定要输入公式的单元格。

2）输入等号"="作为公式的开始。

3）输入相应的运算符，选取包含参与计算的单元格的引用。

4）按<Enter>键或者单击工具框中的"输入"按钮确认。

说明：在输入公式时，等号和运算符号必须采用半角英文状态。

3. 复制公式

如果有多个单元格用的是同一个运算公式，可使用复制公式的方法简化操作。选定被复制的公式，先"复制"然后"粘贴"即可；或者使用公式单元格右下角的填充柄拖动复制，也可以直接双击填充柄实现公式快速自动复制。

【例 3-8】计算教师的工资总和，教师工资如图 3-26 所示。

操作步骤如下：

1）选定要输入公式的单元格 H3。

2）输入等号和公式"=D3+E3+F3+G3"。这里的单元格引用可直接单击各单元格，也可以输入相应单元格地址。

			教师工资				
序号	部门	姓名	基本工资	岗位津贴	绩效工资	福利工资	总计
1	数学系	张霞	1100	356	2356	50	
2	管科系	赵娟	1280	450	1800	50	
3	基础部	李青	980	550	2340	100	
4	艺术系	王大鹏	1380	500	1500	100	

图 3-26　教师工资

3）按<Enter>键，或单击工具框中的"输入"按钮，计算结果即出现在单元格 H3 中。

4）按住鼠标左键拖动 H3 单元格右下角的填充柄至 H6 单元格，完成公式的复制。最终计算结果如图 3-27 所示。

H3　　　　fx　=D3+E3+F3+G3

			教师工资				
序号	部门	姓名	基本工资	岗位津贴	绩效工资	福利工资	总计
1	数学系	张霞	1100	356	2356	50	3862
2	管科系	赵娟	1280	450	1800	50	3580
3	基础部	李青	980	550	2340	100	3970
4	艺术系	王大鹏	1380	500	1500	100	3480

图 3-27　教师工资总和的计算结果

3.3.2　函数的使用

使用公式计算只能完成简单的数据计算，而复杂的运算则需要运用函数来完成。函数是预先设置好的公式，Excel 提供了几百个内置函数。

1. 函数的组成

函数的语法格式如下：

函数名(参数1,参数2,参数3,…)

函数名是系统保留的名称，圆括号中可以有 0 个、1 个或多个参数，参数之间用逗号隔开。当没有参数时，函数名后的圆括号是不能省略的。参数是用来执行操作或计算的数据，可以是数值或含有数值的单元格引用。例如，函数 PI() 没有参数，它的作用是返回圆周率

π 的值。又如函数 SUM(A1,B1,D2) 表示对 A1、B1、D2 这 3 个单元格中的数值求和，其中 SUM 是函数名；A1、B1、D2 为 3 个单元格引用，它们是函数的参数。函数 SUM(A1，B1:B4,C4) 中有 3 个参数，分别是单元格 A1、单元格区域 B1:B4 和单元格 C4。

　　2. 函数的使用方法

函数的使用有 3 种方法。

（1）利用"插入函数"按钮

"插入函数"按钮包括函数库和工具框中的"插入函数"按钮。

【例 3-9】计算出 A 班学生成绩表中每名学生的平均成绩。A 班学生成绩表如图 3-28 所示。

A班学生成绩表					
姓名	语文	数学	英语	物理	平均成绩
王小芳	98	87	85	90	
张峰	88	82	86	86	
王志	70	75	78	80	
李思敏	65	83	68	70	
李梅	73	78	80	75	
王兰兰	55	75	60	65	

图 3-28　A 班学生成绩表

操作步骤如下：

1）选定要存放结果的单元格 F3。

2）在"公式"选项卡的"函数库"组中单击"插入函数"按钮，或单击工具框左侧的 f_x 按钮，弹出"插入函数"对话框，如图 3-29 所示。

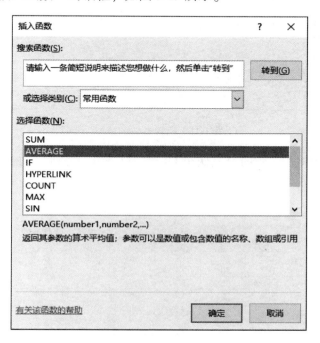

图 3-29　"插入函数"对话框

3）在"或选择类别"下拉列表框中选择"常用函数"选项，在"选择函数"列表框中选择 AVERAGE 函数，然后单击"确定"按钮，弹出"函数参数"对话框，如图 3-30 所示。

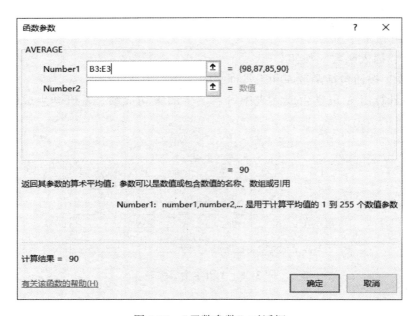

图 3-30 "函数参数"对话框

4）在 Number1 编辑框中输入函数的正确参数，如 B3:E3，或者单击参数 Number1 编辑框后面的拾取按钮，当函数参数对话框缩小成一个横条（见图 3-31），然后用鼠标在工作表中拖动选取数据区域，然后按<Enter>键或再次单击拾取按钮返回"函数参数"对话框，最后单击"确定"按钮。

函数参数	? ×
B3:E3	

图 3-31 函数参数的拾取

5）拖动 F3 单元格右下角的填充柄至 F8 单元格。这时在 F3~F8 单元格中分别计算出了 6 名学生的平均成绩，如图 3-32 所示。

	A	B	C	D	E	F
1	A班学生成绩表					
2	姓名	语文	数学	英语	物理	平均成绩
3	王小芳	98	87	85	90	90
4	张峰	88	82	86	86	86
5	王志	70	75	78	80	76
6	李思敏	65	83	68	70	72
7	李梅	73	78	80	75	77
8	王兰兰	55	75	60	65	64

图 3-32 平均成绩计算结果

（2）利用名称框中的公式选项列表

首先选定要存放结果的单元格 F3，然后输入"="，再单击名称框右边的下拉按钮，在下拉列表中选择相应的函数，如图 3-33 所示。后面的操作和利用功能按钮插入函数的方式完全相同。

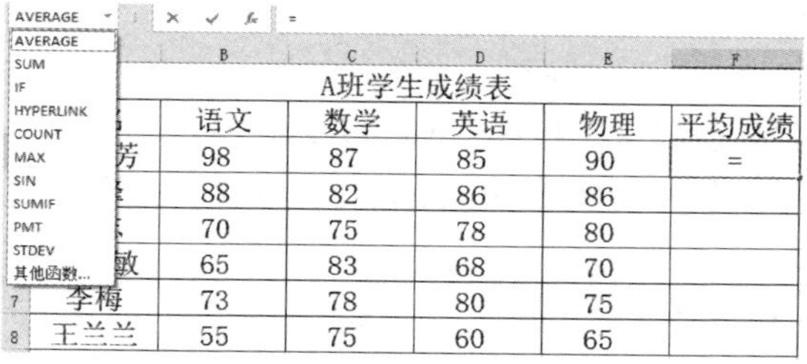

图 3-33　利用名称框中的公式选项列表

（3）使用"自动求和"按钮

选定要存放结果的单元格 F3，单击"函数库"组或"编辑"组中的"自动求和"下拉按钮，在下拉列表中选择"平均值"选项（见图 3-34），再单击工具框中的"输入"按钮或按<Enter>键即可。

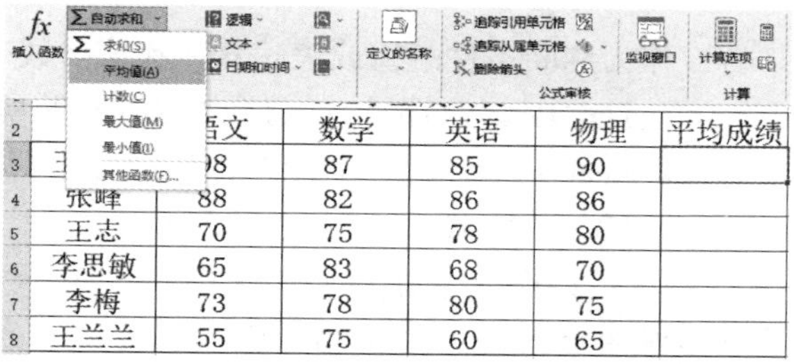

图 3-34　使用"自动求和"按钮

3. 常用函数介绍

Excel 提供了 12 大类几百个内置函数，这些函数的涵盖范围包括财务、日期与时间、数学与三角函数、统计、查找与引用、数据库、文本、逻辑、信息、工程、多维数据集和兼容性等。这里介绍几种常用的函数。

（1）求和函数 SUM

函数格式：SUM(Number1,[Number2],…)。

函数功能：用于求指定参数 Number1、Number2 等相加的和。

参数说明：至少需要包含 1 个参数 Number1。每个参数都可以是单元格区域、单元格引用、数组、常量、公式或另一个函数的结果。

（2）平均值函数 AVERAGE

函数格式：AVERAGE(Number1,[Number2],…)。

函数功能：用于求指定参数 Number1、Number2 等的算术平均值。

参数说明：至少需要包含 1 个参数 Number1，且必须是数值，最多可包含 255 个。

（3）最大值函数 MAX

函数格式：MAX(Number1,[Number2],…)。

函数功能：用于求指定参数 Number1、Number2 等的最大值。

参数说明：至少需要包含 1 个参数 Number1，且必须是数值，最多可包含 255 个。

（4）最小值函数 MIN

函数格式：MIN(Number1,[Number2],…)。

函数功能：用于求指定参数 Number1、Number2 等的最小值。

参数说明：至少需要包含 1 个参数 Number1，且必须是数值，最多可包含 255 个。

（5）计数函数 COUNT

函数格式：COUNT(Value1,[Value2],…)。

函数功能：用于统计指定区域包含数值的个数，只对包含数字的单元格进行计数。

参数说明：至少需要包含 1 个参数 Value1，最多可包含 255 个。

（6）逻辑判断函数 IF

函数格式：IF(Logical_test,[Value_if_true],[Value_if_false])。

函数功能：如果 Logical_test 逻辑表达式的计算结果为 TRUE，IF 函数将返回某个值，否则返回另一个值。

参数说明：

● Logical_test：必须有，作为判断条件的值或表达式。在该参数中可使用比较运算符。

● Value_if_true：可选，Logical_test 参数的计算结果为 TRUE 时所要返回的值。

● Value_if_false：可选，Logical_test 参数的计算结果为 FALSE 时所要返回的值。

例如，IF(5>4,"A","B") 的结果为 A。

IF 函数可以嵌套使用，最多可以嵌套 7 层。

【例 3-10】 在 A 班数学成绩统计表（见图 3-35）中按成绩所在的不同分数段计算对应的等级。等级标准的划分原则：90~100 为优，80~89 为良，70~79 为中，60~69 为及格，60 分以下为不及格。

操作步骤如下：

1）选定 D3 单元格，向该单元格中输入公式"=IF（C3>=90,"优"，IF（C3>=80,"良"，IF(C3>=70,"中"，IF(C3>=60,"及格","不及格"))))"。

2）单击工具框中的"输入"按钮或按<Enter>健，D3 单元格中显示的结果为"良"。

3）将鼠标指针移至 D3 单元格右下角，拖动填充柄至 D8 单元格，在 D4:D8 单元格区域进行公式的复制。计算结果如图 3-36 所示。

	A	B	C	D
1	A班数学成绩统计表			
2	学号	姓名	数学	等级
3	202301	王小芳	87	
4	202302	张峰	92	
5	202303	王志	56	
6	202304	李思敏	83	
7	202305	李梅	65	
8	202306	王兰兰	75	

图 3-35 A 班数学成绩统计表

	A	B	C	D
1	A班数学成绩统计表			
2	学号	姓名	数学	等级
3	202301	王小芳	87	良
4	202302	张峰	92	优
5	202303	王志	56	不及格
6	202304	李思敏	83	良
7	202305	李梅	65	及格
8	202306	王兰兰	75	中

图 3-36 计算结果

（7）条件计数函数 COUNTIF

函数格式：COUNTIF（Range，Criteria）。

函数功能：用于计算指定单元格区域中满足给定条件的单元格个数。

参数说明：

● Range：必须有，代表计数的单元格区域。

● Criteria：必须有，代表计数的条件，条件的形式可以为数字、表达式、单元格地址或文本。

【例 3-11】在 B 班语文成绩表（见图 3-37）中，利用条件计数函数 COUNTIF( )计算成绩等级为良的学生人数，并存于 D14 单元格中。

操作步骤如下：

1）选定 D14 单元格。

2）在工具框中单击 f_x 按钮，在打开的"插入函数"对话框中选择"统计"类的 COUNTIF 函数，如图 3-38 所示。

B班语文成绩表			
学号	姓名	语文	等级
202301	赵凯	88	良
202302	钱峰	75	中
202303	孙强	96	优
202304	李元	80	良
202305	周颖	83	良
202306	王小芳	87	良
202307	张峰	92	优
202308	王志	56	不及格
202309	李思敏	83	良
202310	李梅	65	及格
202311	王兰兰	75	中
语文成绩为良的人数			

图 3-37　B 班语文成绩表

图 3-38　"统计"类的 COUNTIF 函数

3）单击"确定"按钮，在打开的"函数参数"对话框中，在 Range 编辑框中输入 D3：D13，或用拾取按钮选择 D3：D13，在 Criteria 编辑框中输入"良"，或用拾取按钮选择 D6 单元格，如图 3-39 所示。

4）单击"确定"按钮，查看计算结果，如图 3-40 所示。

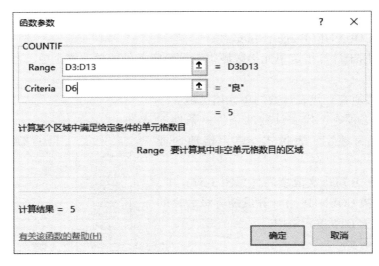

图 3-39　COUNTIF 函数的函数参数

（8）条件求和函数 SUMIF

函数格式：SUMIF（Range，Criteria，Sum_range）。

函数功能：用于对指定单元格区域中符合指定条件的值求和。

参数说明：

- Range：必须有，代表条件判断的单元格区域。
- Criteria：必须有，代表求和的条件，其形式可以为数字、表达式、单元格引用、文本或函数。
- Sum_range：可选，代表要求和的实际

A	B	C	D
1	B班语文成绩表		
2 学号	姓名	语文	等级
3 202301	赵凯	88	良
4 202302	钱峰	75	中
5 202303	孙强	96	优
6 202304	李元	80	良
7 202305	周韬	83	良
8 202306	王小芳	87	良
9 202307	张峰	92	优
10 202308	王志	56	不及格
11 202309	李思敏	83	良
12 202310	李梅	65	及格
13 202311	王兰兰	75	中
14 语文成绩为良的人数			5

图 3-40　计算语文成绩为良的人数统计结果

单元格区域，如果该参数被省略，Excel 会对在 Range 参数中指定的单元格求和。

（9）排位函数 RANK

函数格式：RANK（Number，Ref，Order）。

函数功能：用于返回某数字在一列数字中相对于其他数值的大小排位。

参数说明：

- Number：必须有，为指定的排位数字。
- Ref：必须有，为一组数或对一个数据列表的引用（绝对地址引用）。
- Order：可选，为指定排位的方式。0 值或忽略表示降序，非 0 值表示升序。

（10）截取字符串函数 MID

函数格式：MID（Text，Start_num，Num_chars）。

函数功能：用于从文本字符串中的指定位置开始返回特定个数的字符。

参数说明：

- Text：必须有，为要截取字符的文本字符串。
- Start_num：必须有，为要截取字符的第 1 个字符的位置。文本中第 1 个字符的位置为 1，依次类推。
- Num_chars：必须有，指定希望从文本串中截取的字符个数。

【例 3-12】在 C 班学生信息表（见图 3-41）中，发现全班同学都是单姓，并且名字都是由 1 或 2 个汉字组成。请根据 C3:C12 的学生姓名，在 E3:E12 单元格区域求出每一名同学的姓氏，在 F3:F12 单元格区域求出每一名同学的名字。

序号	学号	姓名	成绩	姓氏	名字	出生年月
			C班学生信息表			
1	202301	王小五	80			1979/2/3
2	202302	刘小注	75			1980/6/7
3	202303	陈武术	65			1981/3/10
4	202304	邹文学	58			1982/8/12
5	202305	李政治	67			1981/2/5
6	202306	张宇宙	48			1979/12/3
7	202307	邓大侠	92			1980/9/7
8	202308	朱中	56			1981/8/10
9	202309	成华军	74			1982/1/12
10	202310	冼白菜	53			1981/3/5

图 3-41　C 班学生信息表

操作步骤如下：

1）选定 E3 单元格。

2）在工具框中单击 f_x 按钮，在打开的"插入函数"对话框中选择"文本"类的 MID 函数，如图 3-42 所示。

图 3-42　"文本"类的 MID 函数

3）单击"确定"按钮，在打开的"函数参数"对话框中，在 Text 编辑框中输入 C3，在 Start_num 编辑框中输入 1，在 Num_chars 编辑框中输入 1，如图 3-43 所示。

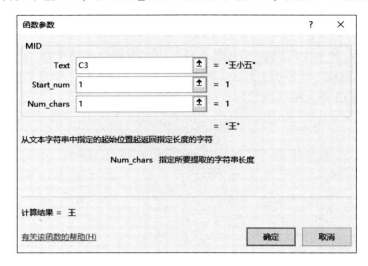

图 3-43　MID 函数的函数参数

4）单击"确定"按钮，在 E4:E12 单元格区域进行公式复制。

5）用同样的方法求出每一名同学的名字。最终结果如图 3-44 所示。

▲	A	B	C	D	E	F	G
1				C班学生信息表			
2	序号	学号	姓名	成绩	姓氏	名字	出生年月
3	1	202301	王小五	80	王	小五	1979/2/3
4	2	202302	刘小注	75	刘	小注	1980/6/7
5	3	202303	陈武术	65	陈	武术	1981/3/10
6	4	202304	邹文学	58	邹	文学	1982/8/12
7	5	202305	李政治	67	李	政治	1981/2/5
8	6	202306	张宇宙	48	张	宇宙	1979/12/3
9	7	202307	邓大侠	92	邓	大侠	1980/9/7
10	8	202308	朱中	56	朱	中	1981/8/10
11	9	202309	成华军	74	成	华军	1982/1/12
12	10	202310	冼白菜	53	冼	白菜	1981/3/5

图 3-44　用 MID 函数求出 C 班学生姓和名的结果

（11）取年份值函数 YEAR

函数格式：YEAR(Serial_number)。

函数功能：用于返回指定日期对应的年份值。

参数说明：serial_number 参数必须有，是一个日期值，其中必须要包含查找的年份值。

（12）文本合并函数 CONCATENATE

函数格式：CONCATENATE(Text1,[Text2],…)。

函数功能：用于将几个文本项合并为一个文本项，最多可将 255 个文本字符串连接成一个文本字符串。连接项可以是文本、数字、单元格地址，或这些项目的组合。

参数说明：至少必须有 1 个文本项，最多可以有 255 个，文本项之间用逗号分隔。

3.3.3　单元格引用

在例 3-12 中进行公式复制时，Excel 并不是简单地将公式复制下来，而是根据公式的原来位置和目标位置计算出单元格地址的变化。

例如，原来在 E3 单元格中插入的函数是"=MID(C3,1,1)"，当将公式复制到 E4 单元格时，由于目标单元格的行号发生了变化，这样复制的函数中引用的单元格的行号也会相应发生变化，函数变成了"=MID(C4,1,1)"。这实际上是 Excel 中单元格的一种引用方式，称为相对引用。除此之外，还有绝对引用和混合引用。

1. 相对引用

Excel 2021 的单元格引用默认为相对引用。相对引用是指在复制或移动公式和函数时公式和函数中单元格的行号和列标会根据目标单元格所在的行和列的变化自动进行调整。

相对引用的表示方法是直接使用单元格的地址，即表示为"列标行号"，如单元格 B6、单元格区域 F5:F8 等。

2. 绝对引用

绝对引用是指在复制或移动公式和函数时，不论目标单元格在什么位置，公式中的单元格的行号和列标均保持不变。

绝对引用的表示方法是在列标和行号前面加上符号"＄"，即"＄列标＄行号"，如单元格 ＄A＄6、单元格区域 ＄B＄5:＄E＄8。

【例 3-13】在年龄信息表（见图 3-45）中求出各年龄段占总人数的比例。公式中的总人数必须使用单元格引用来表示。

操作步骤如下：

1）选定单元格 C2，向 C2 单元格中输入公式"=B2/＄B＄17"，然后按<Enter>键。

2）选定单元格 C2，设置其百分数格式。在"开始"选项卡的"数字"组（见图 3-46）中直接单击"百分比"按钮，再单击"增加小数位数"或"减少小数位数"按钮以调整小数位数，然后单击"确定"按钮关闭对话框。

	A	B	C
1	年龄段	人数	所占比例
2	5岁及以下	1089900	
3	6-10岁	1278909	
4	11-15岁	1104839	
5	16-20岁	2002033	
6	21-25岁	1502334	
7	25-30岁	3009230	
8	31-35岁	2009343	
9	36-40岁	1803394	
10	41-45岁	1709343	
11	46-50岁	1600089	
12	51-55岁	1508493	
13	56-60岁	1558437	
14	61-65岁	1089843	
15	66-70岁	729988	
16	71岁及以上	569000	
17	总人数	22565175	

图 3-45　年龄信息表

3）再次选定单元格 C2，拖动其右下角的填充柄至 C16 单元格。计算结果如图 3-47 所示。

3. 混合引用

如果在复制和移动公式时，公式中单元格的行号或列标只有一个要进行自动调整，而另一个保持不变，这种引用方式称为混合引用。

混合引用的表示方法是在行号或列标中的一个前面加上符号"＄"，即"列标＄行号"或"＄列标行号"，如 B＄1、C＄5:D＄8、＄E1、＄F5:＄G8 等都是正确的混合引用方法。

	A	B	C
1	年龄段	人数	所占比例
2	5岁及以下	1089900	4.83%
3	6-10岁	1278909	5.67%
4	11-15岁	1104839	4.90%
5	16-20岁	2002033	8.87%
6	21-25岁	1502334	6.66%
7	25-30岁	3009230	13.34%
8	31-35岁	2009343	8.90%
9	36-40岁	1803394	7.99%
10	41-45岁	1709343	7.58%
11	46-50岁	1600089	7.09%
12	51-55岁	1508493	6.69%
13	56-60岁	1558437	6.91%
14	61-65岁	1089843	4.83%
15	66-70岁	729988	3.24%
16	71岁及以上	569000	2.52%
17	总人数	22565175	

图 3-46 "开始"选项卡的"数字"组　　　图 3-47 各年龄段所占比例的计算结果

3.3.4 常见错误及解决方法

在使用 Excel 公式时，有时不能正确地计算出结果，且在单元格内会显示出各种错误提示信息。下面介绍几种常见的错误提示信息及处理方法。

1. ####

此错误提示信息表示列宽不够。

解决方法：调整列宽。

2. #DIV/0!

此错误提示信息表示除数为 0。说明存在公式中除数为 0 或在公式中除数使用了空单元格的情况。

解决方法：修改单元格引用，用非 0 数字填充。如果必须使用 0 或引用空单元格，也可以用 IF 函数使该错误提示信息不再显示。例如，单元格中的公式原本是"=B6/C6"，若 C6 可能为 0 或空单元格，那么可将该公式修改为"=IF(C6=0,"",B6/C6)"，这样当 C6 单元格为 0 或为空时就不显示任何内容，否则显示 B6/C6 的结果。

3. #N/A

该错误提示信息通常表示数值或公式不可用。例如，想在 F2 单元格中使用函数"RANK(E2,$E$2:$E$96)"求 E2 单元格中的数据在 E2:E96 单元格区域中的名次，当 E2 单元格中没有输入数据时，就会出现此类错误提示信息。

解决方法：在单元格 E2 中输入数据。

4. #REF!

该错误提示信息表示移动或删除单元格导致无效的单元格引用，或者是函数返回了引用错误。例如 Sheet2 工作表的 C 列单元格引用了 Sheet1 工作表的 C 列单元格中的数据，后来删除了 Sheet1 工作表中的 C 列，就会出现此类错误提示信息。

解决方法：重新修改公式，恢复被引用的单元格范围或重新设定引用范围。

5. #!

该错误提示信息表示公式使用的参数错误。例如，要使用公式"= B7 + B8"计算 B7 与 B8 两个单元格的数字之和，但是 B7 或 B8 单元格中存放的数据是姓名不是数字，这时就会出现此类错误提示信息。

解决方法：确认所用公式的参数没有错误，并且公式引用的单元格中包含有效的数据。

6. #NUM!

该错误提示信息表示在公式或函数中使用了无效的参数，即公式计算的结果过大或过小，超出了 Excel 的范围（$-10^{307} \sim 10^{307}$）时。例如，在单元格中输入公式"= 10^400 * 100^60"，按<Enter>键后即会出现此错误提示信息。

解决方法：确认公式或函数中使用的参数正确。

7. #NULL!

该错误提示信息表示试图为两个并不相交的单元格区域指定交叉点。例如，对 A1:A5 和 B1:B5 两个单元格区域求和，使用公式"= SUM(A1:A5,B1:B5)"，便会因为对并不相交的两个单元格区域使用交叉运算符而出现此错误提示信息。

解决方法：取消两个单元格区域之间的空格，用逗号来分隔不相交的区域。

8. #NAME?

该错误提示信息表示 Excel 不能识别公式中的文本。例如，函数拼写错误、公式中引用某单元格区域时没有使用冒号、公式中的文本没有用双引号等。

解决方法：尽量使用 Excel 所提供的各种向导完成函数的输入。例如使用"插入函数"对话框来插入各种函数，或用鼠标拖动的方法来完成各种数据区域的输入等。

3.4　Excel 2021 的图表

Excel 工作表中的数据若以图表形式展示，可使数据更直观、更易于理解，同时也有助于用户分析数据。当数据源发生变化时，图表中对应的数据也会自动更新。Excel 的图表类型有包括二维图表和三维图表在内的十几类，每一类又有若干子类型。

根据图表显示位置的不同可以将图表分为两种：一种是嵌入式图表，它和创建图表使用的数据源放在同一张工作表中；另一种是独立图表，即创建的图表为一张单独的工作表。

3.4.1　图表概述

建立 Excel 图表，首先要考虑选取工作表中的哪些数据，即创建图表的可用数据；其次要考虑建立什么类型的图表；最后要考虑对组成图表的各种元素如何进行编辑和格式设置。

创建 Excel 图表一般采用 3 个步骤。

（1）选择数据源

从工作表中选择创建图表的可用数据。

（2）选择合适的图表类型及其子类型创建初始化图表

主要使用"插入"选项卡的"图表"组（见图 3-48）中的功能按钮创建各种类型的图

表。常用的创建方法有下面两种。

方法1：已确定需要创建某种类型的"图表"，如饼图或圆环图，则直接在"图表"组中单击饼图和圆环图的下拉按钮，在下拉列表中选择一个子类型即可，如图3-49所示。

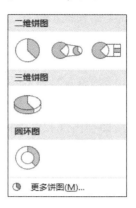

图3-48　"插入"选项卡的"图表"组　　　　图3-49　饼图和圆环图的下拉列表

方法2：需创建的图表不在"图表"组中，则可单击"推荐的图表"按钮，打开"插入图表"对话框。该对话框包括"推荐的图表"和"所有图表"两个选项卡，"推荐的图表"是所选的数据源，系统建议使用的图表。如果对系统推荐的图表类型不满意，可切换至"所有图表"选项卡，其中列出所有图表类型。在对话框左侧列表中选择一种类型，在对话框右侧选择子类型，并可预览效果。例如在左侧选择饼图，在右侧选择三维饼图，如图3-50所示。最后单击"确定"按钮即可。

图3-50　"插入图表"对话框

通过以上两种方法创建的图表为初始化图表。

（3）对创建的初始化图表进行编辑和格式化设置

Excel 2021 中提供了 17 种图表类型，如图 3-50 所示，每一种图表类型又包含几种到十几种不等的子图表类型，在创建图表时需要针对不同的应用场合和不同的使用范围选择不同的图表类型及其子类型。下面对几种常用图表类型及其用途做简要说明。

- 柱形图：用于比较一段时间中两个或多个项目的相对大小。
- 折线图：按类别显示一段时间内数据的变化趋势。
- 饼图：在单组中描述部分与整体的关系。
- 条形图：在水平方向上比较不同类型的数据。
- 面积图：强调一段时间内数值的相对重要性。
- XY 散点图：描述两种相关数据的关系。
- 股价图：综合了柱形图的折线图，专门设计用来跟踪股票价格。
- 曲面图：一个三维图，当第 3 个变量变化时跟踪另外两个变量的变化。
- 雷达图：表明数据或数据频率相对于中心点的变化。

3.4.2　初始化图表

下面以一个学生成绩表为例说明创建初始化图表的过程。

【例 3-14】根据 D 班学生成绩表（见图 3-51）创建每名学生三门科目成绩的简单三维簇状柱形图表。

操作步骤如下：

1）选定要创建图表的数据区域，这里选择 A2:A12 和 C2:E12 单元格区域。

2）在"插入"选项卡的"图表"组中单击"柱形图"下拉按钮，从下拉列表的子类型中选择"三维簇状柱形图"（见图 3-52）。生成的图表如图 3-53 所示。

	A	B	C	D	E
1	D班学生成绩表				
2	姓名	学号	数学	英语	语文
3	赵凯	202301	87	85	90
4	张玉婉	202302	82	86	86
5	刘育文	202303	75	78	80
6	秦始琳	202304	83	68	70
7	周文慧	202305	78	80	75
8	陈铁	202306	75	60	65
9	吕少峰	202307	92	55	50
10	周丽	202308	77	75	85
11	纪凤华	202309	55	95	96
12	林少波	202310	68	90	72

图 3-51　D 班学生成绩表

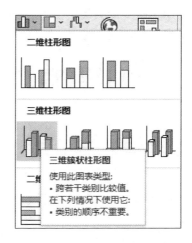

图 3-52　选择三维簇状柱形图

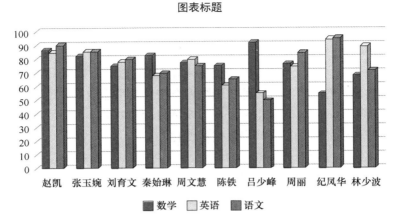

图 3-53　D 班学生成绩三维簇状柱形图

3.4.3　图表的编辑和格式化

创建初始化图表后，可以使用三种方式进行编辑和格式化设置：第一，使用"图表设计"选项卡中的相应功能按钮；第二，双击图表区某元素所在区域，在弹出的设置某元素格式的选项面板中选择相应的命令；第三，右击图表区任何位置，在弹出的快捷菜单中选择相应的命令。

单击选定图表或图表区的任何位置，即会显示"图表设计"和"格式"选项卡。

"图表设计"选项卡主要包括"图表布局""图表样式""数据""类型"和"位置" 5 个组，如图 3-54 所示。"图表布局"组包括"添加图表元素"和"快速布局"两个按钮。"添加图表元素"按钮主要用于图表标题、数据标签和图例的设置。"快速布局"按钮用于布局类型的设置。"图表样式"组主要用于设置图表的颜色和具体样式。"数据"组包括"切换行/列"和"选择数据"两个按钮，主要用于行、列的切换和数据源的选择。"类型"组主要用于改变图表类型。"位置"组用于选择创建嵌入式或独立式图表。

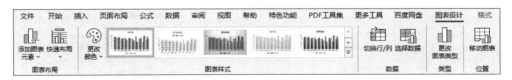

图 3-54　"图表设计"选项卡

"格式"选项卡主要包括"当前所选内容""插入形状""形状样式""艺术字样式""辅助功能"、"排列"和"大小"几个组，主要用于图表格式的设置，如图 3-55 所示。

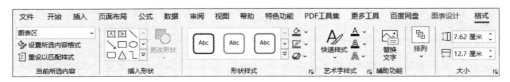

图 3-55　"格式"选项卡

【例 3-15】使用 D 班学生成绩表（见图 3-56）创建周文慧同学三门科目成绩的三维饼图。要求图表独立放置，图表名和图表标题均为“周文慧三门课成绩分布图”，图表标题放于图表上方，图表标题字体为华文行楷 24 磅加粗，字体颜色为红色；图表样式设为“样式 2”；图表布局设为“布局 1”；数据标签设为“最佳匹配”，字体为华文行楷 16 磅；图例设为“底部”，字体为华文行楷 18 磅；图表绘图区为“渐变填充”。

操作步骤如下：

1）选择数据源。选择姓名、数学、英语和语文 4 个字段关于周文慧的记录，即选择 A2、A7、C2:E2 和 C7:E7 这些不连续的单元格和单元格区域。

2）选择图表类型及其子类型。在“插入”选项卡的“图表”组中，单击“插入饼图或圆环图”下拉按钮，在下拉列表中选择“三维饼图”选项。

3）设置图表位置。在“图表设计”选项卡的“位置”组中，单击“移动图表”按钮，在打开的“移动图表”对话框中选中“新工作表”单选按钮，将图表名称“Char1”更改为“周文慧三门课成绩分布图”，如图 3-57 所示，单击“确定”按钮关闭对话框。

	A	B	C	D	E
1	D班学生成绩表				
2	姓名	学号	数学	英语	语文
3	赵凯	202301	87	85	90
4	张玉婉	202302	82	86	86
5	刘育文	202303	75	78	80
6	秦始琳	202304	83	68	70
7	周文慧	202305	78	80	75
8	陈铁	202306	75	60	65
9	吕少峰	202307	92	55	50
10	周丽	202308	77	75	85
11	纪凤华	202309	55	95	96
12	林少波	202310	68	90	72

图 3-56　D 班学生成绩表

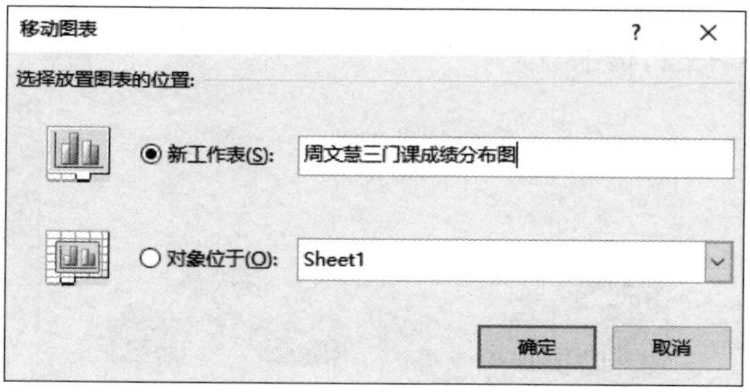

图 3-57　“移动图表”对话框

4）设置图表标题。在“图表设计”选项卡的“图表布局”组中，单击“添加图表元素”下拉按钮，在弹出的下拉列表中选择“图表标题”→“图表上方”选项，如图 3-58 所示。在图表标题框中输入文字“周文慧三门课成绩分布图”，字体设为华文行楷 24 磅，字体颜色设为红色。

图 3-58　设置图表标题

5）设置图表样式。在“图表设计”选项卡的“图表样式”组中选择“样式 2”，如图 3-59 所示。

6）图表布局设置。在“图表设计”选项卡的“图表布局”组中，单击“快速布局”下拉按钮，在弹出的下拉列表中选“布局 1”选项，如图 3-60 所示。

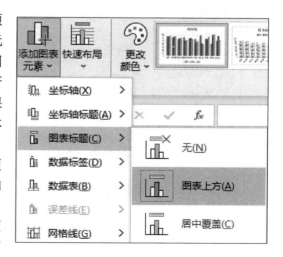

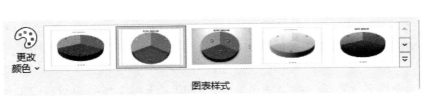

图 3-59　设置图表样式

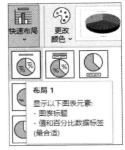

图 3-60　设置图表布局

7）设置数据标签。在"图表设计"选项卡的"图表布局"组中，单击"添加图表元素"下拉按钮，在弹出的下拉列表中选"数据标签"→"最佳匹配"选项，如图 3-61 所示。再设字体为华文行楷 16 磅。

8）设置图例。在"图表设计"选项卡的"图表布局"组中，单击"添加图表元素"下拉按钮，在弹出的下拉列表中选"图例"→"底部"选项，如图 3-62 所示。再设字体为华文行楷 18 磅。

图 3-61　设置数据标签

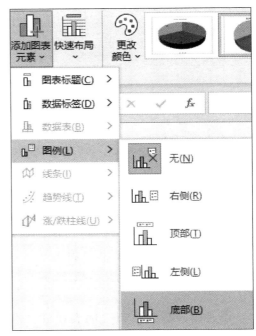

图 3-62　设置图例

9）设置绘图区为"渐变填充"。双击绘图区，弹出"设置绘图区格式"面板，在"绘图区选项"选项组中选择"填充"→"渐变填充"单选按钮，如图 3-63 所示，关闭选项框。

10）设置完成后，图表的最终效果如图 3-64 所示。

图 3-63　设置绘图区格式

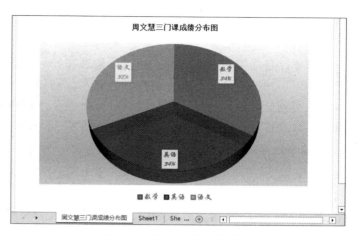

图 3-64　例 3-15 的最终效果

3.5　Excel 2021 的数据处理

Excel 具有优秀的数据处理能力，可对数据进行排序、筛选、分类汇总和创建数据透视表。其操作方便、高效，使 Excel 得到广泛应用。

3.5.1　数据清单

数据清单是工作表中的单元格构成的矩形区域，即二维表，如图 3-65 所示。数据清单具有两个特点。

图 3-65　数据清单

1）与数据库相对应。一张二维表被称为一个关系；二维表中的一列为一个"字段"，又称为"属性"；一行为一条"记录"，又称为元组；第一行为表头，又称"字段名"或"属性名"。如图 3-65 所示，该数据表包含 8 个字段 10 个记录。

2）不允许有空行空列。因为如果出现空行空列，会影响 Excel 对数据的检测和选定数据列表。每一列必须是性质相同、类型相同的数据，如字段名是"姓名"，则该列存放的数据必须全部是姓名。同时，不能出现完全相同的两个数据行。

3.5.2　数据排序

数据排序是指按一定规则对数据进行整理和排列。数据表中的记录按用户输入的先后顺序排列以后往往需要按照某一属性顺序显示。例如，在学生成绩表中统计成绩时常需要按成绩从高到低显示，这就需要对成绩进行排序。用户可对数据清单中的一列或多列数据按升序或降序排序。数据排序分为简单排序和多重排序。

1. 简单排序

在"数据"选项卡的"排序和筛选"组中单击"升序"或"降序"按钮（见图 3-66）即可实现简单的排序。

【例 3-16】在 E 班学生成绩表中，按数学成绩由高分到低分降序排列。

操作步骤如下：

1）单击 E 班学生成绩表中"数学"所在列的任意一个单元格。

2）切换到"数据"选项卡。

3）在"排序和筛选"组中单击降序按钮，效果如图 3-67 所示。

	A	B	C	D	E	F	G	H
1				E班学生成绩表				
2	序号	学号	姓名	数学	英语	语文	物理	化学
3	7	2023007	吕少峰	92	55	50	60	74
4	1	2023001	赵 凯	87	85	90	88	80
5	4	2023004	秦始琳	83	68	70	80	78
6	2	2023002	张玉娴	82	86	86	78	90
7	5	2023005	周文慧	78	80	75	77	68
8	8	2023008	周 丽	77	75	85	75	72
9	3	2023003	刘育文	75	78	80	68	77
10	6	2023006	陈 铁	75	60	65	85	80
11	10	2023010	林少波	68	90	72	70	80
12	9	2023009	纪凤华	55	95	96	60	92

图 3-66　"排序和筛选"组　　　　图 3-67　按数学成绩由高到低降序排列

2. 多重排序

当排序的字段出现相同数据项时必须按多个字段进行排序，即多重排序。多重排序需要使用对话框来完成。Excel 2021 为用户提供了多级排序功能，包括主要关键字、次要关键字……每个关键字就是一个字段，每一个字段均可按"升序"或"降序"进行排序。

【例 3-17】在 E 班学生成绩表中，要求先按化学成绩由低分到高分进行排序，若化学成绩相同，再按学号由小到大进行排序。

操作步骤如下：

1）选定 E 班学生成绩表中的任意一个单元格。

2）切换到"数据"选项卡。

3）在"排序和筛选"组中单击"排序"按钮打开"排序"对话框，如图 3-68 所示。

4）列的"排序依据"设为"化学"，后面的"排序依据"设为"单元格值"，"次序"设为"升序"。

5）列的"次要关键字"设为"学号"，"排序依据"设为"单元格值"，"次序"设为"升序"。

图 3-68　"排序"对话框

6）设置完成后，单击"确定"按钮关闭对话框。得到的排序结果如图 3-69 所示。

	A	B	C	D	E	F	G	H
1			E班学生成绩表					
2	序号	学号	姓名	数学	英语	语文	物理	化学
3	5	2023005	周文慧	78	80	75	77	68
4	8	2023008	周　丽	77	75	85	75	72
5	7	2023007	吕少峰	92	55	50	60	74
6	3	2023003	刘育文	75	78	80	68	77
7	4	2023004	秦始琳	83	68	70	80	78
8	1	2023001	赵　凯	87	85	90	88	80
9	6	2023006	陈　铁	75	60	65	85	80
10	10	2023010	林少波	68	90	72	70	80
11	2	2023002	张玉婉	82	86	86	78	90
12	9	2023009	纪凤华	55	95	96	60	92

图 3-69　多重排序结果

3.5.3　数据分类汇总

数据分类汇总主要有两步：第一，按照数据清单某个字段中的数据进行分类，即对需要分类的字段进行排序；第二，对各类数据进行统计计算。Excel 提供了 11 种汇总类型，包括求和、计数、统计、最大、最小及平均值等，默认的汇总方式为求和。

【例 3-18】在 F 班学生成绩表（见图 3-70）中，分别计算男生、女生的物理和化学成绩的平均值。

	A	B	C	D	E	F	G	H	I
1			F班学生成绩表						
2	序号	学号	姓名	性别	数学	英语	语文	物理	化学
3	1	2023001	陈　沐	男	95	80	90	88	59
4	2	2023002	伍　宁	女	75	90	86	78	99
5	3	2023003	古　琴	女	63	77	80	68	84
6	4	2023004	高展翔	男	79	78	70	80	51
7	5	2023005	石　惊	男	89	68	75	77	42
8	6	2023006	张　越	女	60	80	65	85	72
9	7	2023007	王斯雷	男	59	74	50	60	48
10	8	2023008	冯　雨	男	99	72	85	75	100
11	9	2023009	赵敏生	男	84	92	96	92	92
12	10	2023010	李书召	男	51	80	72	70	87

按性别分类汇总　　Sheet2 …　⊕

图 3-70　F 班学生成绩表

操作步骤如下：

1）对需要分类汇总的字段进行排序。本例中需要对"性别"字段进行排序，选择"性别"字段任意一个单元格，然后在"数据"选项卡的"排序和筛选"组中单击"升序"或"降序"按钮实现简单排序。

2）在"数据"选项卡的"分级显示"组（见图 3-71）中，单击"分类汇总"按钮，打开"分类汇总"对话框，如图 3-72 所示。

图 3-71　"分级显示"组　　　　　　　　图 3-72　"分类汇总"对话框

3）在"分类字段"下拉列表框中选择"性别"选项。

4）在"汇总方式"下拉列表框中选择"平均值"选项。

5）在"选定汇总项"列表框中选中"物理"和"化学"复选框。

6）单击"确定"按钮关闭对话框，完成分类汇总。最终结果如图 3-73 所示。

	A	B	C	D	E	F	G	H	I
1				F班学生成绩表					
2	序号	学号	姓名	性别	数学	英语	语文	物理	化学
3	1	2023001	陈　沐	男	95	80	90	88	59
4	4	2023004	高展翔	男	79	78	70	80	51
5	5	2023005	石　惊	男	89	68	75	77	42
6	7	2023007	王斯雷	男	59	74	50	60	48
7	8	2023008	冯　雨	男	99	72	85	75	100
8	9	2023009	赵敏生	男	84	92	96	60	92
9	10	2023010	李书召	男	51	80	72	70	87
10			男 平均值					72.857	68.429
11	2	2023002	伍　宁	女	75	90	86	78	99
12	3	2023003	古　琴	女	63	77	80	68	84
13	6	2023006	张　越	女	60	80	65	85	72
14			女 平均值					77	85
15			总计平均值					74.1	73.4

图 3-73　分类汇总的结果

分类汇总的结果通常按 3 级显示，可以通过单击分级显示区上方的 3 个按钮 1、2、3 进行分级显示控制。在分级显示区中还有 ＋、－ 等分级显示按钮。单击 ＋ 按钮，可将高一级展开为低一级显示；单击 － 按钮，可将低一级折叠为高一级显示。

如果要取消分类汇总，可以在"分级显示"组中再次单击"分类汇总"按钮，在打开的"分类汇总"对话框中单击"全部删除"按钮即可。

3.5.4　数据筛选

数据筛选是指从数据清单中找出符合特定条件的数据记录，而把其他不符合条件的记录暂时隐藏起来。Excel 2021 提供了两种筛选方法，即自动筛选和高级筛选。

1. 自动筛选

自动筛选给用户提供了快速访问大数据清单的方法。

【例 3-19】在 F 班学生成绩表（见图 3-74）中显示"英语"成绩前 5 位的记录。

序号	学号	姓名	性别	数学	英语	语文	物理	化学
			F班学生成绩表					
1	2023001	陈　沐	男	95	80	90	88	59
2	2023002	伍　宁	女	75	90	86	78	99
3	2023003	古　琴	女	63	77	80	68	84
4	2023004	高展翔	男	79	78	70	80	51
5	2023005	石　惊	男	89	68	75	77	42
6	2023006	张　越	女	60	80	65	85	72
7	2023007	王斯雷	男	59	74	50	60	48
8	2023008	冯　雨	男	99	72	85	75	100
9	2023009	赵敏生	男	84	92	96	60	92
10	2023010	李书召	男	51	80	72	70	87

图 3-74　F 班学生成绩表

操作步骤如下：

1）选定 F 班学生成绩表中的任意一个单元格。

2）在"数据"选项卡的"排序和筛选"组中单击"筛选"按钮，此时数据表的每个字段名旁边显示出下拉按钮，此为筛选按钮，如图 3-75 所示。

3）单击"英语"字段名旁边的筛选按钮，弹出下拉列表，选择"数字筛选"→"前 10 项"选项，打开"自动筛选前 10 个"对话框，如图 3-76 所示。

图 3-75　含有筛选按钮的数据表　　　　图 3-76　"自动筛选前 10 个"对话框

4）在"自动筛选前10个"对话框中指定"显示"的条件为"最大""5""项"。

5）最后单击"确定"按钮关闭对话框，即会在数据表中显示出英语成绩最高的5条记录，其他记录被暂时隐藏起来。被筛选出来的记录行号显示为蓝色，如图3-77所示。

▲	A	B	C	D	E	F	G	H	I
1				F班学生成绩表					
2	序	学号	姓名	性别	数学	英语	语文	物理	化学
3	1	2023001	陈 沐	男	95	80	90	88	59
4	2	2023002	伍 宁	女	75	90	86	78	99
8	6	2023006	张 越	女	60	80	65	85	72
11	9	2023009	赵敏生	男	84	92	96	60	92
12	10	2023010	李书召	男	51	80	72	70	87

数据的自动筛选　Sheet2 …　⊕

图3-77　自动筛选出的英语成绩排在前5位的数据表

【例3-20】　在F班学生成绩表中筛选出男生"英语"成绩大于70分且小于80分的记录。

分析：这是一个双重筛选问题。第一重筛选，通过"英语"字段从F班学生成绩表中筛选出"英语"成绩大于70分且小于80分的记录；第二重筛选，筛选出其中男生的记录。

操作步骤如下：

1）选定F班学生成绩表中的任意一个单元格。

2）在"数据"选项卡的"排序和筛选"组中单击"筛选"按钮。

3）单击"英语"字段名旁边的筛选按钮，从打开的下拉列表中选择"数字筛选"→"自定义筛选"选项，打开"自定义自动筛选"对话框。在其中一个输入条件中选择"大于"选项，在右边的列表框中输入70；在另一个条件中选择"小于"选项，在右边的列表框中输入80，两个条件之间的关系选项组中选中"与"单选按钮，如图3-78所示。

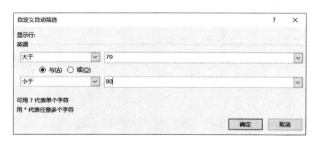

图3-78　"自定义自动筛选"对话框

4）单击"确定"按钮关闭对话框，即可筛选出英语成绩大于70分且小于80分的记录，如图3-79所示。

▲	A	B	C	D	E	F	G	H	I
1				F班学生成绩表					
2	序	学号	姓名	性别	数学	英语	语文	物理	化学
5	3	2023003	古 琴	女	63	77	80	68	84
6	4	2023004	高展翔	男	79	78	70	80	51
9	7	2023007	王斯雷	男	59	74	50	60	48
10	8	2023008	冯 雨	男	99	72	85	75	100

数据的双重筛选　Sheet2 …　⊕

图3-79　自动筛选出英语成绩大于70分且小于80分的记录

5）单击"性别"字段名旁边的筛选按钮，在下拉列表中选择"文本筛选"→"等于"选项，打开"自定义自动筛选"对话框。在"等于"条件右边的列表框中输入文字"男"，如图 3-80 所示。

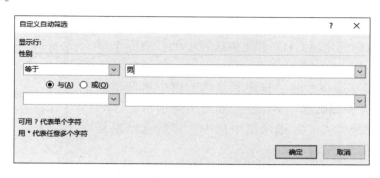

图 3-80　文本筛选

6）单击"确定"按钮关闭对话框，获得双重筛选后的结果，如图 3-81 所示。

	A	B	C	D	E	F	G	H	I
1				F班学生成绩表					
2	序	学号	姓名	性别	数学	英语	语文	物理	化学
6	4	2023004	高展翔	男	79	78	70	80	51
9	7	2023007	王斯雷	男	59	74	50	60	48
10	8	2023008	冯 雨	男	99	72	85	75	100

图 3-81　双重筛选的结果

说明：如果要取消自动筛选功能，只需要在"数据"选项卡的"排序和筛选"组中再次单击"筛选"按钮，数据表中字段名右边的下拉按钮就会消失，数据表被还原。

2. 高级筛选

当筛选的条件比较复杂时，就需要使用高级筛选功能。

【例 3-21】将 F 班学生成绩表中成绩有一科及以上不及格的记录筛选至 A14 单元格开始的单元格区域。

分析：高级筛选必须在工作表的一个区域设置条件，即条件区域。假如有两个条件，两个条件的逻辑关系有"与"和"或"的关系，在条件区域"与"和"或"的关系表达式是不同的，其表达方式如下：

- "与"条件将两个条件放在同一行，例如，筛选出数学和英语成绩同时都小于 60 分的记录，如图 3-82 所示。
- "或"条件将两个条件放在不同行，例如，筛选出数学成绩或英语成绩小于 60 分的记录，如图 3-83 所示。

操作步骤如下：

1）输入条件区域。打开 F 班学生成绩表，在 K3 单元格输入"数学"，在 L3 单元格输入"英语"，在 M3 单元格输入"语文"，在 N3 单元格输入"物理"，在 O3 单元格输入"化学"，分别在 K4、L5、M6、N7、O8 单元格输入"<60"。

数学	英语
<60	<60

数学	英语
<60	
	<60

图 3-82　"与"条件同行排列　　　　图 3-83　"或"条件分行排列

2）在工作表中选定 A2:I12 单元格区域中的任意一个单元格。

3）在"数据"选项卡的"排序和筛选"组中单击"高级"按钮，打开"高级筛选"对话框，如图 3-84 所示。

4）在对话框的"方式"选项组中选中"将筛选结果复制到其他位置"单选按钮。

5）如果列表区为空白，可单击"列表区域"编辑框右边的拾取按钮，然后用鼠标从 A2 单元格拖动到 I12 单元格，输入框中出现 $A$2：$I$12。

6）单击"条件区域"编辑框右边的拾取按钮，然后用鼠标从条件区域的 K3 单元格拖动到 O8 单元格，编辑框中出现 $K$3：$O$8。

图 3-84　"高级筛选"对话框

7）单击"复制到"编辑框右边的拾取按钮，然后选择筛选结果显示区域的第一个单元格 A14。

8）单击"确定"按钮关闭对话框，获得筛选结果，如图 3-85 所示。

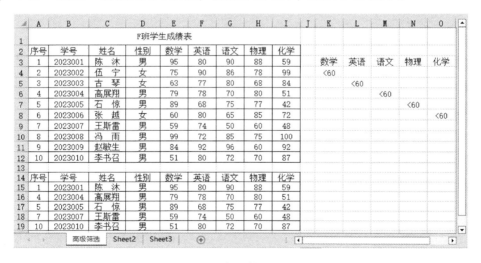

图 3-85　高级筛选的结果

3.5.5　数据透视表

数据透视表是一种数据统计和分析方法，比分类汇总更灵活。它可以同时变换多个需要统计的字段，对一组数值进行统计分析，统计可以是求和、计数、最大值、最小值、平均值、数值计数、标准偏差及方差等。

【例 3-22】对图书销售表（见图 3-86）中的数据建立数据透视表，按行为"图书类别"、列为"经销部门"、数据为"销售额（元）"求和布局，并置于现工作表 H2 单元格为左上角的区域。

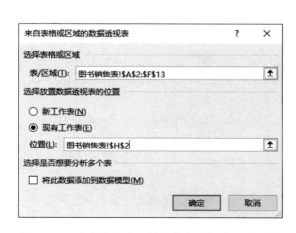

图 3-86　图书销售表

操作步骤如下：

1）选定图书销售表 A2:F13 单元格区域中的任意一个单元格。

2）在"插入"选项卡的"表格"组中单击"数据透视表"按钮，打开"来自表格或区域的数据透视表"对话框，如图 3-87 所示。

3）在"选择放置数据透视表的位置"选项组中选中"现有工作表"单选按钮，在"位置"编辑框中选定 H2 单元格。

4）单击"确定"按钮关闭对话框，打开"数据透视表字段"任务窗格。拖动"图书类别"到"行"文本框，拖动"经销部门"到"列"文本框，拖动"销售额（元）"到"Σ值"文本框，如图 3-88 所示。

图 3-87　"来自表格或区域的数据透视表"对话框　　图 3-88　"数据透视表字段"任务窗格

5）单击“数据透视表字段”任务窗格的关闭按钮，数据透视表创建完成，如图 3-89 所示。

求和项:销售额(元)	列标签			
行标签	第1分部	第2分部	第3分部	总计
计算机类	52990	17920	23520	94430
少儿类	10950	28920	9630	49500
社科类	21750	8350		30100
总计	85690	55190	33150	174030

图 3-89　图书销售表的数据透视表

本章小结

本章主要介绍了使用 Excel 2021 设计和制作电子表格的方法。

1）Excel 2021 简介。介绍了 Excel 2021 的主要功能和启动/退出的方法，详细介绍了 Excel 2021 的窗口界面，以及工作簿、工作表和单元格的概念和区别。

2）Excel 2021 基本操作。介绍了工作簿和工作表的操作方法、数据的输入、工作表的编辑、工作表的格式化和工作表的打印。

3）Excel 2021 的数据计算。介绍了公式的使用、函数的使用、单元格引用，最后介绍了常见错误及解决方法。

4）Excel 2021 的图表。主要介绍了图表、初始化图表和图表的编辑和格式化。

5）Excel 2021 的数据处理。主要介绍了数据清单、数据排序、数据分类汇总、数据筛选和数据透视表。

习　　题

一、单项选择题

1. 在 Excel 2021 中，要录入身份证号，数字分类应选择（　　）格式。

A. 常规　　B. 数字（值）　　C. 科学计数　　D. 文本

2. 将文档中一部分文本移动到别处，先要进行操作是（　　）。

A. 粘贴　　B. 复制　　C. 选择　　D. 剪切

3. 在 Excel 工作表中，把一个含有单元格引用的公式复制到另一个单元格中时，其中所引用单元格地址保持不变。这种引用方式为（　　）。

A. 相对引用　　B. 绝对引用　　C. 混合引用　　D. 无法判定

4. 在 Excel 中的单元格中输入公式时，输入的第一个符号是（　　）。

A. =　　B. +　　C. -　　D. $

5. 在 Excel 中，双击某工作表标签将（　　）。

A. 重命名该工作表　B. 切换到该工作表　　C. 删除该工作表　D. 隐藏该工作表

6. 在 Excel 中，字符型数据默认的对齐方式是（　　）。

A. 左对齐　　B. 右对齐　　C. 两端对齐　　D. 视具体情况而定

7. 作为数据的一种表示形式，图表是动态的，当改变了其中（　　），会自动更新图表。

A. X 轴上数据　　　　　B. Y 轴上数据　　　　　C. 所依赖数据　　　　　D. 标题内容

8. 如果 A1：A5 包含数字 10、7、9、27 和 2，则（　　）。

A. SUM（A1：A5）等于 10　　　　　　　　　　B. SUM（A1：A3）等于 26

C. AVERAGE（A1&A5）等于 11　　　　　　　　D. AVERAGE（A1：A3）等于 7

9. 在 Excel 中，工作表管理是由（　　）来完成的。

A. 文件　　　　　　　　B. 程序　　　　　　　　C. 工作簿　　　　　　　D. 单元格

10. 在 Excel 中，下面表示相对地址的是（　　）。

A. ＄D5　　　　　　　　B. ＄E＄7　　　　　　　C. C3　　　　　　　　　D. F＄8

二、操作题

1. 打开 CT3-1. xlsx 文件，如图 3-90 所示，完成以下操作后以原文件名存盘。

图 3-90　CT3-1 工作簿中的 Sheet1 工作表

1）在工作表 Sheet1 中，在"李四"所在的单元格上面插入两个单元格，其他活动单元格要求下移。

2）删除工作表 Sheet1 中"200103"和"200104"所在的单元格，下方单元格要求上移。

3）清除工作表 Sheet1 中 B3 和 C3 单元格中的内容。

4）删除工作表 Sheet1 中"备注"列。

5）将工作表 Sheet1 中所有的 59 替换成 60。

6）将工作表 Sheet1 中 A1：E7 单元格区域的所有内容复制到工作表 Sheet2 中从单元格 A20 开始的区域。

7）在工作表 Sheet2 中 C1：C10 单元格区域输入一个数列，第一项为 2，其余各项为前一项的 2 倍。

8）在工作表 Sheet2 中 E1：E18 单元格区域依次输入初级、中级、初级、中级……

9）在工作表 Sheet2 中 G1 单元格中填入"编号"，在 G2：G16 单元格区域依次填入粤 A100001、粤 A100002、粤 A100003、……、粤 A100015。

2. 打开 CT3-2. xlsx 文件，如图 3-91 和图 3-92 所示，完成以下操作后以原文件名存盘。

1）准考证号由班别代号和机号组成，如班别代号为 20011，机号为 001，则准考证号为 20011001。要求在工作表 Sheet1 的 D2：D31 单元格求出每名学生的准考证号。

2）工作表 Sheet1 中总评成绩的计算方式是：上机成绩占 80%，笔试成绩占 20%。要求在工作表 Sheet1 的 G2：G31 单元格区域中求出每名学生的总评成绩。

图 3-91　CT3-2 工作簿的 Sheet1 工作表

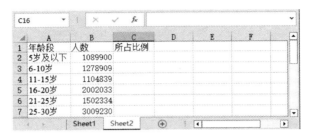

图 3-92　CT3-2 工作簿的 Sheet2 工作表

　　3）在工作表 Sheet2 的 C2:C16 单元格区域中求出各年龄段占总人数的比例。（公式中的总人数必须用单元格引用来表示，否则不得分。）

　　3. 打开 CT3-3. xlsx 文件，如图 3-93 和图 3-94 所示，完成以下操作后以原文件名存盘。

图 3-93　CT3-3 工作簿的 Sheet1 工作表

图 3-94　CT3-3 工作簿的 Sheet2 工作表

　　1）将工作表 Sheet1 所给数据清单中班次以 T 开头，或始发时间为晚上 11:00 至第二天 1:00 的纪录筛选至从单元格 A140 开始的区域内。

　　2）对工作表 Sheet2 所给数据清单进行分类汇总，求出各种职业人员的最高得分。

第 4 章　使用 PowerPoint 2021 设计和制作演示文稿

学习目标

了解 PowerPoint 2021 的工作界面；
掌握 PowerPoint 2021 的基本操作；
熟练操作幻灯片的整体美化；
熟练操作演示文稿的整体美化；
掌握 PowerPoint 2021 的其他操作。

知识结构

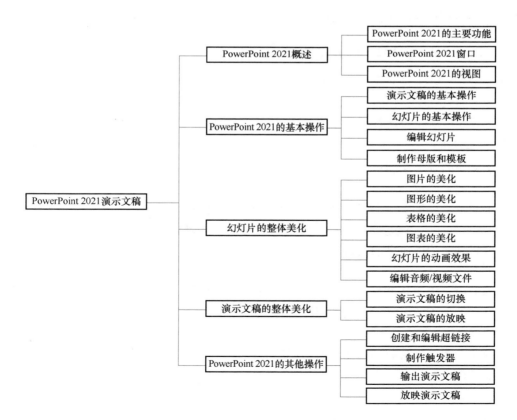

 导入案例

前不久小王辞职了，理由是"干的活再多，领导看不到我的成绩"。我问他，有没有和上司沟通过工作内容？——没有。

有的职场人每天工作十分努力，天天加班到深夜，但得不到升职加薪的机会，这让他们特别焦虑。我问他们，有没有把项目进度和取得的成绩及时跟领导汇报？——没有。

很多人说，每次推进新项目的时候，自己特别努力，辛辛苦苦摸索好久，公司却没有给到他相应的支持，结果不尽如人意。我问他们，有没有主动向领导提需求？——没有。

得到的答案统统都是"没有"。在职场中，除了踏实肯干，掌握合适的沟通技巧也是非常重要的，只有这样才会事半功倍。而最简单实用的小技巧，就是把工作沟通难度降到最低——做好工作汇报 PPT。很多人对待工作汇报都是应付了事，甚至连 PPT 模板都懒得更换，每次都将内容随意粘贴进去。他们没有考虑到的是，PPT 制作得是否精良，会在很大程度上影响领导对你工作成绩的认可程度。一份好的工作汇报 PPT，可以更好地把核心信息展现出来，否则只是暴露你的缺点而已。

无法否认，现代职场人，和 PPT 的联系越来越紧密。在工作中，创业融资、商业提案、作图、工作汇报等都少不了它；在生活中，利用它可自行设计日历和贺卡、发封极具个人风格的邮件等，也可以说是非常有创意了。

4.1 PowerPoint 2021 概述

4.1.1 PowerPoint 2021 的主要功能

PowerPoint 2021 是 Office 2021 的重要办公组件之一，在 2019 版的基础上界面更加简洁、操作更加人性化、功能更加强大、展示效果更具表现力，利用它可以制作出精美的工作总结、营销推广及公司宣传片等演示文稿，在日常办公中非常重要。

1. 基本功能

演示文稿的基本功能包括以下几个方面。

（1）幻灯片放映

对于演示文稿的放映操作，可以设置幻灯片自动播放或人工演示。还有一个功能是"使用演示者视图"，就是在通过投影仪演示的时候，可以通过计算机看到备注和下一页内容，方便彩排和构思演讲的语言表达。

（2）插入

基本上用户想放到 PPT 里面进行展示的东西都可以插入，例如文字、图片、视频、音频、表格、教学用的公式、页码、超链接等。

（3）动画

动画功能用得好会起到画龙点睛的作用。例如在一些教案里面，可以用 PPT 做一个动画，能起到很好的演示作用。

（4）切换

切换指每一张幻灯片与下一张幻灯片之间的切换效果。根据场合适当使用会起到一定

的作用，例如结婚相册、企业介绍、团队介绍等。

（5）设计模板

这是每个版本 PPT 都有的功能，可以快速地调用相应的设计模板，让整个 PPT 的设计能达到统一的效果。但是因为是 PPT 自带的，版式较为固定，缺少新意。

2. PowerPoint 2021 新增功能

相对于 PowerPoint 2019 来说，PowerPoint 2021 新增了许多功能，以帮助用户快速制作出更多引人注目的内容。

（1）共同创作

通过单击右上角的"共享"按钮，团队中的多个成员可以打开并处理同一 PowerPoint 演示文稿，同时进行编辑和修改。共同创作时，可以在几秒钟内快速查看彼此的更改，并可以向指定成员发出共享邀请，同时可显示在线编辑的成员，通过单击成员头像，可定位到其编辑的内容。共享窗口如图 4-1 所示。

（2）协同批注

PowerPoint 2021 可控制何时向共同创作者发送批注，并通过演示文稿和其他 Office 应用中一致的批注体验，提高工作效率。协同批注窗口如图 4-2 所示。

图 4-1　PowerPoint 2021 共享窗口

图 4-2　PowerPoint 2021 协同批注

（3）改进录制幻灯片放映

通过录制幻灯片放映，可支持演示者视频录制、墨迹录制和激光笔录制。使用"录制""暂停"和"恢复"按钮，可控制旁白和导航录制。"录制"选项卡如图 4-3 所示。

（4）新增库存媒体

PowerPoint 2021 不断向 Office 高级创意内容集合添加丰富的媒体内容，以帮助作者更好地表达自己，例如精选的库存图像库、图标等。新增库存图标如图 4-4 所示。

（5）重播墨迹笔画

可以将新的"重播"或"倒带"动画应用到墨迹，并直接在演示文稿中获取绘图效果。可以将这些动画的计时调整为更快或更慢，以匹配所需的体验。"墨迹重播"界面如图 4-5 所示。

图 4-3 "录制"选项卡

图 4-4 新增库存图标

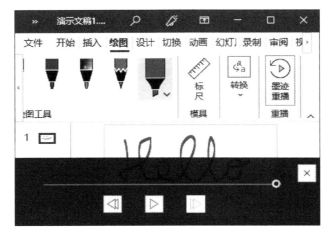

图 4-5 "墨迹重播"界面

（6）辅助功能

辅助功能用于持续关注文稿，并在找到要查看的内容时在状态栏中发出提示。单击"查看"→"检查辅助功能"命令即可使用此功能。"辅助功能"选项卡如图 4-6 所示。

图 4-6 "辅助功能"选项卡

（7）草图样式

使用草图样式功能可为演示文稿中的形状提供随意的手绘外观。打开"设置形状格式"任务窗格，在"线条"选项组中单击"草绘样式"下拉按钮，在弹出的下拉列表中有"曲线""手绘"或"涂鸦"等样式可供选用，如图 4-7 所示。

图 4-7　"草绘样式"下拉列表

4.1.2　PowerPoint 2021 窗口

要熟练使用 PowerPoint 2021，首先要熟悉它的操作界面，如图 4-8 所示。

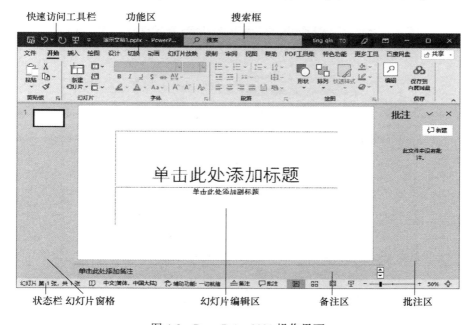

图 4-8　PowerPoint 2021 操作界面

1. 功能区

功能区包含了"文件""开始""插入""设计""切换""动画"和"幻灯片放映"等选项卡。

为了扩大界面工作区的范围，可以把选项卡或整个功能区隐藏起来：在窗口右上角找到隐藏功能区下拉菜单，在其中可进行选择。隐藏后的界面更加简洁。

2. 搜索框

在 PowerPoint 2021 中，搜索框位于窗口的顶部中间，如图 4-9 所示。使用它可以实现在未熟练掌握的情况下快速查找功能和搜索素材功能。如在搜索框中查找"设置背景"，搜索框即出现相关所有功能，可以快速应用。

图 4-9　搜索框

3. 快速访问工具栏

快速访问工具栏位于窗口左上角，如图 4-10 所示，用于快速启动常用功能。

图 4-10　快速访问工具栏

增加或删减快速访问工具栏中的功能按钮有两种方法：第一种，在"文件"选项卡中单击"选项"按钮，打开"PowerPoint 选项"对话框，在左侧列表中选择"快速访问工具栏"，在右侧列表框中选择，如图 4-11 所示；第二种，单击快速访问工具栏右边的下拉按钮，在弹出的下拉列表中直接选择增减项目。

图 4-11　"PowerPoint 选项"对话框

快速访问工具栏的位置可根据使用习惯进行变换，可以单击右边的下拉按钮，在下拉列表中选择"在功能区下方显示"选项即可，效果如图 4-12 所示。

4. 浮动工具栏

当编辑文字时，浮动工具栏才会显示出来。它是鼠标指针停留在文字之上出现的工具栏，用于对字体和文本进行基础编辑，对应"开始"选项卡中的"字体"组的功能。浮动工具栏如图 4-13 所示。

图 4-12　更改快速访问工具栏的位置　　　　　图 4-13　浮动工具栏

当不需要浮动工具栏时，可以在"文件"选项卡中单击"选项"按钮，取消选中"显示浮动工具栏"复选框。

5. 状态栏

状态栏用于显示出当前演示文档的相应某些状态要素，如页数、语言、视图模式、缩放比例等。

6. 备注和批注窗格

备注和批注窗格如图 4-14 所示。

图 4-14　备注和批注窗格

7. 工作区（大纲窗格和幻灯片窗格）

PowerPoint 2021 窗口的主要部分是工作区，包括幻灯片窗格和幻灯片编辑区。

4.1.3　PowerPoint 2021 的视图

PowerPoint 2021 提供了 5 种视图模式，分别为普通视图、大纲视图、幻灯片浏览视图、备注页视图和阅读视图，用户可根据需要选择不同的视图模式。

1. 普通视图

普通视图是 PowerPoint 2021 的默认视图模式，共包含大纲窗格、幻灯片窗格和备注窗格 3 种窗格。这些窗格让用户可以在同一位置使用演示文稿的各种特征。拖动窗格边框可调整不同窗格的大小。

在大纲窗格中可以输入演示文稿中的所有文本，重新排列项目符号点、段落和幻灯片；在幻灯片窗格中，可以查看每张幻灯片中的文本外观，还可以在单张幻灯片中添加图形、影片和声音，以及创建超级链接和向其中添加动画；而在备注窗格中，用户可以添加与观众共享的演说者备注或信息。普通视图如图 4-15 所示。

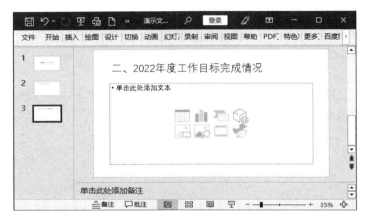

图 4-15　普通视图

2. 大纲视图

大纲视图含有大纲窗格、幻灯片窗格和备注窗格。在大纲窗格中显示演示文稿的文本内容和组织结构，不显示图形、图像、图表等对象。

在大纲视图下编辑演示文稿，可以调整各幻灯片的前后顺序；在一张幻灯片内可以调整标题的层次级别和前后次序；在大纲视图下可以将某幻灯片的文本复制或移动到其他幻灯片中。大纲视图如图 4-16 所示。

图 4-16　大纲视图

3. 幻灯片浏览视图

在幻灯片浏览视图下，可以在屏幕上同时看到演示文稿中的所有幻灯片，这些幻灯片是以缩略图的方式整齐地显示在同一窗口中。

在该视图下可以看到改变幻灯片的背景设计、配色方案或更换模板后文稿发生的整体变化，可以检查各张幻灯片是否前后协调、图标的位置是否合适等问题；同时，在该视图下也可以很容易地在幻灯片之间添加、删除和移动幻灯片的前后顺序，以及设置幻灯片之间的动画切换。幻灯片浏览视图如图 4-17 所示。

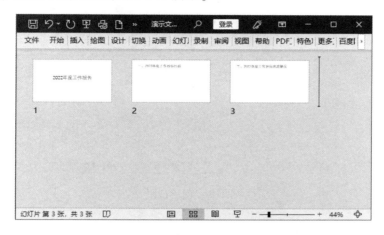

图 4-17　幻灯片浏览视图

4. 备注页视图

备注页视图主要用于为演示文稿中的幻灯片添加备注内容或对备注内容进行编辑修改。在该视图模式下无法对幻灯片的内容进行编辑。

切换到备注页视图后，页面上方显示当前幻灯片的内容缩览图，下方显示备注内容占位符。单击该占位符，向占位符中输入内容，即可为幻灯片添加备注内容。备注页视图如图 4-18 所示。

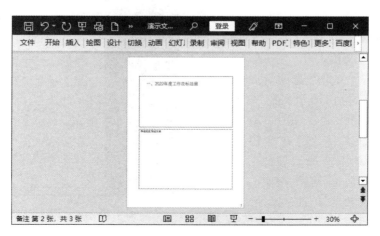

图 4-18　备注页视图

5. 阅读视图

在创建演示文稿过程中的任何时候，用户都可以通过单击"幻灯片放映"按钮启动幻灯片放映和预览演示文稿。

阅读视图并不是显示单个的静止画面，而是以动态的形式显示演示文稿中各张幻灯片。阅读视图是演示文稿的最后效果，所以当演示文稿创建到一个段落时，可以利用该视图来检查，从而可以对不满意的地方及时进行修改。阅读视图如图 4-19 所示。

图 4-19　阅读视图

4.2　PowerPoint 2021 的基本操作

4.2.1　演示文稿的基本操作

在 PowerPoint 中，存在演示文稿和幻灯片两个概念。使用 PowerPoint 制作出来的整个文件叫作演示文稿，而演示文稿中的每一页叫作幻灯片，每张幻灯片都是演示文稿中既相互独立又相互联系的内容。下面先从演示文稿的整体操作开始了解。

1. 创建演示文稿

有 3 种方法新建空白演示文稿。

方法 1：启动 PowerPoint 后，软件将自动新建一个空白演示文稿。

方法 2：单击"文件"选项卡，选择"新建"命令，单击"空白演示文稿"图标，即可新建一个空白演示文稿，如图 4-20 所示。

方法 3：打开文件夹，在空白处右击，在弹出的快捷菜单中选择"新建"→"Microsoft Office PowerPoint 演示文稿"命令，即可新建一个演示文稿。

图 4-20　选项卡新建空白演示文稿

除了新建空白演示文稿，还可以通过 PowerPoint 预先定义好的设计模板进行创建，如图 4-21 所示。

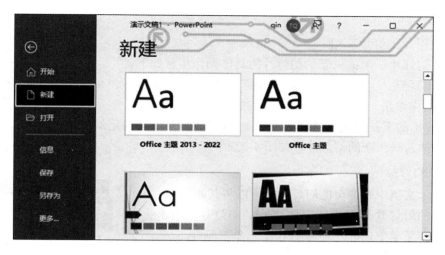

图 4-21　按设计模板创建演示文稿

2. 保存演示文稿

文件的保存是一种常规操作。在演示文稿的创建过程中及时保存成果，可以避免数据的意外丢失。在 PowerPoint 中保存演示文稿的方法和步骤与其他 Office 软件相似。

1）常规保存：直接在快速访问工具栏左上角单击"保存"按钮，也可单击"文件"选项卡，选择"保存"命令，或者按<Ctrl+S>组合键进行保存。

2）加密保存：单击"文件"选项卡，选择"另存为"命令，在弹出的对话框中，单击右下角的"工具"按钮，选择"常规选项"命令，可在打开的对话框中对其加密选项进行设置。

3）定时保存：和 Word、Excel 一样，PowerPoint 也具有定时保存功能，以防止在停电或发生类似问题后造成数据丢失。在 PowerPoint 工作界面中单击"文件"选项卡，选择"选项"选项，在打开的"选项"对话框左侧列表框中选择"保存"选项，在右侧的"保存演示文稿"选项组中选中"保存自动恢复信息时间间隔"复选框，在右侧的数值框中输入"10"，单击"确定"按钮。

4.2.2　幻灯片的基本操作

幻灯片的基本操作主要包括插入和删除幻灯片、移动与复制幻灯片，以及隐藏幻灯片等内容。

1. 插入幻灯片

可以通过右键快捷菜单插入幻灯片，也可以通过"幻灯片"组插入幻灯片。

（1）使用右键快捷菜单

使用右键快捷键插入新幻灯片的具体操作步骤如下：

1）启动 PowerPoint，创建新的演示文稿，切换到普通视图。

2）在要插入幻灯片的位置右击，然后从弹出的右键快捷菜单中选择"新建幻灯片"命令（见图 4-22），即可在选定的幻灯片下方插入一张新的幻灯片，并自动应用幻灯片版式。

（2）使用"幻灯片"组

使用"幻灯片"组插入新的幻灯片的具体操作步骤如下：

1）选定要插入幻灯片的位置，切换到"开始"选项卡，在"幻灯片"组中单击"新建幻灯片"下拉按钮。

2）从弹出的下拉列表中选择合适版式的幻灯片即可在选定幻灯片的下方插入一张新的幻灯片，如图4-23所示。

图4-22　"新建幻灯片"
右键快捷菜单命令

2. 删除幻灯片

如果演示文稿中有多余的幻灯片，可以将其删除。

在左侧的幻灯片列表中选定要删除的幻灯片，右击，从弹出的快捷菜单中选择"删除幻灯片"命令即可。

3. 移动与复制幻灯片

移动幻灯片的方法很简单，只需在演示文稿左侧的幻灯片列表中选定要移动的幻灯片，然后按住鼠标左键不放，将其拖动到要移动的位置后释放鼠标左键即可。

复制幻灯片的方法也很简单，只需在演示文稿左侧的幻灯片列表中选定要移动的幻灯片后右击，从弹出的快捷菜单中选择"复制幻灯片"命令，即可在选定的幻灯片下方复制一张与此幻灯片格式和内容相同的幻灯片。

另外，还可以使用<Ctrl+C>组合键复制幻灯片，然后使用<Ctrl+V>组合键在同一演示文稿内或不同演示文稿之间进行粘贴。

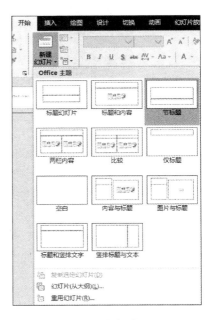

图4-23　"幻灯片"组

4. 隐藏幻灯片

当不想放映演示文稿中的某些幻灯片时，可以将其隐藏起来。隐藏幻灯片的具体操作步骤如下：

1）在左侧的幻灯片列表中选定要隐藏的幻灯片，然后右击，从弹出的快捷菜单中选择"隐藏幻灯片"命令。

2）此时，在该幻灯片的标号上会显示一条删除斜线，如图4-24所示，表明该幻灯片已经被隐藏。若要取消隐藏，只需要选定相应的幻灯片，再进行一次上述操作即可。

图4-24　隐藏幻灯片标记

4.2.3　编辑幻灯片

1. 输入和编辑文本

1）单击幻灯片中的占位符，即可在其中插入闪烁的光标，同时提示文字消失。

2）在光标处直接输入文本，如"2022年度工作报告"，完成后在占位符以外任何地方单击即可。使用同样的方法在下面的占位符中输入"秘书处"，效果如图4-25所示。

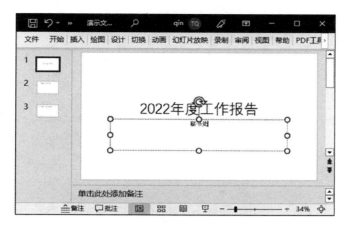

图 4-25   输入文本

【例 4-1】以图 4-25 输入的文本为例，编辑字符格式，效果如图 4-26 所示。

图 4-26   设置字符格式

选定文本，在"开始"选项卡中，通过"字体"组中的功能按钮对其进行格式设置：主标题字体设为"微软雅黑"、字号设为"66"，字体颜色设为"蓝色"，单击"加粗"按钮；副标题字体设为"宋体"，字号设为"44"，字体颜色设为"蓝色"。

通过"段落"组可对其设置对齐方式、项目符号、编号和缩进等格式，方法和 Word 类似。

2. 修饰文本

如果需要对插入的文本框进行排版，操作步骤如下：

1）插入文本框并输入文本。在"插入"选项卡中单击"文本"下拉按钮，选择"文本框"→"绘制横排文本框"选项（见图 4-27），此时鼠标指针变成细十字线状，按住左键在工作区中拖拉一下，即可插入一个文本框，然后将文本输入其中。

2）设置要素。仿照例 4-1 的操作，设置文本框中文本的字体、字号和字体颜色等要素。

图 4-27　插入文本框

3）调整大小。将指针移至文本框的四角或四边的控制点处，当其变成双向箭头时，按住鼠标左键拖动，即可调整文本框的大小。

4）移动定位。将指针移至文本框边缘处，当其变成"梅花"状时单击，选定文本框，然后按住鼠标左键拖动，将其定位到幻灯片合适位置上即可。

5）旋转文本框。选定文本框，然后将指针移至上端控制点，此时控制点周围出现一个圆弧状箭头，按住鼠标左键挪动，即可对文本框进行旋转操作。

小技巧

1. 在按住<Alt>键的同时，用鼠标拖动文本框，或者在按住<Ctrl>键的同时，按方向键，均可以实现对文本框的微量移动，达到精确定位的目的。

2. 将光标定在左侧大纲窗格中，切换到"大纲"标签下，然后直接输入文本，则输入的文本会自动显示在幻灯片中。

4.2.4　制作母版和模板

1. 制作和应用母版

一个完整且专业的演示文稿，它的内容、背景、配色和文字格式等都有着统一的设置。为了实现统一设置就需要用到幻灯片母版。

幻灯片母版通常用来统一整个演示文稿的幻灯片格式，一旦修改了幻灯片母版，则所有采用这一母版建立的幻灯片格式也随之发生改变。使用幻灯片母版可快速统一演示文稿的格式等要素。

【例 4-2】建立一个以"旅游"命名的幻灯片母版，字体统一使用"微软雅黑"，项目符号统一使用"①"格式，并添加一张风景图片位于幻灯片右下角，保存在 Office 主题中。

操作步骤如下：

1）启动 PowerPoint 2021，新建或打开一个演示文稿。

2）执行"视图→母版→幻灯片母版"命令，进入幻灯片母版视图，如图 4-28 所示。

3）右击"单击此处编辑母版标题样式"字符，在弹出的右键快捷菜单中选择"字体"命令，更改字体为"微软雅黑"。

4）接着分别右击"单击此处编辑母版文本样式"及下面的"第二级""第三级"……字符，仿照上面第 3）步的操作设置好相关格式。

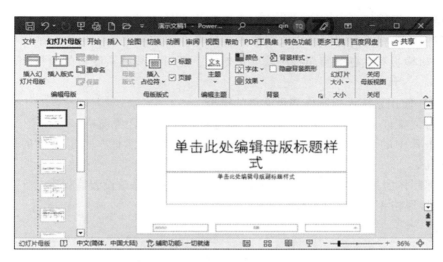

图 4-28　幻灯片母版视图

5）分别选中"单击此处编辑母版文本样式""第二级""第三级"等字符，单击"开始"选项卡的"段落"组中的"项目符号"按钮，设置项目符号样式为"①"。

6）单击工作区下方的页脚区域的占位符，即可对日期区、页脚区、数字区进行格式化设置。

7）单击"插入"选项卡中的"图片"按钮，弹开"插入图片"对话框，定位到事先准备好的图片所在的文件夹中，选中该图片将其插入到母版中，并定位到幻灯片右下角位置上。

8）全部修改完后，单击"幻灯片母版"选项卡中的"重命名"按钮，打开"重命名"对话框，输入名称"旅游"后，单击"重命名"按钮返回。

如果需要保存一张标题幻灯片的版式，在幻灯片浏览窗格中选定标题幻灯片，右击，选择"重命名版式"命令，弹出"重命名版式"对话框，在"版式名称"文本框中输入"标题幻灯片"，单击"重命名"按钮。

9）单击"幻灯片母版"选项卡中的"关闭模板视图"按钮退出，此时切换到"开始"选项卡，单击"幻灯片"组中的"版式"按钮，此时在 Office 主题中便会出现"标题幻灯片"版式。

【例 4-3】将建好的母版应用到演示文稿上。

1）单击"设计"选项卡，在"主题"组中选择设计好的母版，直接单击即可应用于所有幻灯片，如图 4-29 所示。

2）如只需要应用标题幻灯片，选定主题后，右击，在弹出的下拉列表中选择"应用于选定幻灯片"即可。

2. 制作模板

使用母版可以创建具有特定版面和格式但无

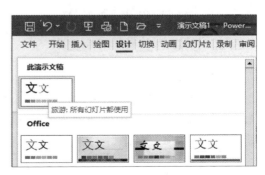

图 4-29　应用设计好的母版

的演示文稿，使用模板可以创建具有特定内容和格式的演示文稿。对于利用模板创建的演示文稿，只需修改相关内容即可快速制作出各种专业的演示文稿。此外，在"新建"窗口的"搜索联机模板和主题"编辑框中输入关键字，还可在线搜索联机的模板和主题来创建演示文稿。

【例4-4】使用系统模板制作演示文稿的模板。

1）执行"文件→新建"命令，展开"新建演示文稿"任务窗格。

2）单击其中的"通用模板"选项，打开"模板"对话框，选定需要的模板，单击"确定"按钮。

3）根据制作演示的需要，对模板中相应的幻灯片进行修改设置后保存一下，即可快速制作出与模板风格相似的演示文稿。

注意

如果在"模板"对话框中，切换到"设计模板"或"演示文稿"选项卡下，可以选用系统自带的模板来设计制作演示文稿。

如果经常需要制作风格、版式相似的演示文稿，可以先制作好其中一份演示文稿，然后将其保存为模板，以后直接调用修改即可。

1）制作好演示文稿后，执行"文件→另存为"命令，打开"另存为"对话框。

2）单击"保存类型"右侧的下拉按钮，在随后出现的下拉列表中，选择"演示文稿设计模板（＊.pot）"选项。

3）为模板取名（如"常用演示.pot"），然后单击"保存"按钮即可。

小技巧

当遇到要重装系统时，进入"系统盘：\Documents and Settings\Administrator\Application Data\Microsoft\Templates"文件夹，将保存的模板文件（"常用演示.pot"）复制到其他地方，系统重装后，再复制到上述文件夹中，即可直接使用保存的模板。

注意

1. 上述操作是在 Windows XP 系统下进行的，其他系统请仿照操作。

2. "Application Data"文件夹是隐藏的，需要将其显示出来，才能对其进行操作。

4.3 幻灯片的整体美化

4.3.1 图片的美化

1. 插入图片

在幻灯片中插入图片可以更生动形象地阐述主体和表达思想，将指针定位到工作区，单击"插入"选项卡中的"图片"按钮，选择"来自文件"选项，在打开的"插入图片"对话框进行操作。

2. 调整图片位置

在幻灯片中选定要调整的图片，然后按键盘上的方向键向上、下、左、右方向移动图片。也可以按住鼠标左键拖动图片，拖至合适的位置后释放鼠标左键即可。

3. 调整图片大小

单击插入到幻灯片中的图片，图片周围将出现 8 个控制点，此时按住鼠标左键拖动控制点，即可调整图片的大小。

- 当拖动图片 4 个角上的控制点时，PowerPoint 会自动保持图片的长宽比例不变。
- 拖动 4 条边框中间的控制点，可以改变图片原来的长宽比例。
- 按住<Ctrl>键调整图片大小时，将保持图片中心位置不变。

4. 旋转图片

在幻灯片中选定图片后，图片周围除了出现 8 个控制点外，还有一个绿色的旋转控制点。拖动该控制点，可自由旋转图片。另外，在"格式"选项卡的"排列"组中单击"旋转"按钮，可通过下拉列表中的选项控制图片旋转的方向和角度。

5. 裁剪图片

对图片的位置、大小和角度进行调整，只能改变整个图片在幻灯片中所处的位置和所占的比例，而当插入的图片中有多余的部分时，可以使用"裁剪"功能，将图片中多余的部分删除。具体操作步骤如下：在"格式"选项卡的"大小"组中单击"裁剪"按钮，此时被选中的图片将出现 8 个由较粗黑色短线组成的剪裁标志；将鼠标移动到剪裁标志上，按下鼠标左键拖动到需要的位置，即可完成剪裁。

6. 重新着色

在 PowerPoint 中可以对插入的矢量图形或图片进行重新着色。选定图片后，在"格式"选项卡的"调整"组中单击"颜色"按钮，在打开的列表中，可以从"重新着色"中选择需要的模式为图片重新着色。

7. 调整图片的对比度和亮度

图片的亮度是指图片整体的明暗程度。对比度是指图片中最亮部分和最暗部分的差别。可以通过调整图片的亮度和对比度，使效果不好的图片看上去更为舒适，也可以对正常的图片调高亮度或降低对比度，以达到某种特殊的效果。

在调整图片对比度和亮度时，首先应选定图片，然后在"调整"组中单击"亮度"按钮或"对比度"按钮进行设置。

8. 改变图片外观

该功能可以赋予普通图片形状各异的样式，从而达到美化幻灯片的效果。要改变图片的外观样式，应首先选定该图片，然后在"格式"选项卡的"图片样式"组中选择图片的外观样式，如图 4-30 所示。

图 4-30　改变图片外观

9. 设置透明色

将图片中的某部分设置为透明色，可让某种颜色区域透出被它覆盖的其他内容，或者让图片的某些部分与背景分离开。具体操作步骤如下：选定图片后，在"格式"选项卡的"调整"组中单击"重新着色"按钮，在下拉列表中选择"设置透明色"选项，单击图片中需要设置透明色的区域或颜色，即可将单击处的颜色设置为透明色，同时有该颜色的区域均变为透明色。

4.3.2 图形的美化

在幻灯片中可以对绘制的图形进行个性化的编辑。和其他操作一样，在进行设置前，应首先选定该图形。对图形进行最基本的编辑包括旋转图形、对齐图形、层叠图形和组合图形等。

1. 旋转图形

与旋转文本框、文本占位符一样，只要拖动其上方的绿色旋转控制点即可任意旋转图形，也可以在"格式"选项卡的"排列"组中单击"旋转"按钮，在下拉列表中选择"向左旋转 90°""向右旋转 90°""垂直翻转"和"水平翻转"等选项。

2. 对齐图形

当在幻灯片中绘制多个图形后，可以在选定所有图形后，在功能区的"排列"组中单击"对齐"按钮，在下拉列表中选择"横向分布"和"垂直居中"选项来对齐图形，其具体对齐方式与文本对齐相似。

3. 层叠图形

对于绘制的图形，PowerPoint 将按照绘制的顺序将它们放置于不同的对象层中，如果对象之间有重叠，则后绘制的图形将覆盖在先绘制的图形之上，即上层对象遮盖下层对象。当需要显示下层对象时，可以通过调整它们的叠放次序来实现。

要调整图形的层叠顺序，可以在功能区的"排列"组中单击"置于顶层"下拉按钮和"置于底层"下拉按钮，在下拉列表中选择相应选项即可。

4. 组合图形

在绘制多个图形后，如果希望这些图形保持相对位置不变，可以使用"组合"按钮下的选项将其进行组合，也可以同时选定多个图形，右击，在弹出的快捷菜单中选择"组合"→"组合"命令。当图形被组合后，可以像一个图形一样被选定、复制或移动。

在对图形进行基本操作后，可以对图形进行各种格式的设置，可以利用线型、箭头样式、填充颜色、阴影效果和三维效果等进行修饰。利用系统提供的图形设置工具，可以使配有图形的幻灯片更容易理解。

（1）设置线型

选定绘制的图形，在"格式"选项卡的"形状样式"组中单击"形状轮廓"按钮，在下拉列表中选择"粗细"和"虚线"选项，然后在其下级列表中再选择需要的具体线型样式即可。

（2）设置线条颜色

在幻灯片中绘制的线条都有默认的颜色，用户可以根据演示文稿的整体风格改变线条的颜色，单击"形状轮廓"按钮，在下拉列表中选择颜色即可。

（3）设置填充颜色

为图形添加填充颜色是指在一个封闭的对象中加入填充颜色，这种颜色可以是单色、过渡色、纹理甚至是图片。可以通过单击"形状填充"按钮，在下拉列表中选择满意的颜色，也可以通过选择"其他填充颜色"选项设置其他颜色。另外，还可以根据需要选择"渐变"或"纹理"选项为一个对象填充一种过渡色或纹理样式。

（4）设置阴影及三维效果

在 PowerPoint 2021 中可以为绘制的图形添加阴影或三维效果。设置图形对象阴影效果的方式是首先选定对象，单击"形状效果"按钮，在下拉列表中选择"阴影"选项，然后再选择需要的阴影样式即可。

设置图形对象三维效果的方法是首先选定对象，然后单击"形状效果"按钮，在下拉列表中选择"三维旋转"选项，然后在三维旋转样式列表中选择需要的样式即可。

（5）在图形中输入文字

大多数自选图形允许在其内部添加文字。常用的方法有两种：一是选定图形，直接在其中输入文字；二是在图形上右击，选择"编辑文字"命令，然后在光标处输入文字。单击输入的文字，可以再次进入文字编辑状态进行修改。

4.3.3 表格的美化

使用 PowerPoint 2021 制作一些专业类型的演示文稿时，通常需要使用表格。例如，销售统计表、个人简历表、财务报表等。表格采用行列化的形式，它与幻灯片页面文字相比，更能体现内容的对应性及内在的联系。表格适合用来表达比较性、逻辑性的主题内容。

1. 自动插入表格

PowerPoint 支持多种插入表格的方式，例如，可以在幻灯片中直接插入，也可以从 Word 和 Excel 应用程序中调入。自动插入表格功能能够方便地辅助用户完成表格的输入，提高在幻灯片中添加表格的效率。

当需要在幻灯片中直接添加表格时，可以为该幻灯片选择含有内容的版式或者在"插入"选项卡的"表格"组中单击"表格"下拉按钮，在打开的面板中直接选择，如图 4-31 所示。

2. 手动绘制表格

当插入的表格并不是完全规则的时候，也可以直接在幻灯片中绘制表格。绘制表格的方法很简单，打开"插入"选项卡，在"表格"组中单击"表格"下拉按钮，在面板中选择"绘制表格"选项即可。选择该选项后，鼠标指针将变为笔形形状，此时可以在幻灯片中进行绘制。

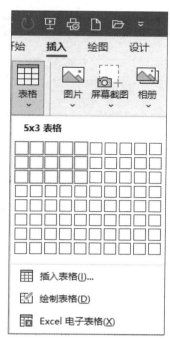

图 4-31 自动插入表格

3. 设置表格样式和版式

插入到幻灯片中的表格不仅可以像文本框和占位符一样被选定、移动、调整大小及删除，还可以为其添加底纹、设置边框样式和应用阴影效果等。除此之外，用户还可以对单元格进行编辑，如拆分、合并、添加行、添加列、设置行高和列宽等，如图 4-32 所示。

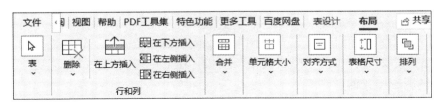

图 4-32　设置表格样式和版式

4.3.4 图表的美化

1. 编辑图表

在幻灯片中插入表格往往不够直观，为了更简单明了地展示数据关系，让观点更容易理解，还经常会插入图表。

【例 4-5】根据某大赛评委评分情况总表（见表 4-1），插入一个柱状图。

表 4-1　评分情况总表

项　　目	评委 1	评委 2	评委 3
项目一	4.3	2.4	2
项目二	2.5	4.4	2
项目三	3.5	1.8	3
项目四	4.5	2.8	5

操作步骤如下：

1）在 PowerPoint 2021 中，切换到"插入"选项卡，单击"图表"按钮，在打开的"图表类型"对话框中，选择一种类型后单击"确定"按钮，即可插入图表。

2）同时弹出一个电子表格，在 Excel 工作表中编辑电子表格，输入相关数据和项目，输入完成后单击右上角的"关闭"按钮即可。此时，幻灯片中的图表会自动应用电子表格中的数据，如图 4-33 所示。

2. 修饰图表

【例 4-6】把例 4-5 的图表设置为 11cm×18cm

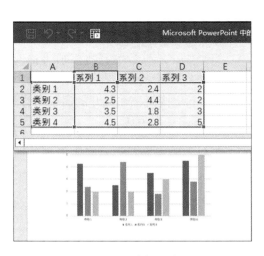

图 4-33　编辑图表

大小，设置标题为"评委评分表"，垂直轴字体更改为"微软雅黑，16 号"，数值范围为 0~6 分，单位为"1"。3 位评委的评分柱形图颜色分别设为"浅绿""黄绿""橙色"，边框设置为"实线"，添加数据标签和数据趋势线。

1）选定图表，将其调整至合适的大小和位置。

2）设置图表标题和图例，单击标题和图例，在右侧弹出的设置格式窗格中，进行大小和背景的设置。

3）设置坐标轴格式。选定垂直轴，切换到"开始"选项卡，在"字体"组中的"字体"下拉列表中选择"微软雅黑"选项，在"字号"下拉列表中选择16。效果如图 4-34 所示。

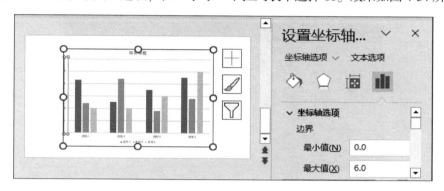

图 4-34　修饰图表

4）设置坐标轴数值。选定垂直轴，右击，从弹出快捷菜单中选择"设置坐标轴格式"命令打开"设置坐标轴格式"任务窗格，切换到"坐标轴选项"选项组，输入数值和单位，如图 4-34 所示。为了突出数值，可以根据数值的范围进行相应设置。

5）设置数据系列。选定数据系列，右击，从弹出的快捷菜单中选择"设置数据系列格式"命令，打开"设置数据系列格式"任务窗格，单击"填充"按钮，在"颜色"下拉列表中选择"浅绿""黄绿""橙色"选项，边框设为"实线"。效果如图 4-35 所示。

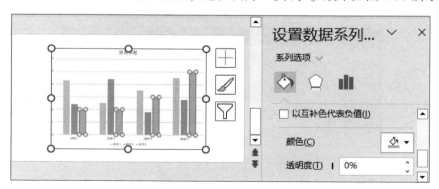

图 4-35　设置数据系列

6）设置数据标签。选定数据数列，从右键快捷菜单中选择"添加数据标签"的"添加数据标签"命令，可以编辑字体和字号。选定数据标签，从右键快捷菜单中选择"设置数据标签格式"，在"标签选项"中可以编辑标签位置和数字，在"文本选项"中可以编辑文本填充。选择"添加趋势线"命令，在右侧设置格式窗格中选择合适的颜色和线条。

3. 编辑 SmartArt 图形

使用 SmartArt 图形可以非常直观地说明层级关系、附属关系、并列关系、循环关系等各种常见关系，而且制作出来的图形漂亮精美，具有很强的立体感和画面感。

【例 4-7】以"课外读物类型"为标题，把文字信息制作成一个树形图表现出来。

1）新建一张新的幻灯片，单击"视图"选项卡中的"大纲视图"按钮，输入文字，并在每一项文字后按<Enter>键，另起一张新的幻灯片输入，如图 4-36 所示。

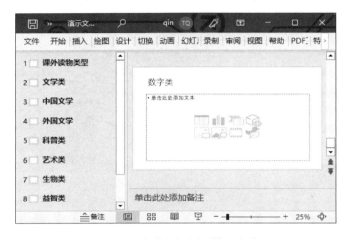

图 4-36 在大纲视图下输入文本

2）选择所有从属关系的幻灯片，按<Ctrl>键的同时选择对应的幻灯片，右击，在弹出的快捷菜单中选择"降级"命令。

3）分别选择进一步从属关系的幻灯片，按<Ctrl>键的同时选择对应的幻灯片，右击，在弹出的快捷菜单中选择"降级"命令。效果如图 4-37 所示。

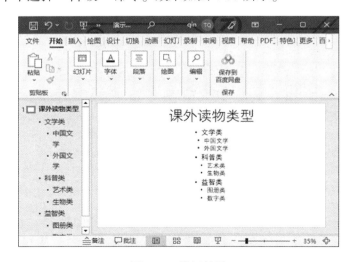

图 4-37 降级效果

4）鼠标停留在幻灯片工作区文字内容上，右击，在弹出的快捷菜单中选择"转换为 SmartArt"按钮，选择合适逻辑关系的图形。效果如图 4-38 所示。

课外读物类型

图 4-38　转换为 SmartArt

4.3.5　幻灯片的动画效果

PowerPoint 2021 提供了包括进入、强调、退出、路径等多种形式的动画效果。为幻灯片添加这些动画特效，可以使 PPT 实现和 Flash 动画一样的炫动效果。

1. 设置进入动画

进入动画是最基本的自定义动画效果，可以根据需要为 PPT 文本、图形、图片、组合等多种对象实现从无到有、陆续展现的动画效果。设置进入动画的操作步骤如下：

1）选定一个文本框，切换到"动画"选项卡，在"动画样式"下拉面板中选择"进入"选项组中的一种进入效果，如图 4-39 所示。

2）在"高级动画"组中单击"动画窗格"按钮弹出"动画窗格"任务窗格，选定动画 1，右击，选择"效果选项"命令，打开"出现"对话框（见图 4-40），在其中可以对动画的出现方式、动画持续时间、延迟出现时间、声音和出现效果进行设置。

图 4-39　进入动画

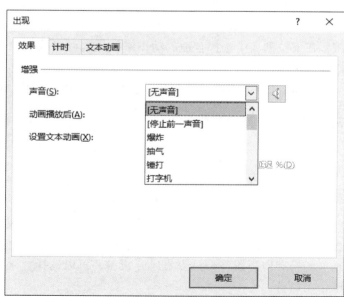

图 4-40　动画设置

3）设置完成后可以单击动画窗格中的播放按键进行预览，或者单击左上角的预览按键进行预览。

2. 设置强调动画

强调动画是在放映过程中通过放大、缩小、闪烁等方式引人注意的一种动画。为一些文本框或对象组合添加强调动画，可以收到意想不到的效果。设置强调动画的步骤如下：

1）选定某个文本框，切换到"动画"选项卡，在"高级动画"组中单击"添加动画"按钮，从下拉列表中选择"强调"中的任意效果。

2）单击"动画窗格"按钮，在窗口右侧弹出"动画窗格"任务窗格，单击需要的强调效果并拖动到合适的位置即可。

3）单击动画窗格中的"播放自"按钮，或单击"动画"选项卡中的"预览"按钮进行预览。

3. 设置退出动画

退出动画是让对象从有到无、逐渐消失的一种动画效果，实现了画面的连贯效果，是进入动画的逆过程。设置退出动画的步骤如下：

1）选定某个需要退出的对象，切换到"动画"选项卡，在"高级动画"组中单击"添加动画"按钮，从弹出的下拉列表中选择"退出"选项组中某个适合的退出效果。也可以在下拉列表中的"其他退出效果"选项中选择。

2）在动画窗格中，单击合适的退出效果项并拖到到合适的位置即可。

4. 设置路径动画

路径动画是让对象按照绘制的路径运动的一种高级动画效果，可以实现 PPT 的千变万化。设置路径动画的步骤如下：

1）选定某一对象，切换到"动画"选项卡，在"高级动画"组中单击"添加动画"按钮，在下拉列表中选择合适的动作路径。也可以从下拉列表中选择"其他动作路径"中选择其他选项。

2）单击动画窗格中的"播放"按钮或"动画"选项卡中的"预览"按钮进行预览。

4.3.6 编辑音频/视频文件

1. 插入音频

如果想让幻灯片自带背景音乐或演示解说等声音，可以通过在幻灯片中插入声音来实现，还可以对插入的音频进行编辑。具体操作步骤如下：

1）选定某一张幻灯片，单击"插入"选项卡"媒体"组中的"音频"按钮，在下拉列表中选择"PC 上的音频"选项（见图 4-41），从计算机中选择提前录制好的录音或背景音乐。如果有传声器（俗称麦克风）设备，可以选择"录制音频"选项，打开"录音"对话框录制声音。

2）幻灯片中心位置出现了一个声音图标，并在声音图标下方显示音频播放控件，单击其左侧的"播放/暂停"按钮可以预览，单击"静音/取消静音"按钮可以调整音量大小，如图 4-42 所示。将声音图标拖到幻灯片可视范围之外的区域，避免播放幻灯片时出现声音图标，影响展示效果。

图 4-41　插入音频

图 4-42　音频播放控件

3）将音频文件插入幻灯片后，选择声音图标，将显示"音频格式"选项卡（见图 4-43），可以利用它对音频图标进行格式设置。选择、移动、删除、调整音频图标大小及设置其格式的操作，与设置普通图形对象的相同。

图 4-43　音频图标格式设置

4）进入"播放"选项卡，在这里可以预览声音、剪裁声音、设置声音的淡入/淡出效果，以及设置放映幻灯片时声音的音量、开始方式和是否循环播放，如图 4-44 所示。

图 4-44　音频设置

5）在"编辑"组中单击"剪裁音频"按钮，打开"剪裁音频"对话框，如图 4-45 所示。向右拖到进度条左侧的绿色滑块，可裁掉音乐的前奏部分；向左拖动右侧的红色滑块，可裁剪声音的结尾部分；单击"播放"按键可预览裁剪效果。裁剪结束后单击"确定"按钮即可。

2. 插入视频

如果想让幻灯片更具吸引力，可以插入视频文件。操作步骤与插入音频文件的类似。在"视频格式"选项卡中可以对视频画面进行编辑。

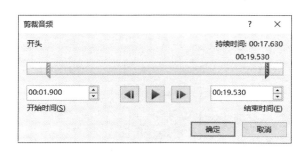

图 4-45　"剪裁音频"对话框

4.4　演示文稿的整体美化

4.4.1　演示文稿的切换

演示文稿的切换是指放映幻灯片时从一张幻灯片过渡到下一张幻灯片的动画效果。在默认情况下，各幻灯片之间的切换是没有任何效果的。通过设置，可以使每张幻灯片具有动感的切换效果。

1. 创建切换效果

选定要设置切换效果的幻灯片，单击"切换"选项卡"切换到此幻灯片"组中的"切换效果"按钮，在展开的列表中可看到系统提供的多种切换动画的缩略图，选择一种适合的切换效果，如图 4-46 所示。

2. 效果选项

对于已选择的某些效果，还可以单击"效果选项"按钮，在展开的列表中对该效果进行设置。如选择"向左"，表示切换从右到左展开。切换效果不同，"效果选项"列表中的选项也会不同。

3. 设置切换方式和时间

利用"计时"组中的选项可为幻灯片的切换设置声音，以及效果的持续时间和换片方式，如图 4-47 所示。"持续时间"决定了效果的动画速度，"单击鼠标时"表示放映演示文稿时通过单击来切换幻灯片，"设置自动换片时间"表示在设置的时间后自动切换幻灯片。

图 4-46　切换效果

图 4-47　切换方式

4. 应用切换效果

设置完成后，若想让设置的效果应用于全部幻灯片，可单击"全部应用"按钮，否则所设该效果将只应用于当前幻灯片，还需要继续对其他幻灯片的切换效果进行设置。

5. 取消切换效果

要取消当前幻灯片的切换效果，只要在切换动画效果列表中选择"无"选项即可。

4.4.2　演示文稿的放映

1. 设置放映方式

演示文稿制作好以后，需要向观众展示幻灯片中的内容，即放映演示文稿，这是制作演示文稿的最终目的。利用"幻灯片放映"选项卡"开始放映幻灯片"组中的相关按钮，可以放映当前打开的演示文稿。

在放映幻灯片时，可根据不同的场景设置不同的放映方式，如可以由演讲者控制放映，也可以由观众自行浏览，或让演示文稿自动播放等。此外，对于每一种放映方式还可控制是否循环播放，指定播放哪些幻灯片及确定幻灯片的换片方式等。

1）设置放映方式。单击"幻灯片放映"选项卡"设置"组中的"设置幻灯片放映"按钮，打开"设置放映方式"对话框。

2）在"放映类型"选项组中有以下 3 种不同的放映方式可供选择。

- 演讲者放映。该放映方式是 PowerPoint 默认的放映类型，放映时幻灯片全屏显示，演讲者对演示文稿的播放具有完全的控制权，在放映过程中演讲者可以随时将演示文稿暂停、给幻灯片内容添加标记等，具有很强的灵活性。
- 观众自行浏览。该放映方式在标准窗口中显示幻灯片，放映时窗口中显示菜单栏和 Web 工具栏，方便观众对放映过程进行控制。
- 在展台浏览。自动全屏放映，当播放完最后一张幻灯片时，会自动从第一张幻灯片重新开始播放。使用这种放映方式时需要设置每张幻灯片的放映时间，否则会长时间停留在某张幻灯片上。若要退出放映可按<Esc>键。

3）在"放映幻灯片"选项组中可选择是否放映全部幻灯片。

4）在"换片方式"选项组中可设置幻灯片的切换方式。如果选择"手动"方式，则在放映幻灯片时，必须人为干预（如单击）才能切换幻灯片；如果选择"如果存在排练时间，则使用它"方式，则可让幻灯片自动切换，切换时间由排练计时或"切换"选项卡"计时"组中设置的时间决定，此外，在该方式下也可通过人工方式切换幻灯片。

2. 放映幻灯片

设置好放映方式后，单击"确定"按钮，然后按<F5>键或单击"幻灯片放映"选项卡"开始放映幻灯片"组中的"从头开始"按钮，从第一张幻灯片开始放映演示文稿。

单击状态栏"视图"切换区中的"幻灯片放映"按钮，或按<Shift+F5>组合键，可从当前幻灯片开始放映演示文稿。

在播放演示文稿的过程中，会根据用户的设置自动切换幻灯片。如果想在中途中止幻灯片的放映，可按<Esc>键，或者右击幻灯片，在弹出的快捷菜单中选择"结束放映"命令。

如果需要在放映过程中切换到指定幻灯片，可在播放画面中右击，在弹出的快捷菜单中选择某个选项。

3. 设置排练计时

为了使演讲者的讲述与幻灯片的切换保持同步，除了可以将幻灯片切换方式设置为"单击鼠标时"外，还可以使用 PowerPoint 提供的"排练计时"功能，预先排练好每张幻灯片的播放时间。具体操作步骤如下：

1）打开要设置排练计时的演示文稿，然后单击"幻灯片放映"选项卡中的"排练计时"按钮，此时从第一张幻灯片开始进入全屏放映状态，并在右上角显示"录制"工具栏，如图 4-48 所示。这时演讲者可以对自己要讲述的内容进行排练，以确定当前幻灯片的放映时间。

图 4-48　设置排练计时

2）放映时间确定好之后，单击幻灯片的任意位置，或单击"录制"工具栏中的"下一项"按钮，切换到下一张幻灯片，可以看到"录制"工具栏中间的时间重新开始计时，而右侧的演示文稿总放映时间将继续计时。

3）当演示文稿中所有幻灯片的放映时间排练完毕后（若希望在中途结束排练，可按 <Esc> 键），屏幕上会出现提示对话框。如果单击"是"按钮，可将排练结果保存起来，以后播放演示文稿时，每张幻灯片的自动切换时间就会与设置的一样；如果想放弃刚才的排练结果，则单击"否"按钮。

4）上述操作完成后，在 PowerPoint 2021 的"幻灯片浏览"视图中，在每张幻灯片的右下角可看到幻灯片的播放时间。

4.5　PowerPoint 2021 的其他操作

4.5.1　创建和编辑超链接

幻灯片可以通过超链接、动作按钮来实现交互应用，这样能够使演示文稿更加多样化地进行展示，让幻灯片中的内容更具连贯性。通常情况下，放映幻灯片是按照默认的顺序依次放映的，如果在演示文稿中创建超链接，就可以通过单击链接对象，跳转到其他幻灯片、文档或网页中。下面将详细讲解在演示文稿中创建和编辑超链接的相关操作。

1. 绘制动作按钮

在 PowerPoint 中，动作按钮的作用是当单击或鼠标指向这个按钮时产生某种效果，例如链接到某一张幻灯片、某个网站、某个文件，或者播放某种音效、运行某个程序等，类似于链接。动作按钮的设置在图 4-49 所示的"操作设置"对话框中进行。

图 4-49　按钮的操作设置

【例 4-8】 在演示文稿中绘制动作按钮。

1）插入动作按钮。在"幻灯片"窗格中选择第二张幻灯片，在"插入"选项卡的"插图"组中单击"形状"按钮，在下拉列表的"动作按钮"选项组中选择"动作按钮：转到开头"选项。

2）绘制按钮。在幻灯片右下角拖动鼠标绘制按钮，在打开的"操作设置"对话框中进行设置，单击"确定"按钮。绘制动作按钮后，PowerPoint 自动将一个超链接功能赋予该按钮，如这里单击该按钮将链接到第一张幻灯片。如果需要改变链接的对象，可以在"操作设置"对话框的"超链接到"下面的下拉列表框中选择其他选项，如图 4-49 所示。

图 4-50　绘制一组按钮

根据以上步骤，可继续插入和绘制其他按钮，如图 4-50所示。

2. 编辑动作按钮的超链接

编辑动作按钮的超链接包括调整超链接的对象、设置超链接的动作等。

【例 4-9】 设置动作按钮的声效和悬停效果。

1）编辑超链接。转到开头动作按钮上右击，在弹出的快捷菜单中选择"编辑超链接"命令。

2）设置动作按钮的播放声音。打开"操作设置"对话框，单击选中"播放声音"复选框，在其下拉列表框中选择"电压"选项，单击"确定"按钮，如图 4-51 所示。

3）设置动作按钮鼠标悬停效果。在"操作设置"对话框中切换到"鼠标悬停"选项卡，单击选中"播放声音"复选框，在其下拉列表中选择"电压"选项，单击"确定"按钮。

3. 编辑动作按钮的样式

【例 4-10】 编辑按钮大小为 $2cm \times 1cm$，

图 4-51　设置按钮播放声音

整齐排列，并使用柔化边缘效果，透明度设为 80%，复制到所有幻灯片。

1）设置按钮大小。按住<Shift>键的同时选定 4 个要编辑的动作按钮，在"绘图工具格式"选项卡"大小"组的"高度"数值框中输入"1 厘米"，在"宽度"数值框中输入"2 厘米"。

2）对齐动作按钮。在"排列"组中单击"对齐"按钮，在下拉列表中选择"垂直居中"选项。

3）排列动作按钮。继续在"排列"组中单击"对齐"按钮，在下拉列表中选择"横向分布"选项。

181

4）设置形状效果。在"形状样式"组中单击"形状效果"按钮，在下拉列表中选择"柔化边缘"选项，在子列表中选择"10磅"选项。

5）设置透明度。在选择的动作按钮上右击，在弹出的快捷菜单中选择"设置对象格式"命令，打开"设置形状格式"任务窗格的"形状选项"选项卡，在"填充"选项组的"透明度"数值框中输入"80%"，单击"关闭"按钮关闭任务窗格。

6）复制动作按钮。选中动作按钮，右击后弹出浮动工具栏，单击"复制"按钮，再单击第二张幻灯片，指针停留在幻灯片的空白处右击，在浮动工具栏中单击"粘贴"按钮，完成动作按钮的复制。以同样的操作步骤完成其他幻灯片的动作按钮的复制，以保持整个演示文稿格式的一致性。

4. 创建超链接

在PowerPoint中，图片、文字、图形和艺术字等都可以创建超链接，方法相同。

【例4-11】给上例中的动作按钮设置超链接。

1）创建超链接。选择第二张幻灯片，在"Part 1"文本框中右击，在弹出的快捷菜单中选择"超链接"命令。

2）设置超链接。打开"插入超链接"对话框，在"链接到"列表框中选择"本文档中的位置"选项，在"请选择文档中的位置"列表框中选择"3. 二、"选项，单击"确定"按钮，如图4-52所示。

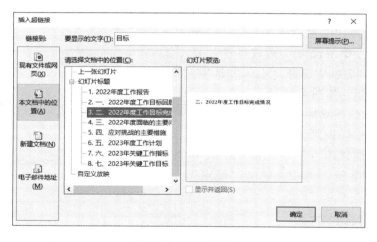

图4-52　设置超链接

4.5.2　制作触发器

触发器是PowerPoint中的一项特殊功能，它可以是一个图片、文字或文本框等，其作用相当于一个按钮。设置好触发器功能后，单击就会触发一个操作，该操作可以是播放音乐、影片或者动画等。

【例4-12】利用触发器制作控制按钮播放视频，制作播放与暂停按钮，来控制插入的视频的播放操作。

1. 插入视频

插入一张新幻灯片，在"插入"选项卡"媒体"组中单击"视频"按钮，在下拉列表中选择"PC 上的视频"选项。打开"插入视频文件"对话框，选择视频文件所在文件夹，选择视频文件，单击"插入"按钮。在幻灯片中选定插入的视频，在"视频工具　播放"选项卡"视频选项"组的"开始"下拉列表中选择"单击时"选项。

2. 绘制控制按钮

在"插入"选项卡"插图"组中单击"形状"按钮，在"矩形"选项组中选择"圆角矩形"，拖动鼠标绘制形状。在"绘图工具　格式"选项卡"形状样式"组的"形状样式"下拉列表框中选择"强烈效果–青色，强调颜色2"选项。在绘制的形状上右击，在弹出的快捷菜单中选择"编辑文字"命令，输入文本"PLAY"。选定文本后，在"开始"选项卡"字体"组中设置字体格式为微软雅黑、32、加粗、文字阴影。复制形状，输入文本"PAUSE"。效果如图 4-53 所示。

图 4-53　绘制控制按钮

3. 添加和设置动画

选定插入的视频，在"动画"选项卡"动画"组中单击"播放"按钮，在"高级动画"组中单击"触发"按钮，在下拉列表中选择"通过单击"→"矩形：圆角 4"选项，如图 4-54 所示。用同样的方法设置"PAUSE"按钮的暂停功能。

图 4-54　添加动画

4. 查看设置触发器后的效果

播放幻灯片，单击"PLAY"按钮开始播放视频，单击"PAUSE"按钮暂停播放。

4.5.3　输出演示文稿

1. 发布演示文稿

如在演示文稿中多次反复使用某一对象或内容，可将这些对象或内容直接发布到幻灯片库中，需要时可直接调用，并且还能用于其他演示文稿中。具体操作步骤如下：

1）发布幻灯片。在菜单栏中单击"文件"按钮，选择"共享"选项，在中间的"共享"栏中选择"发布幻灯片"选项，在右侧的"发布幻灯片"栏中单击"发布幻灯片"按钮。

2）选择要发布的幻灯片。在"发布幻灯片"对话框中选中第 1 张、第 3 张、第 4 张和最后一张幻灯片，分别在选中的幻灯片右侧的"文件名"文本框中输入"宣传标题页""宣传目录页""宣传内容页"和"宣传结束页"，在右下角选中"只显示选定的幻灯片"复选框，单击"浏览"按钮，选择发布位置。

3）查看输出演示文稿的效果。在计算机中打开设置的发布幻灯片的文件夹，即可看到发布的幻灯片，每一张幻灯片都单独对应一个演示文稿。

2. 将演示文稿转换为 PDF 文档

若要在未安装 PowerPoint 软件的计算机中放映演示文稿，可将其转换为 PDF 文件，再进行播放。具体操作步骤如下：

1）单击"文件"按钮，选择"导出"选项，单击"创建 PDF/XPS"按钮，打开"发布为 PDF 或 XPS"对话框。

2）设置转换。在"发布为 PDF 或 XPS"对话框中选择发布位置，单击"发布"按钮，PowerPoint 将演示文稿转换为 PDF，转换完成后自动预览。

3. 将演示文稿转换为视频或图片

在计算机中打开 PDF 文件通常也需要专门的软件，所以将演示文稿转换成为视频，更适合在其他计算机中播放。单击"文件"按钮，选择"导出"选项，单击"创建视频"按钮，之后按照转换为 PDF 文档同样的操作步骤，就可以将其转换为视频。按照同样的方法，还可以把演示文稿转换为图片。

4. 将演示文稿打包

使用"导出"选项中的"将演示文稿打包成 CD"功能，也可以实现在没有安装 PowerPoint 软件的计算机上播放该演示文稿。需要注意的是，需要将整个打包文件夹都复制到其他计算机中才能播放，因为打包会将一个简单的 PowerPoint 播放程序放置在文件夹中，帮助播放演示文稿，如图 4-55 所示。

名称	修改日期	类型	大小
PresentationPackage	2023-2-9 12:56	文件夹	
AUTORUN.INF	2023-2-9 12:56	安装信息	1 KB
宣传.pptx	2023-2-9 12:56	Microsoft Power...	4,273 KB

图 4-55 演示文稿打包的文件夹

5. 打印演示文稿

如果想把幻灯片打印出来校对一下其中的文字，但一张纸只打印出一幅幻灯片，太浪费了，如何设置一张纸打印多幅幻灯片呢？

执行"文件→打印"命令，打开"打印"对话框，将"打印内容"设置为"讲义"，然后再设置一下其他参数，单击"确定"按钮打印即可。

⚠️ **注意**

1. 如果选择"颜色/灰度"下面的"灰度"选项，打印时可以节省墨水。

2. 如果经常要进行上述打印，可将其设置为默认的打印方式：执行"工具"→"选项"命令，打开"选项"对话框，切换到"打印"选项卡下，选中"使用下列打印设置"复选框，然后设置好下面的相关选项，单击"确定"按钮返回即可。

4.5.4 放映演示文稿

对于演示文稿来说，在经历了制作和输出等过程后，最终目的就是将演示文稿中的幻灯片都演示出来，让观众能看到和了解。下面介绍演示 PPT 的相关操作。

1. 自定义演示

在演示幻灯片时，可能只需要放映演示文稿中的部分幻灯片，这时可通过设置幻灯片的自定义演示来实现。在"幻灯片放映"选项卡"开始放映幻灯片"组中单击"自定义幻灯片放映"按钮，在下拉列表中选择"自定义放映"选项，打开"自定义放映"对话框。单击"新建"按钮，新建一个放映项目，在打开的"定义自定义放映"对话框中单击选中幻灯片 2、幻灯片 3，单击"添加"按钮。若再添加第一张幻灯片，则演示顺序调整为2-3-1。单击"确定"按钮关闭"定义自定义放映"对话框，返回"自定义放映"对话框，在列表框中显示自定义放映的名称，单击"编辑"按钮可重新调整顺序。如图 4-56 所示。

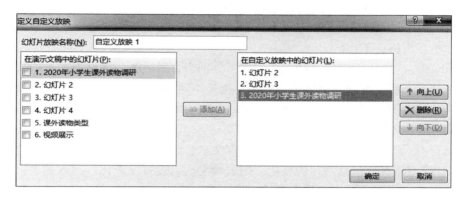

图 4-56　自定义演示

2. 设置演示方式

设置幻灯片的演示方式主要包括设置演示类型、演示幻灯片的数量、换片方式和是否循环演示等。具体操作步骤如下：

1）在"幻灯片放映"选项卡"设置"组中单击"设置幻灯片放映"按钮，打开"设置放映方式"对话框。

2）设置演示方式。在"设置放映方式"对话框的"放映选项"选项组中选中"循环放映，按 ESC 键终止"复选框，"换片方式"设为"手动"，单击"确定"按钮。

3）开始放映。在"开始放映幻灯片"组中单击"自定义幻灯片放映"按钮，在下拉列表中选择"自定义放映 1"选项。

3. 设置演示文稿的演示

在演示文稿的操作中，最常用的是设置注释和分辨率。具体操作步骤如下：

1）选择操作。在【开始放映幻灯片】组中单击"从头开始"按钮，开始放映演示文稿。

2）设置指针选项。当放映到第 4 张幻灯片时，右击，在弹出的快捷菜单中选择"指针选项"命令，在子菜单中选择"笔"命令。

3）设置注释。拖动鼠标在需要添加注释的文本周围绘制形状或添加着重号。

4）保留注释。按<ESC>键退出幻灯片放映状态后，此时弹出提示对话框，询问是否保留墨迹注释，单击"保留"按钮。

5）设置监视器和分辨率。在"设置放映方式"对话框中的"多监视器"选项组中，选择下拉列表框中的"主要监视器"选项，激活下面分辨率为"1280×1024（最慢、最保真）"的选项。

本章小结

本章介绍了使用 PowerPoint 2021 进行设计和制作演示文稿的基本知识。主要讲述了以下内容：

1）PowerPoint 2021 除了包含 PPT 的基本功能外，还新增了共同创作、协同批注、改进录制幻灯片放映、新增库存媒体、重播墨迹笔画、辅助功能和草图样式等功能。

2）PowerPoint 2021 窗口包括功能区、搜索框、快速访问工具栏、浮动工具栏、状态栏、备注和批注窗格、工作区。

3）PowerPoint 2021 提供了 5 种视图模式，分别为普通视图、大纲视图、幻灯片浏览视图、备注页视图和阅读视图，用户可根据需要选择不同的视图模式。

4）演示文稿的基本操作包括创建、保存，幻灯片的基本操作包括幻灯片插入、删除、移动与复制、隐藏等。

5）幻灯片编辑包括输入和编辑文本、修饰文本、制作母版和模板等。

6）幻灯片整体美化包括图片的美化、图形的美化、表格的美化、图表的美化等。图表美化的方法有编辑和修饰图表、使用新增图表、编辑 SmartArt 图形等。

7）幻灯片的美化还包括设置动画效果、编辑音频和视频文件。

8）演示文稿整体美化包括切换、放映等。

9）PowerPoint 2021 的其他操作，包括创建和编辑超链接、制作触发器、输出演示文稿、播放演示文稿等。

习　　题

一、填空题

1. 在 PowerPoint 2021 窗口中，占主体位置的是＿＿＿＿＿＿区。

2. 如果想对演示文稿中的文本框微量移动以达到精确定位，可以用<Alt+＿＿＿＿>组合键，或用<Ctrl+＿＿＿＿>组合键来实现。

3. ＿＿＿＿＿通常用来统一整个演示文稿的幻灯片格式，它一旦修改了，则所有采用其建立的幻灯片格式都随之发生改变。使用它快速统一演示文稿的格式等要素。

4. 在 PowerPoint 2021 新增图表中，＿＿＿＿＿主要以颜色用来区分不同类别的数据，数据中的各种分支用矩形块来区别。＿＿＿＿＿用来反映多重属性的数据，分析数据的层次及占比。＿＿＿＿＿用来简单查看数据的分布情况，常用于股票等。＿＿＿＿＿用来表示数据增减的变化，多用来表示资金的流入和流出。

5. ＿＿＿＿＿是在放映过程中通过放大、缩小、闪烁等方式引人注意的一种动画。

6. 在演讲文稿的放映方式中，＿＿＿＿＿是 PowerPoint 默认的放映类型。

二、选择题

1. 编辑幻灯片时，使段落两端对齐的快捷键是（　　　）。

A. <Ctrl+E>　　　　　B. <Ctrl+R>　　　　　C. <Ctrl+J>　　　　　D. <Ctrl+U>

2. 在 PowerPoint 2021 中编辑文字时，会出现（　　　）。

A. 状态栏　　　　　B. 备注和批注窗格　　　C. 快速访问工具栏　　D. 浮动工具栏

3. 需要快速浏览演示文稿的最后效果，应该选择（　　　）视图。

A. 幻灯片浏览　　　B. 阅读　　　　　　　C. 大纲　　　　　　　D. 备注页

4. 需要把方形的图片变为圆形，下列操作正确的是（　　　）。

A. 拖动图片 4 个角上的控制点

B. 在"格式"选项卡的"大小"组中单击"裁剪"按钮

C. 拖动旋转控制点，可自由改变图片形状

D. 在"格式"选项卡的"图片样式"组中选择图片的形状

5. 为了统一整个演示文稿的幻灯片格式，可以使用（　　　）。

A. 自定义模板　　　B. 幻灯片母版　　　　C. 系统的模板　　　D. 插入图片

6. 为了使演示文稿根据演讲者的预定时间自动播放，可使用（　　　）功能。

A. 演讲者放映　　　B. 排练计时　　　　　C. 在展台浏览　　　D. 观众自行浏览

三、问答题

1. PowerPoint 2021 相比 2019 版的新增功能有哪些？

2. 演示文稿有哪些基本操作？

3. 幻灯片有哪些基本操作？

4. 如何建立幻灯片母版？

5. 幻灯片的动画效果有哪些？

6. 幻灯片的放映类型有哪些？

第5章 C语言概述

学习目标

了解 C 语言的发展历史、特点和程序的运行机制；

掌握 Visual Studio 开发环境的搭建方法；

掌握 Hello，World 程序的编写方法。

知识结构

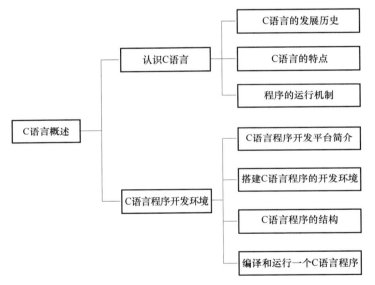

导入案例

为什么要把 C 语言作为程序设计的入门语言？

小白开始学习 C 语言程序设计，但他有一个困惑，为什么不用现在更流行的编程语言，如 Python、Java 等？ C 语言有什么特点？

虽说用好 C 语言很难，但是 C 语言的入门是很容易的。用一句话来形容 C 语言就是"易于上手，难于精通"。C 语言的语法比较简单，它不是很高级，也不是很庞大，在第 2 版 C 语言（K&R C）中，参考手册仅用了 49 页就描述了整个 C 语言，没有迭代器、没有装箱……C 语言的这种"低级"让我们在学习时会把重点放在自我控制上，所以什么事情都会选择自己动手。而在用 Java 或 Python 时，我们的第一感觉往往是，"嗯，我有哪些工具可以使用?"有太多的工具可选择有时候也不是件好事,因为会失去许多锻炼的机会,而且很难抓住重点。反而有时候什么都没有却是好事。通过学习 C 语言也可以更加深入地了解计算机,这就是为什么大多数人会选择 C 语言作为程序设计的入门语言。

　　下面先来了解 C 语言的一些基本知识和概念;作为一个纯小白,首次接触编程需要做好心理准备,消除一些思想上的误区,避免一些弯路;然后准备好硬件设备(计算机)和软件(代码编辑器、编译器等),体验编写一段代码和编译运行的快感。

5.1　认识 C 语言

5.1.1　C 语言的发展历史

　　在揭开 C 语言的神秘面纱之前,先来认识一下什么是计算机语言。计算机语言(Computer Language)是人与计算机之间通信的语言,它主要由一些指令组成,这些指令包括数字、符号等内容,编程人员可以通过这些指令来指挥计算机进行各种工作。计算机语言有很多种,根据功能和实现方式的不同大致可分为 3 类,即机器语言、汇编语言和高级语言。下面对这 3 类语言的特点进行简单介绍。

1. 机器语言

　　计算机不需要翻译就能直接识别的语言被称为机器语言(又称为二进制代码语言)如图 5-1 所示。该语言是由二进制数 0 和 1 组成的一串指令。在计算机底层硬件中,所有的数据都是以 1 和 0 两个高低电平来表示的,计算机只能识别这两个电平。对于编程人员来说,机器语言不便于记忆和识别。

2. 汇编语言

　　人们很早就认识到这样的一个事实,尽管机器语言对计算机来说很好懂也很好用,但是对于编程人员来说记住 0 和 1 组成的指令简直就是煎熬。为了解决这个问题,汇编语言诞生了。汇编语言用英文字母或符号串来替代机器语言,把不易理解和记忆的机器语言按照对应关系转换成汇编指令,如图 5-2 所示。这样一来,汇编语言就比机器语言更便于阅读和理解。

图 5-1　机器语言　　　　　　　　图 5-2　汇编语言

3. 高级语言

　　由于汇编语言依赖于硬件,这使得程序的移植性极差,而且编程人员在使用新的计算机时还需学习新的汇编指令,大大增加了编程人员的工作量,由此计算机高级语言诞生了。高级语言不是一门语言,而是一类语言的统称,它比汇编语言更贴近于人类使用的语言,易于理解、记忆和使用。由于高级语言和计算机的架构、指令集无关，因此它具有良好的可移植性。高级语言的应用非常广泛，世界上绝大多数编程人员都在使用高级语言进行程序开发。常见的高级语言包括 C、C++、Java、Basic、C#、Python、Ruby 等。本书讲解的 C 语言是目前很流行、应用很广泛的高级语言之一，也是计算机编程语言的元老。

C 语言是一种高级程序设计语言，具有简洁、紧凑、高效等特点。它既可以用于编写应用软件，也可以用于编写系统软件。自问世以来，C 语言迅速发展并成为广受欢迎的编程语言之一。下面针对 C 语言的发展史和 C 语言标准分别进行讲解。

4. C 语言的发展史

早期的系统软件设计均采用汇编语言实现。汇编语言在可移植性、可维护性等方面远比不上高级语言，但是一般的高级语言有时难以实现汇编语言的某些功能。能否设计出一种集汇编语言和高级语言优点于一身的语言呢？于是，C 语言就应运而生了。

C 语言的发展颇为有趣。1972 年，美国贝尔实验室的丹尼斯·里奇在 B 语言的基础上设计出了一种新的语言，就是 C 语言。从 20 世纪 70 年代起，C 语言通过 UNIX 操作系统迅速发展起来，逐渐占据了大、中、小及微型机，成为风靡世界的计算机语言。大多数软件开发商都优先选择 C 语言来开发系统软件、编译器、应用程序等。这样的现象一直保持了 20 多年，直到 20 世纪 90 年代，一种代表着先进思想的语言问世，就是 C 语言的超集 C++。由于 C++ 解决了 C 语言不能解决的诸多难题，许多开发商开始使用 C++ 来开发一些复杂的、规模较大的项目，C 语言进入一个低谷时期。这个低谷时期并没有持续太长时间，随着嵌入式产品的增多，C 语言简洁高效的特点又被重视起来，被广泛地应用于手机、游戏机、机顶盒、平板计算机、高清电视、VCD/DVD/MP3 播放器、电子字典、可视电话等现代化设备的微处理器编程。随着信息化、智能化、网络化的发展，嵌入式系统技术的发展空间还会逐渐加大，C 语言的地位也会越来越高。因此，学好 C 语言是很有必要的。

5. C 语言标准

随着微型计算机的日益普及，出现了许多版本的 C 语言。由于没有统一的标准，这些 C 语言之间出现了一些不一致的地方。为了改变这种情况，美国国家标准学会（ANSI）为 C 语言制定了一套标准，即 ANSI C 语言标准。

1989 年，ANSI 通过了 C 语言标准 ANSI X3. 159—1989（被称为 C89）。1990 年，国际标准化组织（ISO）也接受了同样的标准 ISO 9899—1990（被称为 C90）。这两个标准只有细微的差别，通常来讲 C89 和 C90 指的是同一个版本。

随着时代的发展，1999 年，ANSI 又通过了 C99 标准。C99 标准相对 C89 做了很多修改，例如变量声明可以不放在函数开头、支持变长数组等。但由于很多编译器仍然没有对 C99 提供完整的支持，因此本书将按照 C89 标准来进行讲解，会适当补充 C99 标准的规定和用法。

5.1.2　C 语言的特点

C 语言简洁、紧凑，使用方便、灵活。
ANSI C 一共只有 32 个关键字见表 5-1。

表 5-1　ANSI C 的关键字

auto	break	case	char	const
continue	default	do	double	else
enum	extern	float	for	goto
if	int	long	register	return
short	signed	static	sizeof	struct
switch	typedef	union	unsigned	void
volatile	while			

C 语言有 19 种控制语句，程序书写自由，主要用小写字母表示，关键字都是小写的，压缩了一切不必要的成分。

1）C 语言的运算符丰富。C 语言有 34 种运算符。C 语言把括号、赋值、逗号等都作为运算符处理。C 的运算类型极为丰富，可以实现其他高级语言难以实现的运算。

2）C 语言的数据结构类型丰富，包括字符型、整型、浮点型等基本类型，还有数组、指针、结构、共用体等复合数据类型。

3）C 语言具有结构化的控制语句，支持选择、循环等控制结构。

4）C 语言语法限制不太严格，程序设计自由度大。

5）C 语言允许直接访问物理地址，能进行位（bit）操作，能实现汇编语言的大部分功能，可以直接对硬件进行操作。因此，有人把它称为中级语言。

6）生成目标代码质量高，程序执行效率高。

7）与汇编语言相比，用 C 语言编写的程序可移植性好。但是 C 语言对程序员的要求也高。

5.1.3　程序的运行机制

所有的编程语言都遵循类似的运行原理：首先使用人类能读懂的语言来编写源代码（Source Code）；再利用编译器将源代码翻译成机器能读懂的语言，称为目标代码（Object Language）；然后链接生成机器代码，在计算机上执行，产生运行结果。

在计算机底层硬件中，所有的数据都是以 1 和 0 两个高低电平来表示的，计算机只能识别这两个电平。编程语言类似于人类语言，人们很容易就能理解它的意思，编写代码的效率非常高。但是计算机只认识 0 和 1，如何才能将"人类语言"转换成"0/1 语言"呢？这就是编译器的工作了。

如图 5-3 所示，C 程序的运行包括下面 4 个步骤。

1）编辑源程序。上机输入程序，将此源程序保存成扩展名为 .c 或 .cpp 的文件。

2）编译。对源程序进行编译，先用 C 编译系统提供的"预处理器"对程序中的预处理指令进行编译预处理。由预处理得到的信息与程序其他部分组成一个完整的、可以用来正式编译的源程序，然后由编译系统对该源程序进行编译。编译的作用是对源程序进行检查，判断程序有无语法错误。直到没有错误时，编译程序自动把源程序转换为二进制形式的目标程序（在 Visual C++中扩展名为 .obj）。

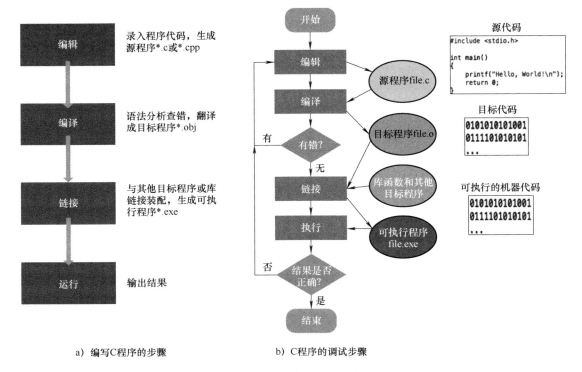

a) 编写C程序的步骤　　　　　b) C程序的调试步骤

图 5-3　C 程序的运行机制

3）链接。链接 C 语言函数库，生成可执行文件。

4）运行。运行可执行文件，在输出设备上输出结果。

预处理是在编译之前进行的处理。C 语言的预处理主要包括 3 个方面的内容：宏定义；文件包含；条件编译。

预处理命令以符号"#"开头。#include 是文件包含预处理：#include <xxx>，其中尖括号表示库文件；#include "xxx"，其中双引号表示自己写的文件。

#include 后面的文件格式允许有多种，但若要是 "xxx.h" 类型的，则称作"头文件"。头文件用来声明函数。

在 C 语言里要想使用其他库中的函数，必须先在程序开头声明。为了结构清晰，把所有方法声明都放在一个专门用于声明的文件里，即"头文件"（xxx.h），然后只要在源程序（xxx.c）中引入它的名称或路径即可。

计算机高级语言按照程序的执行方式分为编译型和解释型两种。

- 编译型。将高级编程语言编写的代码一次性翻译为机器代码，让计算机执行翻译后的代码。编译生成的可执行程序可以脱离开发环境，在特定的平台上独立运行。
- 解释型。读取一句高级编程语言写的指令就解释成低级语言编写的指令，采取一边解释一边执行的方式。每次执行解释性语言的程序都需要进行一次编译，因此解释型语言的程序运行效率通常较低，而且不能脱离解释器独立运行。但解释型语言有一个优势，即跨平台比较容易。

C 语言是编译型语言，源代码经过编译器编译后，计算机执行编译后的程序。

5.2　C 语言程序开发环境

用 C 语言开发程序，需要一些工具支持，首先要在系统中搭建开发环境。现在主流的开发工具有很多，本节对常见的开发工具进行简单介绍，重点讲解如何使用 Visual Studio 搭建 C 语言开发环境。

5.2.1　C 语言程序开发平台简介

有多种开发工具支持 C 语言编程，选择合适的开发工具，可以让学习者更加快速地进行程序编写。接下来将针对几种主流的开发工具进行介绍。

1. Visual Studio

Visual Studio（简称 VS）是微软公司发布的集成开发环境。它包括了整个软件生命周期中所需要的大部分工具，如 UML 工具、代码管控工具、集成开发环境（IDE）等。Visual Studio 支持 C/C++、C#、VB 等多种程序语言的开发和测试，功能十分强大。常用的版本有 Visual Studio 2010、Visual Studio 2012 等，目前最新版本为 Visual Studio 2022。

2. Code::Block

Code::Block 是一个免费的跨平台 IDE，它支持 C、C++ 和 Fortran 程序的开发。Code::Block 的最大特点是它支持通过插件的方式对 IDE 自身功能进行扩展，这使得 Code::Block 具有很强的灵活性，方便用户使用。Code::Block 本身并不包含编译器和调试器，它仅提供了一些基本的工具，用来帮助编程人员从命令行中解放出来，使编程人员享受更友好的代码编辑界面。不过后期发行的 Code::Block 版本中已经以插件的形式提供了编译和调试的功能。

3. Eclipse

Eclipse 是一种被广泛使用的免费跨平台 IDE。它最初由 IBM 公司开发，目前由开源社区的 Eclipse 基金会负责其管理和维护。一开始 Eclipse 被设计为专门用于 Java 语言开发的 IDE，现在 Eclipse 已支持 C、C++、Python 和 PHP 等众多语言。Eclipse 本身是一个轻量级的 IDE，用户可以根据需要安装多种不同的插件来扩展 Eclipse 的功能。除了利用插件支持其他语言的开发之外，Eclipse 还可以利用插件实现项目的版本控制等功能。

4. Vim 工具

和其他 IDE 不同的是，Vim 本身并不是一个用于开发计算机程序的 IDE，而是一款功能非常强大的文本编辑器，它是 UNIX 系统上 Vi 编辑器的升级版。和 Code::Block 及 Eclipse 类似，Vim 也支持通过插件扩展功能。Vim 不仅适用于编写程序，而且还适用于几乎所有需要文本编辑的场合，Vim 还因为其强大的插件功能，以及高效方便的编辑特性而被称为程序员的编辑器。由于 Vim 配置多种插件可以实现几乎和 IDE 同样的功能，Vim 有时也被编程人员当作 IDE 来使用。

5.2.2 搭建 C 语言程序的开发环境

开发 C 语言程序最常用的工具是 Visual Studio，对初学者群体而言，比较流行的版本为
Visual Studio 2013，其功能全面、界面友好。Visual Studio 2013 还分为多个版本，大家可以
针对不同的需求进行选择。本书选择的开发工具是 Visual Studio Express 2013 for Windows
Desktop，它是 Visual Studio 产品的轻量版本，具备易学、易用、易上手等特点，更加适合
初学者使用。接下来演示如何在 Windows 7 系统上安装并运行 Visual Studio Express 2013 for
Windows Desktop。

1. 安装 Visual Studio

从微软的官网下载 VS2013_RTM_DskExp_
CHS. iso 镜像文件，在本地可以直接解压或者
通过虚拟光驱来进行安装，解压后以管理员
身份运行安装程序。此时显示 Visual Studio 的
开始界面，如图 5-4 所示。

图 5-4　Visual Studio 的开始界面

图 5-4 所示的开始界面会暂停片刻，然后进入路径选择界面，如图 5-5 所示。

可以看出，程序的安装路径默认为 C:\Program Files(x86)\Microsoft Visual Studio 12.0。
单击安装路径后的浏览按钮，可以把 Visual Studio 开发工具安装到指定的路径。本书使用默
认路径进行安装。选中"我同意许可条款和隐私策略"复选框，取消选中"加入 Visual
Studio 体验改善计划以帮助改善 Visual Studio 的质量可靠性和性能（可选）"复选框，如
图 5-6 所示。

图 5-5　路径选择界面

图 5-6　设置路径和接受许可条款

单击"安装"按钮，便会出现安装界面，如图 5-7 所示。

如图 5-7 所示的安装界面正在加载 Visual Studio 安装所需的组件，这个过程会持续较长的时间，需要耐心等待。Visual Studio 安装成功后，会看到安装成功界面，如图 5-8 所示。

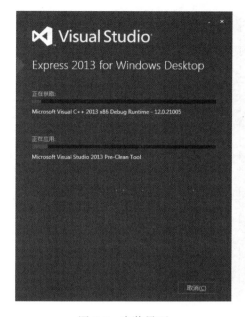

图 5-7　安装界面　　　　　　　　　　　　图 5-8　安装成功界面

至此，Visual Studio 便安装完成了。

2. 启动 Visual Studio

单击图 5-8 中的"启动"按钮，启动 Visual Studio 开发工具，界面如图 5-9 所示。

图 5-9　Visual Studio 启动起始界面

　　程序启动后在起始界面停留片刻，便会自动进入欢迎界面，如图 5-10 所示。

　　如果用户注册了微软账号，可以选择单击"登录"按钮进行登录。为了方便起见，在此选择"以后再说"选项，进入准备阶段，如图 5-11 所示。

图 5-10　欢迎界面　　　　　　　　　　　　　　图 5-11　准备阶段

　　由于是第一次启动 Visual Studio 开发工具，因此需要一段时间进行准备。准备完成后会显示起始页，如图 5-12 所示。

图 5-12　起始页

至此，如果看到了图 5-12 所示的起始界面，便说明 Visual Studio 启动成功了。

3. Visual Studio 主界面

使用 Visual Studio 工具进行程序开发，主要是在 Visual Studio 的主界面中进行的。主界面由标题栏、菜单栏、工具栏、代码编辑窗口、解决方案资源管理器、输出窗口、属性窗口等组成，如图 5-13 所示。

图 5-13　主界面

在程序开发时，主要会用到主界面中的 4 个部分，每个部分功能都不相同。

- 代码编辑窗口：用于显示和编写代码。
- 解决方案资源管理器：用来显示项目文件的组成结构。如 Program01 项目包含头文件、外部依赖项、源文件（HelloWorld.c）和资源文件。
- 输出窗口：用于显示项目中的一些警告和错误。
- 属性窗口：用于显示当前操作文件的相关信息，如项目文件名称、文件类型等。

5.2.3　C 语言程序的结构

下面先来看一个简单的 C 语言程序例子。程序的作用是在屏幕上输出一串文字"Hello, world"。

源代码如下：

```
1  #include <stdio.h>
2  /**
3     函数功能:输出 hello,world
4     入口参数:无
5  */
```

```
6  int main()                    //主函数
7  {
8      printf("Hello,world\n");   //输出 Hello,world
9      return 0;
10 }
```

上述代码就是一个完整的 C 语言程序。下面对该程序中的语法进行详细讲解。

- 第 1 行代码的作用是进行相关的预处理操作。其中字符"#"是预处理标志，用来对文本进行预处理操作，include 是预处理指令，它后面跟着一对尖括号，表示头文件。stdio. h 就是标准输入/输出头文件。由于在第 8 行用到了 printf( )函数，所以需加此头文件。

- 第 6 行代码声明了一个 main( )函数，该函数是程序的主入口，程序总是从 main( )函数开始执行。main( )函数前面的 int 表示该函数的返回值类型是整型。

- 第 7~10 行代码，即"{}"中的内容是函数体，程序的相关操作都要写在函数体中。

- 第 8 行代码声明了一个用于格式化输出的函数 printf( )，该函数用于输出一行信息，可以简单地理解为向控制台输出文字或符号等。printf( )括号中的内容称为函数的参数。在括号内可以看到输出的字符串"Hello，world \n"，其中"\n"表示换行操作，它不会输出到控制台。

- 第 9 行代码 return 语句的作用是将函数的执行结果返回，后面紧跟着函数的返回值。返回值一般用 0 或-1 表示，0 表示正常，-1 表示异常。

当然，现在还不能要求读者明白程序的每一个细节，只是从宏观上了解 C 语言程序的特点。就像认识一个陌生朋友时，在对他深入了解之前，要先看看他的外貌和举止一样。那么，C 语言程序究竟有什么特点呢？从上面这个例子，可以大致归纳出以下 3 个特点。

（1）函数（Function）是 C 语言程序的基本单位

- C 语言程序是由函数构成的，一个标准 C 语言程序必须有且仅有一个用 main 命名的函数，这个函数称为主函数。标准 C 语言程序总是从 main( )函数开始执行的。

- 根据需要，一个 C 语言程序可以包含零到多个用户自定义函数。

- 在函数中可以调用系统提供的库函数，在调用之前只要将相应的头文件通过编译预处理命令包含到本文件中即可。例如，使用系统提供的输出函数 printf( )，需要用的编译预处理命令"#include<stdio. h>"将头文件 stdio. h 包含到本文件中。

（2）函数由函数首部和函数体两部分组成

- 函数首部包括对函数返回值类型、函数名、形参类型、参数名的说明。当然，有时函数也可以没有形参，这时函数名后的一对（）不能省略，如上例中对 main( )函数的定义。

- 函数体由函数首部下面的最外层的一对花括号"{}"中的内容组成。

（3）C 语言程序的书写格式与规则

- 除复合语句外，C 语言语句都以分号";"作为结束标志。

- C 语言程序比较自由，既允许在一行内写多条语句，也允许将一条语句分写在多行上，而不必加任何标识。为了提高程序的可读性（Readability）和可测试性（Testability），建议一行最好写一条语句。

- 在 C 语言程序中用//、/ * 和 */标注的内容，称为注释（Comment）。注释是对程序功能的必要说明和解释，编译器并不对注释内容进行语法检查，可用英文或汉字来书写注释内容。虽然有无注释并不影响程序的执行，但注释能"提示"代码的作用，提高程序的可读性。因此，良好的程序设计风格提倡程序加必要的和有意义的注释。

"//"用于单行注释：一行中//后面的部分都会被处理为注释

"/ * "和" */"表示多行注释：只要是在一对/ * 和 */中间的内容都被看作注释处理。

5.2.4　编译和运行一个 C 语言程序

通过前面的学习，读者对 Visual Studio 开发工具有了一个基本的认识。为了快速熟悉工具的使用，以及了解 C 语言程序的编写方法，本节通过一个向控制台输出"Hello，world"的程序为读者演示如何在 Visual Studio 工具中开发一个 C 语言应用程序。

1. 新建项目

启动 Visual Studio 开发工具，在菜单栏中选择"文件"→"新建项目"命令，如图 5-14 所示。

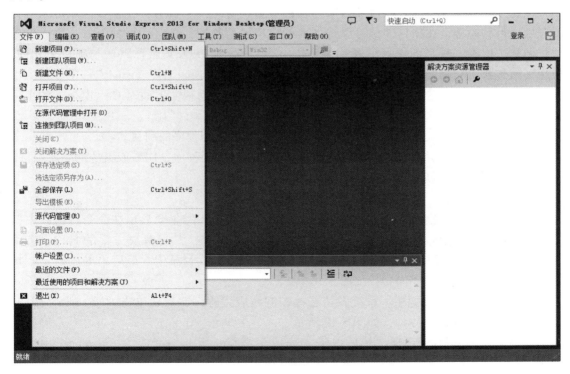

图 5-14　新建项目

此时会弹出"新建项目"对话框，在其中可以选择创建的项目类型，设置项目名称、位置、解决方案名称等，如图 5-15 所示。

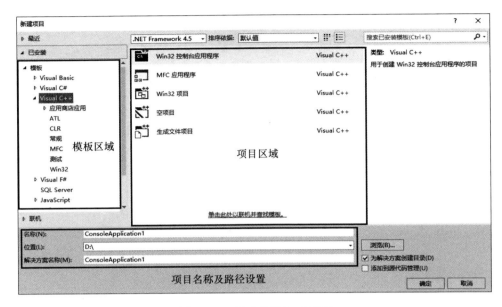

图 5-15 "新建项目"对话框

从图 5-15 可以看出，"新建项目"对话框大致可分为 3 个部分：在模板区域可以选择要开发项目的模板；在项目区域可以选择要创建项目的类型；在对话框的下方，可以设置项目名称、位置（项目的保存位置）及解决方案名称，解决方案名称默认与项目名相同。模板区域包含了项目开发中的多个模板，如 Visual Basic、Visual C#、Visual C++等模板。由于本书是针对 C 语言进行讲解的，因此只会用到 C++中的模板。下面对 C++模板下的项目类型进行介绍。

- Win32 控制台应用程序：用于创建 Win32 控制台应用程序的项目。
- Win32 项目：用于创建 Win32 应用程序、控制台应用程序、DLL 或其他静态库项目。
- 空项目：用于创建本地应用程序的空项目。
- 生成文件项目：用于使用外部生成系统的项目。

这里，选择 C++模板中的 Win32 控制台应用程序（运行结果会显示在命令行窗口中），然后将项目名称设置为 Program01，项目的位置设为"D:\"，并将解决方案的名称设置为 chapter01，这样创建的程序文件就会生成在"D:\chapter01"目录中。最后单击"确定"按钮，打开 Win32 应用程序向导，如图 5-16 所示。

在图 5-16 所示的界面中，系统默认选择控制台应用程序，然后单击"下一步"按钮，进入"应用程序设置"界面，如图 5-17 所示。

选中"空项目"复选框，然后单击"完成"按钮，至此便完成了 Program01 项目的创建。

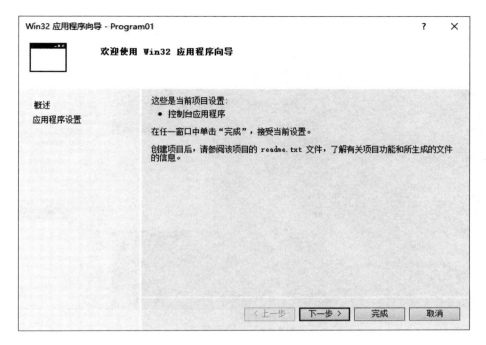

图 5-16　Win32 应用程序向导

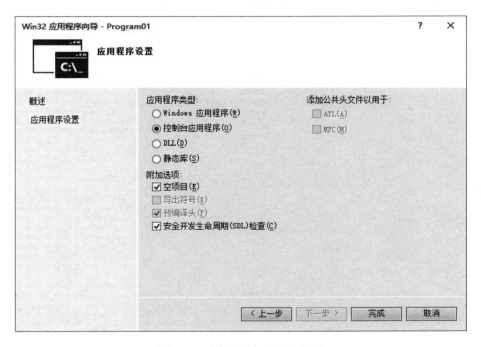

图 5-17　"应用程序设置"界面

2. 添加源文件

项目创建完成后，就可以在 Program01 项目中添加 C 语言源文件。在解决方案资源管理器中，找到 Program01 项目中的源文件夹，右击，在弹出的快捷菜单中选择"添加"→

"新建项"命令，如图 5-18 所示。

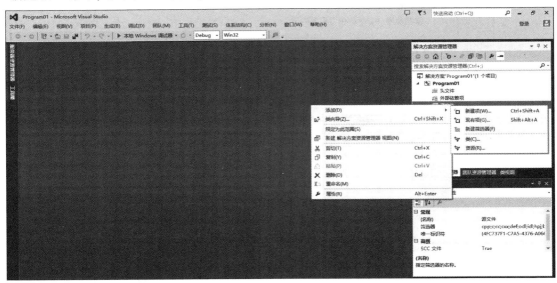

图 5-18　添加新建项

弹出"添加新项"对话框，在其中选择"C++文件（.cpp）"选项，并在"名称"文本框中输入"HelloWorld.c"，如图 5-19 所示。

图 5-19　添加源文件

单击"添加"按钮，HelloWorld.c 源文件便创建成功。此时，在解决方案资源管理器的源文件夹中便可以看到 HelloWorld.c 文件了，如图 5-20 所示。

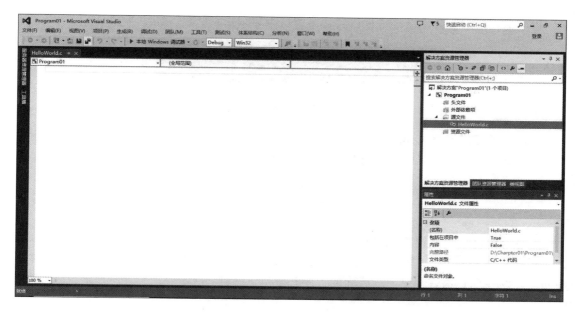

图 5-20　HelloWorld. c 文件

3. 编写代码

接下来，在代码编辑窗口中编写 HelloWorld. c 程序。具体的程序代码见第 5.2.3 小节。

4. 运行程序

HelloWorld 程序编写完成并保存后，就可以对 HelloWorld 程序进行编译和运行操作了。在菜单栏选择"调试"→"开始执行（不调试）"命令（见图 5-21），或者直接使用快捷键<Ctrl+F5>来运行程序。

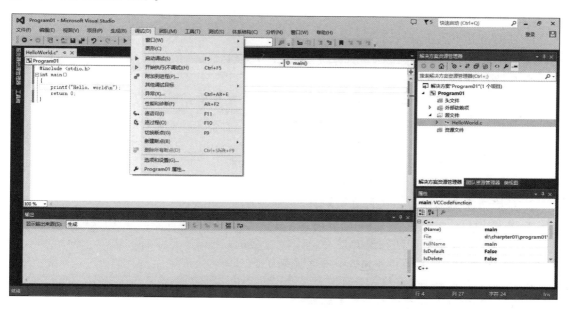

图 5-21　运行程序

程序运行后，会弹出命令行窗口并在该窗口中显示运行结果，如图 5-22 所示。

图 5-22　运行结果

至此，便完成了 HelloWorld 程序的创建、编写及运行。读者在此只需有个大致的印象即可，后面将会继续讲解如何使用 Visual Studio 开发工具编写 C 语言程序。

本章小结

本章首先讲解了 C 语言的基础知识，然后讲解了 Visual Studio 开发环境的搭建，以及如何开发一个 HelloWorld 程序。通过本章的学习，会对 C 语言有一个概念上的认识，并了解如何开发一个 C 语言程序，为后面的程序开发奠定基础。

习　题

一、填空题

1. 计算机语言可分为机器语言、_____、_____三大类。

2. C 语言中源文件的扩展名为_____。

3. 在程序中，如果使用 printf( )函数，应该包含_____头文件。

4. 在 main( )函数中，用于返回函数执行结果的是_____语句。

5. C 语言程序在运行时，必须经过_____和_____两个阶段。

二、判断题

1. C 语言并不属于高级语言。　　　　　　　　　　　　　　　　　　　（　　）

2. 计算机语言（Computer Language）是人与计算机之间通信的语言。　（　　）

3. C 语言并不能实现汇编语言的大部分功能。　　　　　　　　　　　　（　　）

4. Eclipse 工具和 Visual Studio 工具都可以用于开发 C 语言程序。　　（　　）

5. C 语言中的 main( )函数是程序的主入口。　　　　　　　　　　　　（　　）

三、选择题

1. 下面选项中表示主函数的是（　　　　）。

A. main( )　　　　　　　　B. int　　　　　　　　C. printf( )　　　　　D. return

2. C 语言属于（　　　）类计算机语言。

A. 汇编语言　　　　　　　B. 高级语言　　　　　　C. 机器语言　　　　D. 以上均不属于

3. 下列关于主函数说法错误的是（　　　　）。（多选）

A. 一个 C 语言程序中只能包含一个主函数

B. 主函数是 C 语言程序的入口

C. C 语言程序中可以包含多个主函数

D. 主函数只能包含输出语句

4. 下列选项中，不属于 C 语言优点的是（　　　　）。

A. 不依赖计算机硬件　　　B. 简洁、高效　　　　C. 可移植　　　　D. 面向对象

5. 下列选项中，（　　　）表示多行注释。

A. //　　　　　　　　　　B. /＊ ＊/　　　　　　C. \\　　　　　　D. 以上均不属于

四、简答题

1. 请简述 printf( ) 函数的作用。

2. 请简述 C 语言中注释的作用。

五、编程题

使用 Visual Studio 开发工具编写一个 C 语言程序，要求在控制台上输出一句话：“我喜欢 C 语言！”。

第6章　C语言编程基础

 学习目标

掌握 C 语言的关键字和标识符；
掌握不同数据类型间的转换；
掌握运算符的运用。

知识结构

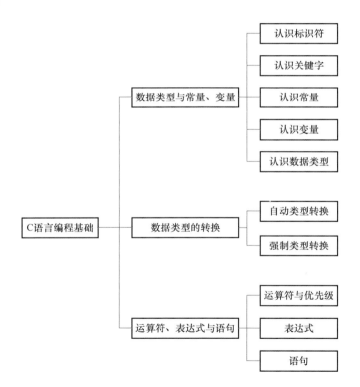

 导入案例

C 语言如何快速入门？

　　小白经过前面的学习，对 C 语言有一定了解，也准备好 C 语言编程环境，想要开始写自己的代码。他希望了解如何快速入门，于是向他的师兄讨教。师兄给出了下面的建议。

一是学习顺序。

先从熟悉简单的 C 语言语法开始，然后循序渐进，学习常用函数、数据结构、算法等。构建一个完整的 C 语言知识体系，这需要一个比较漫长的学习和积累的过程。语法入门部分大概需要 2~3 个月，其他部分需要在学习和工作中慢慢理解和消化。

二是学习方法。

人的知识 80% 是通过眼睛获取的，但是学习编程有所不同，除了听课、看书和视频之外，关键是要勤动手、勤动脑，通过做大量的练习和项目，不断积累代码量。只有代码量足够多了，才能算是真正学会了。项目能否完成，就是衡量是否学会的唯一标准。后期就是提升代码的质量和优化问题了，这个只能在项目工作中慢慢积累经验了。

6.1　数据类型与常量、变量

6.1.1　认识标识符

在编程过程中，经常需要定义一些符号来标记一些名称，如变量名、方法名、参数名、数组名等，这些符号被称为标识符。在 C 语言中标识符的命名需要遵循一定的规范，具体如下：

- 标识符只能由字母、数字和下划线组成。
- 标识符不能以数字作为第一个字符。
- 标识符不能使用关键字。
- 标识符区分大小写字母，如 add、Add 和 ADD 是不同的标识符。
- 尽量做到"见名知意"，以增加程序的可读性，如用 age 表示年龄，用 length 表示长度等。
- 虽然 ANSI C 没有规定标识符的长度，但建议标识符的长度不超过 8 个字符。

在上面的规定中，除了最后两条外，其他的命名规范必须要遵守，否则程序就会出错。为了让读者对标识符的命名规范有更深刻的理解，接下来列举一些合法与不合法的标识符。

合法的标识符如下：

Area

DATE

_name

lesson_1

不合法的标识符如下：

3a

ab. c

long

abc#

6.1.2　认识关键字

所谓关键字是指在编程语言里事先定义好并赋予了特殊含义的单词，也称作保留字。

关键字在程序中用于表示特殊含义，不能被随便用作变量名、函数名等。C89 标准定义了 32 个关键字，具体见表 5-1。

根据作用的不同，关键字可分为 4 类。

（1）数据类型关键字（12 个）

char、double、enum、float、int、long、short、signed、struct、union、unsigned、void

（2）控制语句关键字（12 个）

break、case、continue、default、do、else、for、goto、if、return、switch、while

（3）存储类型关键字（4 个）

auto、extern、register、static

（4）其他关键字（4 个）

const、sizeof、typedef、volatile

6.1.3 认识常量

在程序中，会出现一些数值，如 123、1.5、'a' 等，这些值是不可变的，通常将它们称为常量。在 C 语言中，常量包括整型常量、实型常量、字符常量等，下面分别进行详细讲解。

1. 整型常量

整型常量是整数类型的数据，又称为整常数。整常数可用以下 3 种形式表示。

- 十进制整数，如 123、-456，0。
- 八进制整数，如 0123、-011。
- 十六进制整数，如 0x123、-0x12。

需要注意的是，由于生活中普遍使用十进制来表示数字，在程序中为了贴近生活习惯，在没有特定标识的情况下，都可以认为是十进制。

2. 实型常量

实型常量也称为浮点数常量，分为单精度浮点数和双精度浮点数两种类型。单精度浮点数后面以 F 或 f 结尾，双精度浮点数则以 D 或 d 结尾。当然，在使用浮点数时也可以在结尾处不加任何后缀。浮点数常量还可以通过指数形式来表示，例如：

2e3f 3.6d 0f 3.84d 5.022e+23f

上面列出的浮点数常量中用到了 e 和 f，后面会进行详细讲解，这里了解即可。

3. 字符常量

字符常量用于表示一个字符，一个字符常量要用一对英文半角格式的单引号（' '）引起来，它可以是英文字母、数字、标点符号，以及用转义序列来表示的特殊字符。例如：

'a' '1' '&' '\r' '0x20'

在上面的示例中，'0x20' 表示一个空白字符，即在单引号之间只有一个表示空白的空格。之所以能这样表示是因为 C 语言采用的是 ASCII 字符集，空格字符在 ASCII 码表中对应的值为 0x20。

本书第 1 章介绍英文编码时给出了 ASCII 表，读者可查阅。ASCII 码大致由以下两部分组成。

1）ASCII 非打印控制字符。ASCII 表上的数字 0~31 分配给了控制字符，用于控制像打印机等一些外部设备。

2）ASCII 打印字符。数字 32~126 分配给了能在键盘上找到的字符，当查看或打印文档时就会出现。数字 127 代表 DELETE 命令。

6.1.4　认识变量

在程序运行期间可能产生一些数据，应用程序会将这些数据保存在内存单元中，每个内存单元都用一个标识符来标识。这些内存单元称为变量，定义的标识符就是变量名，内存单元中存储的数据就是变量的值。

接下来，通过一段代码来阐释变量的定义。

```
int x=0,y;
y=x+3;
```

其中，第一行代码的作用是定义两个变量 x 和 y，相当于分配了两块内存单元，在定义变量的同时为变量 x 分配了一个初始值 0，而变量 y 没有分配初始值。变量 x 和 y 在内存中的状态如图 6-1 所示。

第二行代码的作用是为变量赋值，在执行第二行代码时，程序首先取出变量 x 的值，与 3 相加后，将结果赋值给变量 y。此时变量 x 和 y 在内存中的状态发生了变化，如图 6-2 所示。

图 6-1　变量 x、y 在内存中的状态　　图 6-2　程序运行后变量 x、y 在内存中的状态

由上例不难发现，变量实际上就是一个临时存放数据的地方。在程序中，可以将指定的数据存放到变量中，方便随时取出来使用。变量对于一段程序的运行是至关重要的，在后续的学习中会逐步加深对变量的理解。

6.1.5　认识数据类型

C 语言中的数据类型有很多种，具体如图 6-3 所示。

C 语言中的数据类型可分为 4 类，分别是基本类型、构造类型、指针类型和空类型。接下来对基本数据类型进行详细讲解，其他数据类型将在后面章节中讲解。

1. 整型

在程序开发中，经常会遇到 0、-100、1024 等数字，这些数字都可称为整型。整型就是一个不包含小数部分的数。在 C 语

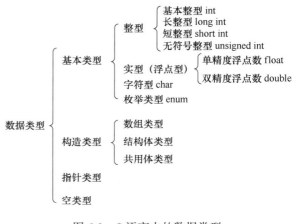

图 6-3　C 语言中的数据类型

言中，根据数值的取值范围，可以将整型定义为短整型（short int）、基本整型（int）和长整型（long int）。表 6-1 列举了整数类型的长度及其取值范围。

表 6-1　整数类型的长度及其取值范围

修　饰	数据类型	占用空间	取　值　范　围
［signed］	short ［int］	16 位（2 字节）	−32768~32767（$-2^{15} \sim 2^{15}-1$）
	int	32 位（4 字节）	−2147483648~2147483647（$-2^{31} \sim 2^{31}-1$）
	long ［int］	32 位（4 字节）	−2147483648~2147483647（$-2^{31} \sim 2^{31}-1$）
unsigned	short ［int］	16 位（2 字节）	0~65535（$0 \sim 2^{16}-1$）
	int	32 位（4 字节）	0~4294967295（$0 \sim 2^{32}-1$）
	long ［int］	32 位（4 字节）	0~4294967295（$0 \sim 2^{32}-1$）

从表 6-1 可以看出，整数类型可分为 short、int 和 long，这三种类型可以被 signed 和 unsigned 修饰。其中，被 signed 修饰的整数类型称为有符号的整数类型，被 unsigned 修饰的称为无符号整数类型。它们之间最大的区别是，无符号类型可以存放的正数范围比有符号类型的范围大一倍。例如，int 的取值范围是 $-2^{31} \sim 2^{31}-1$，而 unsigned int 的取值范围是 $0 \sim 2^{32}-1$。默认情况下，整型数据都是有符号的，此时 signed 修饰符可以省略。

【例 6-1】 整数类型。

```
#include <stdio.h>
void main()
{
  int a=12345;
  long b=-23456,sum1;
  unsigned int  c=32800,sum2;
  sum1=b-a;
  sum2=c-b;
  printf("sum1=% ld,sum2=% u \n",sum1,sum2);
  return 0;
}
```

程序的运行结果如下：

```
sum1=-35801,sum2=56256
```

从运行结果可以看出，有符号整数类型 sum1 的结果是 −35801，无符号整数类型 sum2 的结果是 56256。

2. 实型

实型也称为浮点型，是用来存储带有小数的实数的。在 C 语言中，浮点型分为两种：单精度浮点数（float）和双精度浮点数（double）。double 型变量所表示的浮点数比 float 型变量更精确。表 6-2 列举了两种不同浮点型数的长度及取值范围。

表 6-2 浮点类型的长度及其取值范围

类 型 名	占 用 空 间	取 值 范 围
float	32 位	1.4E−45～3.4E+38，−1.4E−45～−3.4E+38
double	64 位	4.9E−324～1.7E+308，−4.9E−324～−1.7E+308

在取值范围中，E 表示以 10 为底的指数，E 后面的 "+" 号和 "−" 号代表正指数和负指数，例如，1.4E−45 表示 $1.4×10^{-45}$。为了让读者更好地理解浮点型数据在内存中的存储方式，下面以单精度浮点数为例进行详细讲解，如图 6-4 所示。

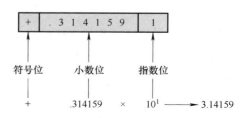

图 6-4 单精度浮点数存储方式

由图可见，浮点数包含符号位、小数位和指数位 3 部分。例如，小数 3.14159 在内存中的符号位为 "+"，小数位为 .31415，指数位为 1，连接在一起即为 $+0.314159×10^{1}=3.14159$。

在 C 语言中，小数默认为 double 类型，因此在为一个 float 类型的变量赋值时需要注意，所赋值的后面一定要加上字母 F（或者小写 f），而为 double 类型的变量赋值时，其所赋值后面的字符 D（或小写 d）可以省略。具体示例如下：

```
float f=123.4f;//为一个 float 类型的变量赋值,后面必须加上字母 f
double d1=123.4;//为一个 double 类型的变量赋值,后面可以加上字母 d
double d2=123.4d;//为一个 double 类型的变量赋值,后面可以省略字母 d
```

 脚下留心：float 和 double 之间的数据转换。

由于浮点型变量是由有限的存储单元组成的，因此只能提供有限的有效数字。有效位以外的数字将被舍去，这样可能会产生一些误差。例如，将 3.1415926 赋给一个 float 型变量，只能保证前 7 位是有效的。

【例 6-2】浮点数的有效位。

```
#include <stdio.h>
void main()
{
    float a;
    a=3.141592612;
    printf("a=% f\n",a);
}
```

程序的运行结果如下：

```
a=3.141593
```

从结果可以看出，输出的值与给定的值之间有一些误差。这是由于 a 是单精度浮点型变量，它只能提供 7 位有效数字，而 3.141592612 已经超出了其取值范围，所以后面的几位被舍去了。

3. 字符型

字符型变量用于存储一个单一字符，在 C 语言中用 char 表示，其中每个字符变量都会占用 1B。在给字符型变量赋值时，需要用一对英文半角格式的单引号（' '）把字符括起来。例如，'A' 的声明方式如下：

```
char ch='A'   ;//为一个 char 类型的变量赋值字符 A
```

上述代码将字符常量 'A' 赋值给字符变量 ch，实际上并不是把该字符本身放到变量的内存单元中去，而是将大写字母 A 对应的 ASCII 编码 65 放到变量的存储单元中，因此变量 ch 存储的是整数 65，而不是字母 A 本身。接下来通过一个案例来说明。

【例 6-3】字符变量的存储。

```
#include <stdio.h>
void main()
{
    char ch1='A';
    char ch2=65;
    printf("%c\n",ch1);
    printf("%c\n",ch2);
}
```

程序的运行结果如下：

```
A
A
```

在上例中，定义了两个 char 类型变量，分别赋值为字符 'A' 和数字 65，然后通过 printf() 函数把两个变量的内容以字符形式输出到屏幕上。从结果可以看出，两个变量输出的结果是一样的，这说明对于字符型变量来说，A 和 65 其实没什么区别。严格来说，字符型变量也是整型变量。

需要注意的是，除了可以直接从键盘上输入的字符（如英文字母、标点符号、数字、数学运算符等）以外，还有一些是无法用键盘直接输入的字符，例如回车符，此时需要采用一种新的定义方式——转义字符，它以反斜杠"\"开头，随后接特定的字符。表 6-3 列举了部分常见转义字符。

表 6-3　部分常见转义字符表

转 义 字 符	对 应 字 符	ASCII 码表中的值
'\t'	制表符（<Tab>键）	9
'\n'	换行	10
'\r'	回车	13
'\'''	双引号	34
'\''	单引号	39
'\\'	反斜杠	92

接下来，通过一个具体的案例来说明转义符的用法。

【例 6-4】转义符的使用。

```
1 #include <stdio.h>
2 void main()
3 {
4      char ch1='A';
5      char ch2='\n';
6      char ch3='B';
7      char ch4='\\';
8      printf("%c",ch1);
9      printf("%c",ch2);
10     printf("%c",ch3);
11     printf("%c",ch4);
12     printf("%c",ch2);
13 }
```

程序的运行结果如下：

```
A
B
\
```

在上例中定义了 4 个字符型变量，其中 ch2 被赋值为转义字符 '\n' 即换行符，ch4 被赋值为转义字符 '\\' 即反斜杠。第 8~11 行按照顺序分别将 4 个变量的值输出到屏幕上。从结果可以发现，输出字符 A 之后另起一行输出字符 B，转义字符 '\n' 的作用就是控制输出结果另起一行。字符 B 后输出的是字符 '\'。第 12 行为了使输出结果的格式清晰一些又输出了一个换行符，防止程序结束后命令行提示符紧跟在输出结果的后面。

4. 枚举类型

在日常生活中有许多对象的值是有限的，可以一一列举出来。例如一个星期有 7 天、一年有 12 个月等。如果把这些量说明为整型、字符型或其他类型显然是不妥当的。为此，C 语言提供了一种称为"枚举"的类型。枚举类型就是其值可以被列举出来，并且变量的取值不能超过定义的范围。枚举类型的声明方式比较特殊，具体格式如下：

```
enum 枚举名{标识符 1=整型常量 1,标识符 2=整型常量 2,…};
```

其中，enum 表示声明枚举的关键字；枚举名表示枚举对象的名称。例如：

```
enum month{JAN=1,FEB=2,MAR=3,APR=4,MAY=5,JUN=6,
           JUL=7,AUG=8,SEP=9,OCT=10,NOV=11,DEC=12};
```

上述代码声明了一个枚举类型对象 month，以后就可以使用此类型来定义变量。下面通过一个具体案例来学习枚举的具体用法。

【例 6-5】枚举变量的使用。

```
1 #include <stdio.h>
2 enum month{JAN=1,FEB=2,MAR=3,APR=4,MAY=5,JUN=6,
3 JUL=7,AUG=8,SEP=9,OCT=10,NOV=11,DEC=12};
4 void main()
5 {
6   enum month lastmonth,thismonth,nextmonth;
7   lastmonth=APR;
8   thismonth=MAY;
9   nextmonth=JUN;
10  printf("%d %d %d \n",lastmonth,thismonth,nextmonth);
11  }
```

程序的运行结果如下：

```
4  5  6
```

在上例中，第 2~3 行定义了一个枚举类型。其中，枚举名 month 是一个标识符，大括号中的内容被称为枚举值表；枚举值表内的标识符 JAN、FEB、MAR 等被称作枚举元素，枚举元素是被命名的整型常量，枚举值表中列出所有可用值，枚举元素对应的值是枚举值。枚举类型的定义以分号结束。第 6 行定义了 3 个枚举变量，在第 7~9 行代码中分别进行了赋值，最后依次将这 3 个枚举变量的值输出到屏幕。可以看出，输出结果为枚举元素对应的值。

需要注意的是，枚举值是常量不是变量，在程序中不能赋值。例如在主函数中，对 MAR 再次赋值是错误的。

6.2　数据类型的转换

在 C 语言程序中，经常需要对不同类型的数据进行运算，为了解决数据类型不一致的问题，需要对数据的类型进行转换。例如一个浮点数和一个整数相加，必须先将两个数转换成同一类型。C 语言中的类型转换可分为自动和强制类型转换两种。

6.2.1　自动类型转换

所谓自动类型转换（也称隐式类型转换）指的是，系统自动将取值范围小的数据类型转换为数据取值范围大的数据类型，它是由系统自动转换完成的。例如，将 int 类型和 double 类型的数据相加，系统会将 int 类型的数据自动转换为 double 类型的数据，再进行相加操作。具体示例如下。

```
int num1=12;
double num2=10.5;
num1+num2;
```

在上述代码中，由于 double 类型的取值范围大于 int 类型，因此将 int 类型的 num1 与 double 类型的 num2 相加时，系统会自动将 num1 的数据类型由 int 转换为 double 类型，从而保证数据的精度不会丢失。

6.2.2　强制类型转换

所谓强制类型转换指的是使用强制类型转换运算符，将一个变量或表达式转化成所需的类型。其基本语法格式如下：

(类型名)(表达式)

由上述格式可知，类型名和表达式都需要用括号括起来。具体示例如下：

```
double x;
int y;
(double)(x+y)//将表达式 x+y 的值转换成 double 类型
(int)x+y//将变量 x 的值转换成 int 后,再与 y 相加

float c=123.4567f;
int b=(int)c+10;//将浮点型变量 c 强制性转换为整型变量
```

6.3　运算符、表达式与语句

6.3.1　运算符与优先级

在应用程序中，经常会对数据进行运算。C 语言提供了多种类型的运算符，专门用于告诉程序执行特定运算或逻辑操作。根据运算符的作用，可以将 C 语言中常见的运算符分为六大类，见表 6-4。

表 6-4　常见的运算符类型及其作用

运算符类型	作　　用
算术运算符	用于处理四则运算
赋值运算符	用于将表达式的值赋给变量
比较运算符	用于表达式的比较，并返回一个真值或假值
逻辑运算符	用于根据表达式的值返回真值或假值
位运算符	用于处理数据的位运算
sizeof 运算符	用于求字节长度

运算符是用来操作数据的，因此，这些数据被称为操作数。使用运算符将操作数连接而成的式子称为表达式。表达式具有如下特点：

- 常量和变量都是表达式，例如，常量 3.14、变量 i。
- 运算符的类型对应表达式的类型，例如，算术运算符对应算术表达式。
- 每一个表达式都有自己的值，即表达式都有运算结果。

1. 算术运算符

在数学运算中最常见的就是加、减、乘、除四则运算。C 语言中的算术运算符就是用来处理四则运算的符号。它是最简单、最常用的运算符号。表 6-5 列出了 C 语言中的算术运算符及其用法。

表 6-5　算术运算符及其用法

运　算　符	运　算	示　例	结　果
+	正号	+3	3
-	负号	b=4; -b;	-4
+	加	5+5	10
-	减	6-4	2
*	乘	3*4	12
/	除	5/5	1
%	取模（即算术中的求余数）	7%5	2
++	自增（前缀）	a=2; b=++a;	a=3; b=3;
++	自增（后缀）	a=2; b=a++;	a=3; b=2;
--	自减（前缀）	a=2; b=--a;	a=1; b=1;
--	自减（后缀）	a=2; b=a--;	a=1; b=2;

　　算术运算符看上去都比较简单，也很容易理解，但在实际使用时还有很多需要注意的问题。接下来就针对其中比较重要的几点进行详细讲解。

　　进行四则混合运算时，运算顺序遵循数学中的"先乘除后加减"原则。在进行自增（++）和自减（--）的运算时，如果运算符（++或--）放在操作数的前面则是先进行自增或自减运算，再进行其他运算。反之，如果运算符放在操作数的后面则是先进行其他运算再进行自增或自减运算。请仔细阅读下面的代码块，思考运行的结果。

```
int num1=1;
int num2=2;
int res=++num1+num2++;
printf("num1=%d,num2=%d,",num1,num2);
printf("res=%d",res);
```

　　上述代码块的运行结果为：

```
num1=2,num2=3
res=4
```

　　具体分析如下：

　　1）运算++num1+num2++的结果，此时变量 num1 先进行自增 1 值为 2，num2 的值不变。

　　2）将第1）步的运算结果赋值给变量 res，此时 res 值为 4。

　　3）num2 进行自增，此时其值为 3。

　　在进行除法运算时，当除数和被除数都为整数时，得到的结果也是一个整数。如果除法运算有浮点数参与运算，系统会将整型数据自动转换为浮点型，最终得到的结果会是一个浮点数。例如，2510/1000 属于整数之间相除，会忽略小数部分，得到的结果是 2，而 2.5/10 的实际结果为 0.25。请思考下面表达式的结果：

```
3500/1000* 1000
```

结果为 3000。由于表达式的执行顺序是从左到右，所以先执行除法运算 3500/1000，得到结果为 3，然后再乘以 1000，最终得到的结果就是 3000。

取模运算在程序设计中有着广泛的应用。例如判断奇偶数的方法就是求一个数字除以 2 的余数是 1 还是 0。在进行取模运算时，运算结果的正负取决于被模数（% 左边的数）的符号，与模数（% 右边的数）的符号无关。如：$(-5)\%3=-2$，而 $5\%(-3)=2$。

2. 赋值运算符

赋值运算符的作用就是将常量、变量或表达式的值赋给某一个变量。表 6-6 列举了 C 语言中的赋值运算符及其用法。

表 6-6　赋值运算符及其用法

运　算　符	运　　算	示　　例	结　　果
=	赋值	a=3；b=2；	a=3；b=2；
+=	加等于	a=3；b=2；a+=b；	a=5；b=2；
-=	减等于	a=3；b=2；a-=b；	a=1；b=2；
*=	乘等于	a=3；b=2；a*=b；	a=6；b=2；
/=	除等于	a=3；b=2；a/=b；	a=1；b=2；
%=	模等于	a=3；b=2；a%=b；	a=1；b=2；

在表 6-6 中，"="的作用不是表示相等的关系，而是赋值运算符，即将等号右侧的值赋给等号左侧的变量。在赋值运算符的使用中，需要注意以下几个问题：

1）在 C 语言中可以通过一条赋值语句对多个变量进行赋值。例如：

```
int x,y,z;
x=y=z=5;//为三个变量同时赋值
```

在上述代码中，一条赋值语句可以同时为变量 x、y、z 赋值，这是由于赋值运算符的结合性为"从右向左"，即先将 5 赋值给变量 z，然后再把变量 z 的值赋值给变量 y，最后把变量 y 的值赋值变量 x，表达式赋值完成。需要注意的是，下面这种写法在 C 语言中是不可取的。

```
int x=y=z=5;//这样写是错误的
```

2）在表 6-6 中，除了"="外，其他的都是特殊的赋值运算符。下面以"+="为例，学习复合赋值运算符的用法。示例代码如下：

```
int x=2;
x+=3;
```

在上述代码中，执行代码 x+=3 后，x 的值为 5。这是因为表达式 x+=3 的执行过程为：
①将 x 的值和 3 相加。
②将相加的结果赋值给变量 x。
所以，表达式 x+=3 就相当于 x=x+3，先进行相加运算，再进行赋值。-=、*=、/=、

%=赋值运算符与此相似。

3. 比较运算符

比较运算符用于对两个数值或变量进行比较，其结果是一个逻辑值（"真"或"假"），如"5>3"，其值为"真"。在 C 语言的比较运算中，"真"用数字"1"来表示，"假"用数字"0"来表示。表 6-7 列出了 C 语言中的比较运算符及其用法。

表 6-7　比较运算符及其用法

运　算　符	运　　算	示　　例	结　　果
= =	相等于	4 = = 3	0
! =	不等于	4! = 3	1
<	小于	4<3	0
>	大于	4>3	1
<=	小于或等于	4<=3	0
>=	大于或等于	4>=3	1

需要注意的是，在使用比较运算符时，不能将比较运算符"= ="误写成赋值运算符"="。

4. 逻辑运算符

逻辑运算符用于判断数据的真假，其结果仍为"真"或"假"。表 6-8 列举了 C 语言中的逻辑运算符及其用法。

表 6-8　逻辑运算符及其用法

运　算　符	运　算	示　　例	结　　果
!	非	! a	如果 a 为假，则! a 为真 如果 a 为真，则! a 为假
&&	与	a&&b	如果 a 和 b 都为真，则结果为真；否则为假
‖	或	a‖b	如果 a 和 b 有一个以上为真，则结果为真；二者都为假时，结果为假

当使用逻辑运算符时，有一些细节需要注意。

- 一个逻辑表达式中可以包含多个逻辑运算符，例如! a‖a>b。
- 三种逻辑运算符的优先级从高到低依次为:! →&&→‖。
- 运算符"&&"表示与操作，当且仅当运算符两边的表达式的结果都为真时，其结果才为真，否则结果为假。如果左边为假，那么右边表达式是不会进行运算的。例如 a+b<c&&c = =d，若 a=5，b=4，c=3，d=3，由于 a+b 的结果大于 c，表达式 a+b<c 的结果为假，因此，右边表达式 c = =d 不会进行运算，直接给出表达式 a+b<c&&c = =d 的结果为假。
- 运算符"‖"表示或操作，当且仅当运算符两边的表达式的结果都为假时，其结果才为假。同"&&"运算符类似，如果运算符"‖"左边操作数的结果为真，右边表达式是不会进行运算的。例如 a+b<c‖c = =d，若 a=1，b=2，c=4，d=5，由于

a+b 的结果小于 c，表达式 a+b<c 的结果为真，因此，右边表达式 c＝＝d 不会进行运算，直接给出表达式 a+b<c‖c＝＝d 的结果为真。

5. 位运算符

位运算符是针对二进制数的每一位进行运算的符号，也就是说它是专门针对数字 0 和 1 进行操作的。C 语言中的位运算符及其用法见表 6-9。

表 6-9　位运算符及其用法

运　算　符	运　　算	示　　例	结　　果
&	按位与	0&0	0
		0&1	1
		1&1	1
		1&0	0
|	按位或	0|0	0
		0|1	1
		1|1	1
		1|0	1
~	取反	~0	1
		~1	0
^	按位异或	0^0	0
		0^1	1
		1^1	0
		1^0	1
<<	左移	00000010<<2	00001000
		10010011<<2	01001100
>>	右移	01100010>>2	00011000
		11100010>>2	11111000

接下来通过一些具体示例，对位运算符进行详细介绍。为了方便描述，下面的运算都是针对 byte 类型的数据，也就是 1B 大小的数据。

1）与运算符 "&" 是将参与运算的两个二进制数进行 "与" 运算，如果两个二进制数都为 1，则该位的运算结果为 1，否则为 0。

例如将 6 和 11 进行与运算，6 对应的二进制数为 00000110，11 对应的二进制数为 00001011，具体运算过程如下：

```
    00000110
&   00001011
────────────
    00000010
```

运算结果为 00000010，对应数值为 2。

2）或运算符 "｜" 是将参与运算的两个二进制数进行 "或" 运算，如果两个二进制数有一个值为 1，则该位的运行结果为 1，否则为 0。

例如将 6 与 11 进行或运算，具体运算过程如下：

```
    00000110
|   00001011
─────────────
    00001111
```

运算结果为 00001111，对应数值为 15。

3）取反运算符"~"只针对一个操作数进行运算。如果二进制位是 0，则取反值为 1；如果是 1，则取反值为 0。

例如将 6 进行取反运算，具体运算过程如下：

```
~   00000110
─────────────
    11111001
```

运算结果为 11111001，对应数值为-7。

4）异或运算符"^"是将参与运算的两个二进制数进行"异或"运算，如果两个二进制数相同，则值为 0，否则为 1。

例如将 6 与 11 进行异或运算，具体运算过程如下：

```
    00000110
^   00001011
─────────────
    00001101
```

运算结果为 00001101，对应数值为 13。

5）左移运算符"<<"就是将操作数所有二进制位向左移动一位。运算时，右边的空位补 0。左边移走的部分舍去。

例如一个 byte 类型的数字 11 用二进制表示为 00001011，将它左移一位，具体运算过程如下：

```
00001011 <<1
─────────────
00010110
```

运算结果为 00010110，对应数值为 22。

6）右移运算符">>"就是将操作数所有二进制位向右移动一位。运算时，左边的空位根据原数的符号位补 0 或者 1（原来是负数就补 1，是正数就补 0）。

例如一个 byte 类型的数字 11 用二进制表示为 00001011，将它右移一位，具体运算过程如下：

```
00001011 >>1
─────────────
00000101
```

运算结果为 00000101，对应数值为 5。

6. sizeof 运算符

同一种数据类型在不同的编译系统中所占空间不一定相同。例如，在基于 16 位的编译系统中，int 类型占用 2B；而在 32 位的编译系统中，int 类型占用 4B。为了获取某一数据或数据类型在内存中所占的字节数，C 语言提供了 sizeof 运算符。使用 sizeof 运算符可以获取数据字节数，其基本语法规则如下：

```
sizeof(数据类型名称);
```

或

```
sizeof(变量名称);
```

下面通过一个案例来说明 sizeof 运算符的用法。

【例 6-6】sizeof 运算符。

```
1 #include <stdio.h>
2 void main()
3 {
4     //通过类型名称计算各基本数据类型所占内存大小
5     printf("char:%d\n",sizeof(char));
6     printf("short:%d\n",sizeof(short));
7     printf("long:%d\n",sizeof(long));
8     printf("float:%d\n",sizeof(float));
9     printf("double:%d\n",sizeof(double));
10    printf("unsigned char:%d\n",sizeof(unsigned char));
11    printf("unsigned short:%d\n",sizeof(unsigned short));
12    printf("unsigned int:%d\n",sizeof(unsigned int));
13    printf("unsigned long:%d\n",sizeof(unsigned long));
14    //通过变量名称计算变量所属数据类型占用内存大小
15    int val_int=100;
16    double val_double=100000.0;
17    printf("val_int:%d\n",sizeof(val_int));
18    printf("val_double:%d\n",sizeof(val_double));
19 }
```

程序的运行结果如下：

```
char:  1
short:  2
long:  4
float:  4
double:  8
unsigned char:  1
unsigned short:  2
unsigned int:  4
unsigned long:  4
Var_int:  4
Val_double:  8
```

从运行结果可以看出，不同数据类型在内存中所占字节数都被输出了，由此可见，使用 sizeof 关键字可以很方便地获取到数据或数据类型在内存中所占的字节数。

7. 运算符的优先级

在对一些比较复杂的表达式进行运算时，要明确表达式中所有运算符参与运算的先后顺序，把这种顺序称作运算符的优先级。表 6-10 列出了 C 语言中运算符的优先级，数字越小优先级越高。

表 6-10　运算符优先级

优　先　级	运　算　符	优　先　级	运　算　符
1	. [ ] ( )	8	&
2	+ + -- ~ !（数据类型）	9	^
3	* / %	10	|
4	+ -	11	&&
5	<< >> >>>	12	||
6	<> <= >=	13	?:（三目运算符）
7	== ! =	14	= * = /= % = += -= <<= >>= >>>= &=^= | =

根据上表所示的运算符优先级，分析下面代码的运行结果。

```
int a=2;
int b=a+3* a;
printf("%d",b);
```

上述代码的运行结果为 8，这是由于运算符 "＊" 的优先级高于运算符 "+"，因此先运算 3＊a，得到的结果是 6，再将 6 与 a 相加，得到最后的结果 8。

```
int a=2;
int b=(a+3)* a;
printf("%d",b);
```

上述代码的运行结果为 10，这是由于运算符 "（ ）" 的优先级最高，因此先运算括号内的 a+3，得到的结果是 5，再将 5 与 a 相乘，得到最后的结果 10。其实没有必要去刻意记忆运算符的优先级。编写程序时，尽量使用括号 "（ ）" 来实现想要的运算顺序，以免产生歧义。

6.3.2　表达式

表达式是由常量、变量或是其他操作数与运算符组合而成的语句。

例如，下面均是正确的表达式。

```
-49
sum+2
a+b-c/(d* 3)
```

6.3.3　语句

在学会使用运算符和表达式后，就可以写出最基本的 C 程序语句。语句用来向计算机系统发出操作指令。程序由一系列语句组成。

1）表达式语句。C 语言中最常见的语句是表达式语句，其形式如下：

```
表达式;
```

例如，a+b;。

2）空语句。空语句只有分号，没有内容，不执行任何操作。设计空语句是为了语法需要。例如循环语句的循环中如果仅有一条空语句，表示执行空循环。例如：

```
for(int i=0;;i++){}
```

3）复合语句。复合语句指用花括号"{}"将多条语句括起来。例如：

```
{
    x=a+b;
    y=x* 10;
}
```

4）声明语句。在前面已经多次用到了声明语句。其格式一般如下：

```
int  a;
float  x;
```

5）赋值语句。除了可以在声明语句中为变量赋初值，还可以在程序中使用赋值语句为变量重新赋值。例如：

```
int r=10;
r=25;
```

6）控制语句。控制语句完成一定的控制功能，包括选择语句、循环语句和转移语句。

本章小结

本章主要讲解了 C 语言中的数据类型及运算符，具体包括进制、基本数据类型、类型转换、运算符与表达式等。通过本章的学习，读者可以掌握 C 语言中数据类型及其运算的基础知识。熟练掌握本章的内容，可以为后面的学习打下坚实的基础。

习　题

一、填空题

1. 八进制必须以_____开头，十六进制必须以_____开头。

2. 标识符只能由字母、数字和_____组成。

3. 在计算机中的二进制的表现形式有 3 种，分别是_____、_____、_____。

4. C 语言中的数据类型可分为 4 种，分别是基本类型、_____、指针类型、_____。

5. C 语言提供了 sizeof 运算符，该运算符主要用于_____。

二、判断题

1. 执行语句 "++i；i=3；" 后变量 i 的值为 4。　　　　　　　　　　　　　（　　　）

2. 隐式类型转换是指将取值范围大的数据类型转换为数据取值范围小的数据类型。

（　　　）

3. C 语言中的逻辑值 "真" 是用 1 表示的，逻辑值 "假" 是用 0 表示的。　（　　　）

4. C 语言中赋值运算符比关系运算符的优先级高。　　　　　　　　　　　（　　　）

5. 位运算符是专门针对数字 0 和 1 进行操作的。　　　　　　　　　　　　（　　　）

三、选择题

1. 下列选项中，可以正确定义 C 语言整型常量是（　　　）。

A. 32L　　　　　　　　B. 51000　　　　　　　C. −1.00　　　　　　　D. 567

2. 算术运算符、赋值运算符和关系运算符的运算优先级按从高到低依次为（　　　）。

A. 算术运算、赋值运算、关系运算　　　　　B. 算术运算、关系运算、赋值运算

C. 关系运算、赋值运算、算术运算　　　　　D. 关系运算、算术运算、赋值运算

3. 设整型变量 m，n，a，b，c，d 均为 1，执行（m=a>b）&&（n=c>d）后，m，n 的值是（　　　）。

A. 0，0　　　　　　　　B. 0，1　　　　　　　C. 1，0　　　　　　　D. 1，1

4. 若已定义 x 和 y 为 double 类型，则执行表达式 "x=1；y=x+3/2" 后 y 的值是（　　　）。

A. 1　　　　　　　　　B. 2　　　　　　　　　C. 2.0　　　　　　　　D. 2.5

5. 假设 a=1，b=2，c=3，d=4，则表达式 a<b? a：c<d? a：d 的结果为（　　　）。

A. 4　　　　　　　　　B. 3　　　　　　　　　C. 2　　　　　　　　　D. 1

四、简答题

1. 请列举几个单目运算符、双目运算符、三目运算符，并说明其区别。

2. 请简述自增运算符放在变量前面和后面的区别。

五、编程题

1. 已知梯形的上底为 a、下底为 b、高为 h，请编写程序实现求梯形的面积。

2. 请使用运算符实现交换两个变量值的功能。

第7章　程序控制结构

 学习目标

了解结构化程序设计思想；
掌握传统流程图的绘制方法；
理解条件的表示；
掌握选择结构的使用方法；
掌握循环结构的使用方法；
了解退出循环的方法；
学会运用控制结构解决问题。

知识结构

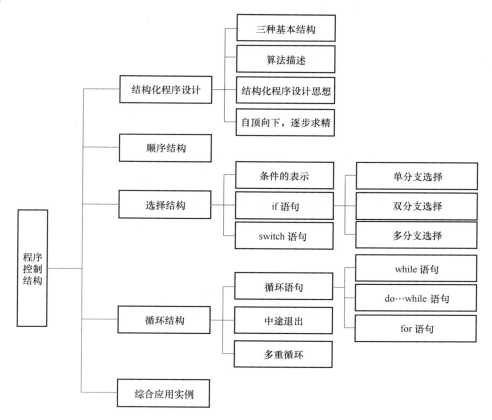

 导入案例

小白经过前面的学习，对 C 语言有了大概的了解，对程序设计产生了一些兴趣，小白也动手编写了几个简单程序。当程序按他的期望产生了正确的结果后，他心里很高兴。但是这些程序只是简单地接收键盘输入，然后在控制台上输出几个干巴巴的数据，实在看不出有什么实际价值。

小白的感觉非常普遍，在学习 C 语言编程时，前期要有大量的基本知识需要掌握，例如数据类型、输入/输出、格式化控制等，这些都是必要的，是为以后编写实用程序做准备的。

怎么用 C 语言解决有实际价值的问题呢？小白现在帮助老师记录同班同学的平时成绩，每次录入几十名同学的成绩后，能不能用程序分析一下数据？如何找出最高分、计算平均分、找出最低分呢？当然，这些功能可以使用数据分析软件如 Excel 很容易实现。但是作为学习程序设计的人，能够编写个程序完成这些任务吗？答案是肯定的。这就要用到本章要学习的程序控制结构。

7.1　结构化程序设计

7.1.1　三种基本结构

前面已经编写过一些简单的程序。在这些程序中，计算机自上而下依次执行每条语句。对于一些复杂的应用，仅自上而下依次执行语句是不够的。在长期的编程实践中，人们认识到无论程序的逻辑多么复杂，都可以使用三种基本结构实现，即顺序、选择和循环。这一结论已经得到严格的证明。当然，程序的总体结构是顺序的，在其中的某部分可以是选择结构或循环结构。这些基本结构又可以嵌套，即一种结构内部包含另外一种结构。例如，循环结构中可以包含顺序结构或选择结构，选择结构中可以包含顺序结构或循环结构。

1. 顺序结构

顺序结构是最简单的基本结构，指按语句的顺序自上而下，依次执行。

【例 7-1】两个整型变量初始化为 a=1，b=2，交换两个变量的值。

分析：两个变量的值互换类似于交换两个杯子中的饮料，只靠两个杯子无法实现互换，需要引入第三个杯子，并且按照特定的步骤进行操作，才能实现互换。

源代码如下：

```c
#include <stdio.h>

int main(int argc,char *argv[]){
    int a=1,b=2;
    int t;          //临时变量

    /*交换前变量 a,b 的值*/
    printf("a=%d,b=%d\n",a,b);
```

```
/*交换 a,b 的值*/
t=a;
a=b;
b=t;

/*交换后变量 a,b 的值*/
printf("a=%d,b=%d\n",a,b);

return 0;
}
```

2. 选择结构

进行程序设计时经常遇到这样的问题：需要根据情况选择不同的处理方式。程序的执行不再是按顺序自上而下依次执行，而是包含多个分支，根据情况选择执行某个分支。

【例 7-2】从键盘读入用户的性别，女性用 F 表示，男性用 M 表示。如果是男性用户，则显示"先生，您好"；如果是女性用户，则显示"女士，您好"。

源代码如下：

```
#include <stdio.h>

int main(int argc,char *argv[]){
    char gender;

    printf("请输入你的性别(男性用 M,女性用 F):)");
    scanf("%c",&gender);

    if(gender=='M'||gender=='m')
        printf("先生,您好 \n");
    else if(gender=='F'||gender=='f')
        printf("女士,您好 \n");
    else
        printf("输入错误,请用 F 或 M 表示性别 \n");

    return 0;
}
```

3. 循环结构

有些时候，某条语句或由多条语句构成的语句块需要多次重复执行。如果没有循环结构，这些语句需要重复书写多次，过于烦琐。另外，有些问题事先并不知道需要重复运行多少次，无法用顺序结构实现。

【例 7-3】输出大写英文字母 A~Z 的 ASCII 码。

源代码如下：

```c
#include <stdio.h>

int main(int argc,char * argv[]){
    char letter;

    for(letter='A';letter<='Z';letter++)
        printf("%c\t%d\n",letter,letter);

    return 0;
}
```

7.1.2 算法描述

编程解决问题的关键是设计解题的方法与步骤，即算法设计。算法主要体现为解决问题的思路和步骤。程序设计语言是实现算法的工具。在学习程序设计时，既要掌握编程语言的语法，也要重视算法的学习和能力的提升。算法一般需要满足以下要求。

（1）正确性

算法应该能够解决某个具体问题，这是对算法的基本要求。算法能够实现预定的功能，对于输入的数据进行操作后能够得到满足要求的结果。算法不能有逻辑错误。

（2）可读性

算法应该以人们能够理解的方式表达。算法设计应该追求简洁、清晰、规范，便于交流，不应过分追求编程技巧，导致程序晦涩难懂，不利于团队合作。

（3）健壮性

健壮性是指算法具有抵御恶劣输入信息的能力。当输入非法数据时，算法也能做出合理的响应，不至于崩溃或产生莫名其妙的结果。

（4）高效性

算法的效率主要体现在空间和时间两个方面。好的算法追求尽可能少地占用存储空间，以及用最少的时间完成计算。在很多情景下，需要对空间效率和时间效率进行权衡。

在编写比较复杂的程序时，建议将算法设计与编程实现分开。先设计算法，确认算法正确后再进行实现。在算法设计阶段需要能够清晰地描述算法，帮助思考与交流。常见的算法描述方法有自然语言、伪代码、传统流程图、N-S 流程图、PAD 图等。下面介绍应用比较广泛的传统流程图和 N-S 流程图。

1. 传统流程图

传统流程图（Flow Chart）是使用最广泛的一种算法描述方法。流程图能够形象、直观地表达算法的逻辑，在程序设计领域得到普遍使用。国家标准 GB/T 1526—1989 和国际标准 ISO 5807—1985 对流程图的图形元素进行了约定。

传统流程图用一些图框来表示各种类型的操作，在图框内写上简要描述，用带箭头的线把图框连接起来，箭头表示执行的顺序。传统流程图中的符号见表 7-1。

表 7-1　传统流程图的符号

符　号	符号名称	说　明
⬭	起止框	表示算法的开始和结束，在框中填入"开始"或"结束"
▱	输入/输出框	表示输入/输出操作，在框中填入输入项或输出项
▭	处理框	表示处理操作，在框中填入处理说明
◇	判断框	表示条件判断，在框中填写判断条件
▭	子流程框	类似黑盒，表示子流程，在框中填入子流程的名称
○	连接点	表示流程图的接续
⟶ ↓	流程线	表示算法的执行方向

例 7-2 的程序流程图如图 7-1 所示。

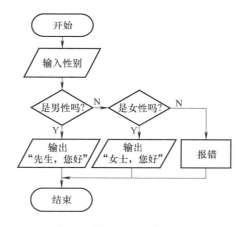

图 7-1　例 7-2 的程序流程图

传统流程图非常直观、形象、简单、便于理解，但占用篇幅较大。另外，由于允许使用流程线，逻辑跳转不受约束，可能会导致隐含的缺陷和错误，与结构化程序设计思想有一些冲突。

2. N-S 流程图

传统流程图允许流程线自由跳转，过于灵活，对软件质量有潜在影响。两位美国学者 I. Nassi 和 B. Schneiderman 从结构化程序设计的思想出发，设计了一种算法描述工具——N-S 流程图，又称盒图。N-S 流程图取消了流程线，只用三种基本结构对算法进行结构化描述。

在 N-S 流程图中，一个算法就是一个矩形框，框内又包含若干个框。用 N-S 流程图表示三种基本结构如图 7-2 所示。

N-S 流程图直观、形象、易于理解。用 N-S 流程图表示的算法都是结构化的算法，不会出现流程跳转，能够保证程序的质量。但是当程序的逻辑复杂时，嵌套层次过多，绘制比较烦琐。

例 7-2 程序的 N-S 流程图如图 7-3 所示。

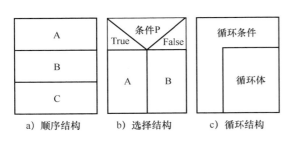

图 7-2　用 N-S 流程图表示三种基本结构

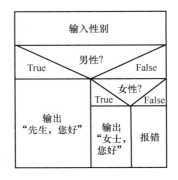

图 7-3　例 7-2 程序的 N-S 流程图

7.1.3　结构化程序设计思想

结构化程序设计没有一个严格的、普遍接受的定义。其一个比较流行的定义是：结构化程序设计是一种进行程序设计的原则和方法，按照这种原则和方法设计的程序具有结构清晰、容易阅读、容易修改、容易验证等特点。所谓好程序就是有"好结构"的程序，一旦效率与"好结构"发生矛盾，宁可在可容忍的范围内降低效率，也要确保好的结构。

结构化程序设计思想主要包括以下 3 点。

1）采用顺序、选择和循环三种基本控制结构。用这三种结构实现的程序具有以下 4 个特性。

- 只有一个入口。
- 只有一个出口。
- 无死语句，即不存在永远得不到执行的语句。
- 无死循环，即不存在永远执行不完的循环。

2）goto 语句是有害的。在一些高级语言中，goto 语句可以不受限制地转向程序中的任何地方，从而破坏了"单进单出"的要求。结构化程序设计提倡尽量不要使用多于一个的 goto 语句，同时只允许在一个"单进单出"结构内用 goto 语句向前跳转，不允许往回跳转。

3）采用"自顶向下，逐步求精"和模块化方法进行结构化程序设计。

7.1.4　自顶向下，逐步求精

"自顶向下，逐步求精"是指在程序设计时，先考虑整体，再考虑细节。对于某个问题，先从整体上进行分解，得到结构简单、逻辑清晰的主程序，主程序的每个部分用于解决一个子问题。如果子问题还是比较复杂，则对子问题继续分解，直到子问题可以用一个单独的模块解决为止。

下面举一个生活中的例子理解"自顶向下，逐步求精"的程序设计思想。在儒勒·凡尔纳的《八十天环游地球》中，主人公福格要在 80 天内环游地球一周回到伦敦。如何解决这个问题？首先从总体考虑，制订一个旅行计划：

1. 从伦敦到苏伊士
2. 乘船到印度
3. 坐火车横穿印度
4. 坐大吨位轮船到中国香港
5. 换船到日本
6. 乘坐轮船去美国
7. 坐火车横穿美国
8. 坐越洋轮船横渡大西洋回到伦敦。

然后，对每一步进行求精。例如，第 1 步从伦敦到苏伊士可分解为：

1.1　从伦敦到多佛
1.2　穿越英吉利海峡到法国加来
1.3　从加来到巴黎
1.4　从巴黎到布林迪希
1.5　从布林迪希到苏伊士

如果其中某一步不够详细，可以继续求精。例如将 1.1 步分解为

1.1.1　坐马车到伦敦火车站
1.1.2　在火车站乘坐晚上 8 点 45 分的火车
…

"自顶向下，逐步求精"的程序设计与此类似，对于要解决的复杂问题，先从总体考虑，得到主要步骤，然后逐级分解细化，直到每一个子问题都得到解决。

7.2　顺序结构

顺序结构是最基本、最简单的程序结构，它按照语句的先后次序执行。顺序结构主要由简单语句、复合语句、输入/输出函数调用语句等组成。顺序结构的程序框架一般包括用户输入、数据处理、结果输出 3 个部分。下面通过几个实例详细说明。

【例 7-4】输入三角形的三个边长，求三角形的面积。

分析：已知三角形的三个边长 a，b，c，可用海伦公式计算三角形的面积：

$$area = \sqrt{s(s-a)(s-b)(s-c)}$$

其中 $s=(a+b+c)/2$。

程序涉及求二次方根运算，在 C 语言的数学函数库中有函数 sqrt( ) 用于计算二次方根，因此在预编译部分须包含头文件 math.h。

源代码如下：

```
#include <stdio.h>
#include <math.h>

int main(int argc,char * argv[]){
```

```
    float a,b,c,s,area;
    printf("输入三角形的三个边长:");
    scanf("%f,%f,%f",&a,&b,&c);

    s=(a+b+c)/2.0;
    printf("a=%.2f,b=%.2f,c=%.2f,s=%.2f\n",a,b,c,s);

    area=sqrt(s*(s-a)*(s-b)*(s-c));
    printf("area=%.2f\n",area);

    return 0;
}
```

在上述程序中，计算机按顺序逐条执行语句，先输入 a，b，c，再计算半周长 s，最后计算面积 area 并输出。

对程序进行测试，某次测试的运行结果如下：

```
输入三角形的三个边长:6,7,8
a=6.00,b=7.00,c=8.00,s=10.50
area=20.33
```

【例 7-5】 从键盘输入一个三位整数，将它的个位、十位、百位数字分别输出。

分析：解题的关键是如何从一个整数中提取出各位数字。这是一个经常遇到的问题。可以运用整数除法、求余运算实现。例如整数 123，将该数整除 100，所得的商即为百位数 1，余数为 23；将余数 23 整除 10，商为 2，即为十位数，所得的余数为 3，即为个位数。

源代码如下：

```
#include <stdio.h>

int main(int argc,char *argv[]){
    int a,b0,b1,b2;

    printf("输入一个三位整数:");
    scanf("%d",&a);

    b2=a/100;
    b1=(a%100)/10;
    b0=(a%100)%10;

    printf("%d的百位数%d,十位数%d,个位数%d\n",a,b2,b1,b0);

    return 0;
}
```

在上述程序中，计算机按顺序依次执行各条语句。首先输入一个整数，然后整除 100 得到百位数，除以 100 的余数再整除 10 得到十位数，余数为个位数，最后输出三个数字。

对程序进行测试，某次测试的运行结果如下：

```
输入一个三位整数:123
123 的百位数 1,十位数 2,个位数 3
```

7.3　选择结构

选择结构用于根据条件测试结果执行不同的操作。C 语言实现选择结构有 4 种不同的语句，包括 if、if…else、if… else if…else 和 switch。if 语句实现单分支选择结构，当条件 P 成立时，执行 A 操作，否则什么也不做。if…else 语句实现双分支选择结构，当条件 P 成立时，执行 A 操作，否则执行 B 操作。if… else if…else 语句和 switch 语句用于实现多分支选择结构。

7.3.1　条件的表示

在选择结构中，决定程序执行路径的控制语句称为条件语句或条件判断语句。根据条件判断的结果（成立/不成立），选择要执行的程序分支。在 C 语言中条件可以用任何表达式来表示，该表达式称为条件表达式。条件表达式经常涉及算术运算、关系运算和逻辑运算。灵活使用这些运算，可构造出满足要求的条件。

1. 关系运算

C 语言有 6 种关系运算符，用于确定两个数之间是否满足某种关系。6 种关系运算符的含义及说明见表 7-2。

表 7-2　关系运算符的含义及说明

关系运算符	名　称	示　例	功　能
<	小于	a<b	若 a 小于 b 成立，返回真；否则返回假
<=	小于或等于	a<=b	若 a 小于或等于 b 成立，返回真；否则返回假
>	大于	a>b	若 a 大于 b 成立，返回真；否则返回假
>=	大于或等于	a>=b	若 a 大于或等于 b 成立，返回真；否则返回假
==	等于	a==b	若 a 等于 b 成立，返回真；否则返回假
!=	不等于	a!=b	若 a 不等于 b 成立，返回真；否则返回假

关系运算符是双目运算符，需要两个操作数，操作数可以是常量、变量或表达式。关系运算对两个操作数的数值进行比较，当关系成立时结果为"真"，不成立时结果为"假"。在 C 语言中没有表示逻辑值的类型，用 int 型 1 表示"真"，用 0 表示"假"。更准确地说，C 语言的任何基本类型都可以当作逻辑值使用，值为 0 表示逻辑值"假"，任何不等于 0 的数值表示逻辑值"真"。

例如：

3>2，结果为 1。

1==0，结果为 0。

关系运算符有两个不同的优先级，结合性是从左到右。优先级如下：

高级：<、<=、>、>=。

低级：==、!=。

例如 3>2==1<2 的计算过程为：

2. 逻辑运算

C 语言提供了 3 个逻辑运算符，即 &&（逻辑与）、||（逻辑或）和 !（逻辑非），分别表示并且、或者、否定 3 种逻辑操作。&& 和 || 是双目运算符，! 是单目运算符。逻辑运算的结果是逻辑值"真"（用 1 表示）和"假"（用 0 表示）。

令 a,b 为两个逻辑变量，3 种逻辑运算的规则见表 7-3。

表 7-3　逻辑运算规则

a	b	! a	a&&b	a‖b
1	0	0	0	1
1	1	0	1	1
0	1	1	0	1
0	0	1	0	0

在 3 个逻辑运算符中，! 的优先级最高，&& 其次，|| 最低，即 ! →&&→|| 。&& 和 || 的结合性从左到右，! 的结合性从右到左。逻辑表达式的结果也是逻辑值，用 1 和 0 表示。

3. 复合条件的构造

构造复合条件时可能涉及算术运算、关系运算和逻辑运算等。常用的几种运算符的优先级见表 7-4。

表 7-4　常用的几种运算符的优先级

运　算　符	优　先　级
!（逻辑非）	高
算术运算符	
关系运算符	↓
&& 和 ‖（逻辑与和逻辑或）	
赋值运算符	低

例如，用 int 变量 year 表示年份，判断是否是闰年。

分析：根据历法知识，满足以下两个条件之一的年份是闰年。

1）能被 4 整除但不能被 100 整除。

2）能被 400 整除。

条件表达式为

```
(year%4==0&&year%100!=0)||year%400==0
```

7.3.2　if 语句

C 语言主要使用 if 语句实现选择结构，包括 3 种形式：if、if…else 和 if…else if…else。它们分别用于实现单分支选择、双分支选择和多分支选择。最简单的选择结构是 if 语句，只考虑当条件成立时程序的执行路径，其他情况不做处理。if 语句的语法格式为：

```
if(条件表达式)
    语句块
```

如果条件表达式的值为真（非 0），则执行语句块；否则，跳过语句块，转到 if 语句下面的语句执行。if 语句的执行过程如图 7-4 所示。

语句块可以是一条语句，也可以是多条语句。如果是多条语句，要用｛｝将这些语句括起来，形成复合语句，其作用等同于一条语句。

例如，打印学生的成绩，如果成绩大于或等于 90 分，则打印祝贺信息，然后打印学生的分数。

源代码如下：

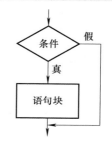

图 7-4　if 语句的执行过程

```
if(score>=90)
    printf("你太棒了!\n");
printf("你的成绩是%d。\n",score);
```

如果某学生的成绩是 92 分，满足条件 score>=90，则执行语句 printf（"你太棒了!\n"），输出"你太棒了!"，然后执行 if 结构下面的语句 printf（"你的成绩是%d。\n",score），输出"你的成绩是 92。"

程序的运行结果如下：

```
你太棒了!
你的成绩是 92。
```

如果某个学生的成绩是 82 分，不满足条件 score>=90，则直接跳过 if 结构，执行 if 结构下面的语句 printf（"你的成绩是%d。\n",score），输出"你的成绩是 82。"

程序的运行结果如下：

```
你的成绩是 82。
```

在上面程序的基础上进行修改，如果分数大于或等于 90，先计算离满分 100 的差距，再输出祝贺语。

源代码如下：

```
if(score>=90)
{
    gap=100-score;
```

```
        printf("你太棒了!\n");
        printf("只差%d就满分了!\n",gap);
    }
    printf("你的成绩是%d。\n",score);
```

上面的程序用一对{}将三条语句括起来,形成复合语句。如果条件成立,则执行这三条语句;如果条件不成立,则跳到{}下面的语句执行。

【例 7-6】从键盘读入一个整数,输出该数的绝对值。

分析:输入的整数可能是正数、负数或 0。如果输入的是正数或 0,可以直接输出;如果输入的是负数,先求出它的绝对值,再输出。因此,可以使用 if 语句对负数情况进行处理。

源代码如下:

```
#include <stdio.h>
int main(int argc,char * argv[]){
    int x,abs_x;

    printf("输入一个整数:");
    scanf("%d",&x);

    abs_x=x;

    /*求负数的绝对值*/
    if(x<0)
        abs_x=-x;
    printf("%d的绝对值是%d\n",x,abs_x);
    return 0;
}
```

7.3.3 if…else 语句

if 语句只在条件为真时进行处理,有时也需要对条件为假的情况进行处理,这就需要双分支语句,即 if…else。其语法格式如下:

```
if (表达式)
    语句块 1
else
    语句块 2
```

if…else 语句的执行过程是:首先计算条件表达式的值,如果为真(非 0),则执行语句块 1,执行完成后跳到 if…else 结构的下方继续执行;否则,执行语句块 2。if…else 语句的执行过程如图 7-5 所示。

例如,获取学生的成绩,如果分数大于或等于 60,则输出"通过",否则输出"不通过",最后输出成绩。

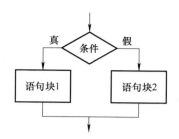

图 7-5　if…else 语句的执行过程

分析：根据分数是否大于或等于 60，形成两个分支，两种情况都需要进行处理，所以用 if…else 语句。

源代码如下：

```
if(score>=60)
    printf("恭喜,你通过了!\n");
else
    printf("抱歉,你未通过!\n");
printf("你的成绩是%d。\n",score);
```

在 if…else 结构中，if 和 else 必须成对出现。else 本身就意味着条件为假，不要在 else 后面写条件表达式。与 if 语句一样，如果语句块 1 或语句块 2 有多条语句，用 {} 括起来。

【例 7-7】大米包装车间的质检员对袋装大米进行称重，合格范围为 9.8~10.2kg。如果合格，则累计合格品的袋数，输出该袋产品的重量；如果不合格，则累计不合格产品的袋数，并输出其重量和提示信息。

分析：袋装大米重量检查结果有两种，需要分别处理，因此采用 if…else 语句。

源代码如下：

```
#include <stdio.h>

int main(int argc,char *argv[]){
    float weight;
    float lower=9.8,upper=10.2;            //允许范围

    int qualified_count=0;                  //合格产品计数
    int disqualified_count=0;               //不合格产品计数

    /*称重,得到产品重量*/
    printf("产品重量:");
    scanf("%f",&weight);

    if(weight>=lower && weight<=upper)   //重量在合格范围内
    {
```

```
    qualified_count++;
    printf("重量% .1f \n",weight);
}
else                                 //重量不在合格范围内
{
    disqualified_count++;
    printf("重量% .1f \n",weight);
    printf("注意!!!,产品不合格! \n");
}
return 0;
}
```

【例 7-8】求一元二次方程 $ax^2 + bx + c = 0$（$a \neq 0$）的根。从键盘输入 a, b, c 的值。

分析：如果 $a = 0$，方程转化为一元一次方程。当 $a \neq 0$ 时，求解一元二次方程又分两种情况。

第一种情况是判别式 $\Delta = b^2 - 4ac \geq 0$，方程有两个实根，求根公式为

$$x = \frac{-b \pm \sqrt{b^2 - 4ac}}{2a}$$

第二种情况是判别式 $b^2 - 4ac < 0$，方程有两个共轭复根，求根公式为

$$x = \frac{-b \pm \sqrt{4ac - b^2}\,i}{2a}$$

根据上述分析，首先判断 a 是否等于 0，根据判断结果分两种情况处理。在 $a \neq 0$ 的分支中，再根据判别式是否大于或等于 0 分为两种情况。

程序的流程图如图 7-6 所示。

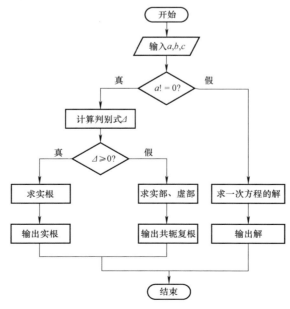

图 7-6　一元二次方程求根执行过程

源代码如下：

```c
#include <stdio.h>
#include <math.h>

int main(int argc,char *argv[]){
    float a,b,c;
    float delta;      //判别式

    float x1,x2;      //两个实根
    float re,im;      //实部、虚部

    printf("输入 a,b,c:");
    scanf("%f,%f,%f",&a,&b,&c);   //输入 a,b,c

    if(a!=0)                      //正常的一元二次方程
    {
        delta=b*b-4*a*c;          //求判别式

        if(delta>=0)    //判别式大于或等于 0
        {
            x1=(-b+sqrt(delta))/(2*a);
            x2=(-b-sqrt(delta))/(2*a);

            printf("判别式>=0,有实根 \n");
            printf("x1=%f,x2=%f \n",x1,x2);
        }
        else                          //判别式小于 0
        {
            re=-b/(2*a);              //实部
            im=sqrt(-delta)/(2*a);    //虚部

            printf("判别式<0,有一对共轭复根 \n");
            printf("x1=%f+%fi;x2=%f-%fi \n",re,im,re,im);
        }
    }
    else    //a==0,转化为一元一次方程
    {
        printf("a==0,转化为一元一次方程 \n");
        x1=-c/b;
        printf("x=%f \n",x1);
    }

    return 0;
}
```

在上述程序中出现了 if…else 结构的嵌套，外层 if…else 根据 a 是否为 0 分为两个分支，在语句块 1 中又有一个 if…else 结构。有多个 if…else 时，内层的结构要缩进。

下面输入不同的 a, b, c 的值进行测试。

有两个实根的情况：

```
输入a,b,c: 2,8,1
判别式>=0,有实根
x1=-0.129171,x2=-3.870829
```

有两个共轭复根的情况：

```
输入a,b,c: 12,4,9
判别式<0,有一对共轭复根
x1=-0.166667+0.849837i; x2=-0.166667-0.849837i
```

退化为一次方程的情况：

```
输入a,b,c: 0,2,3
a==0,退化为一次方程
x=-1.500000
```

7.3.4 if…else if…else 语句

在解决实际问题时，还经常遇到多分支的情况。例如，一些商家会根据客户购物总额的多少设置多个不同的优惠幅度。在这种情况下，可以将 if else 结构扩展为 if…else if…else 结构，实现多分支选择。

```
if…else if…else的语法格式如下：
if(表达式1)
    语句块1
else if(表达式2)
    语句块2
…
else if(表达式n)
    语句块n
else
    语句块n+1
```

多分支选择结构的执行过程如下：

1）计算表达式 1 的值，如果为真，则执行语句块 1，然后跳过后面所有的 else if 和 else 部分，执行 if…else if…else 结构后面的语句。

2）若表达式 1 的值为假，则进入下面一个 else if，计算表达式 2 的值。若为真，则执行语句块 2，然后跳过后面所有的 else if 和 else 部分，执行 if…else if…else 结构后面的语句。

3）若表达式 2 的值为假，则继续进入下一个 else if，测试下一个表达式，依次类推。

4）如果所有条件表达式都为假，则执行 else 后面的语句块 n+1。结束整个 if…else if…

else 结构。

if···else if···else 语句的执行过程如图 7-7 所示。

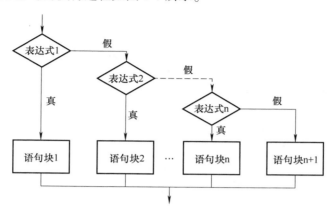

图 7-7　if···else if···else 语句的执行过程

在使用 if···else if···else 语句时，else if 要写在同一行。else if 后面跟一个条件表达式，用（ ）括起来，表示在前一个表达式为假的前提下，新增加的一个条件判断。程序执行到某个 else if 时，说明前面的所有条件表达式均为假。

对 else if 的数量没有限制，根据实际需要确定。

最后的 else 可以省略。如果前面的所有条件表达式均为假，则整个语句结束。

【例 7-9】猜数游戏。计算机随机生成一个 0～99 之间的整数，不让用户知道。用户通过键盘输入猜测的数字，计算机给予提示：“猜大了”“猜小了”或“猜对了”。

分析：C 语言的标准库中有产生随机数的函数 rand( )，可以生成 0～RAND_MAX 之间的整数。RAND_MAX 是在 stdlib.h 中定义的常量，所以需要包含头文件 stdlib.h。rand( ) 产生的随机数是伪随机数，是按一个固定的顺序产生的一系列数字。为了看起来更随机，每次运行时指定不同的随机数种子。设定随机数种子的函数是 srand( )。一种常用的技巧是每次用当前时间作为种子。这就要用到函数 time（NULL），该函数在头文件 time.h 中定义。

为了降低猜测难度，将数字限制在 100 以内，可以将 rand( ) 生成的整数对 100 求余，得到的余数即在 0～99 之间。

将用户输入的数据与随机产生的数据进行比较，有 3 种情况，每种情况输出不同的内容，因此使用多分支选择结构。

源代码如下：

```c
#include <stdio.h>
#include <stdlib.h>
#include <time.h>

int main(int argc,char * argv[]){
    int hidden_number;
    int guess_number;
```

```
    srand(time(NULL));              //初始化随机数种子
    hidden_number=rand()%100;       //产生0至99之间的随机数

    printf("输入一个0~99之间的整数:");
    scanf("%d",&guess_number);       //用户输入猜测的数字

    if(guess_number>hidden_number)
    {
        printf("猜大了\n");
        printf("实际数字是%d\n",hidden_number);
    }
    else if(guess_number<hidden_number)
    {
        printf("猜小了\n");
        printf("实际数字是%d\n",hidden_number);
    }
    else
        printf("猜对了!\n");

    return 0;
}
```

在上述多分支结构中，表达式1"guess_number>hidden_number"用于判断猜测的数字是否大于实际数字，如果成立，则执行语句块1，然后结束整个多分支结构。当表达式1不成立时，即guess_number≤hidden_number，才会进入下面的else if，表达式2只需要写成"guess_number<hidden_number"，判断猜测的数字是否小于实际数字，如果成立，则执行语句块2，然后结束整个多分支结构。当表达1和表达式2都不成立，等价于guess_number=hidden_number，进入最后的else分支，输出猜对的结果。

【例7-10】编写程序将百分制成绩转换为等级制成绩。规则如下：

A级，[90，100]

B级，[80，90)

C级，[70，80)

D级，[60，70)

E级，[0，60)

分析：通过对分数取值范围的判定确定成绩等级，关键点在90、80、70和60。可以构造多分支结构，实现等级的判定。

源代码如下：

```
#include <stdio.h>

int main(int argc,char * argv[]){
```

```
    float score;              //分数
    char grade;               //等级

    printf("输入百分制成绩:");
    scanf("%f",&score);       //输入百分制成绩

    if(score>100||score<0)
        printf("分数必须在 0-100 之间 \n");
    else if(score>=90)
        grade='A';
    else if(score>=80)
        grade='B';
    else if(score>=70)
        grade='C';
    else if(score>=60)
        grade='D';
    else
        grade='E';

    printf("分数%.1f 对应的等级是%c \n",score,grade);

    return 0;
}
```

上述代码中的 if…else if…else 语句中有 6 个分支。第一个分支进行合法性检查。每个 else if 分别对应每个分数区间。第一个 else if 后面的条件表达式对应的区间是 [90，100]；第二个 else if 后面的条件表达式是 score≥80，实际对应的区间是 [80，90)，因为暗含了第一个 else if 后面的条件表达式为假。依次类推。

7.3.5　if 语句的嵌套

在 C 语言中允许任何有效的语句出现在 if 语句的语句块中，如果在语句块中又出现了 if 语句，称为 if 语句的嵌套或嵌套 if 语句。实际上在对二次方程求根的例子中已经用到 if 语句的嵌套了。下面对 if 语句嵌套的基本知识和需要注意的问题予以说明。

例如，在 if…else 的语句块 1 中嵌入一个 if…else 结构：

```
if(表达式 1)
    if(表达式 2)
        语句块 1-1
    else
        语句块 1-2
else
    语句块 2
```

又如，在 if…else 的语句块 1 和语句块 2 中都嵌入一个 if 语句：

```
if(表达式 1)
    if(表达式 2)
        语句块 1-1
    else
        语句块 1-2
else
    if(表达式 3)
        语句块 2-1
```

实际上，嵌套 if 语句和普通 if 语句并没有本质的区别，只是语句块中又包含了 if 语句。

当出现嵌套 if 语句时，需要特别注意 if 和 else 的配对关系。C 语言采用最近未配对原则，即 else 与其上方同一语句块内最近未配对的 if 构成一对。配对关系与缩进格式无关，缩进只是便于人们阅读，编译器只根据上述原则判定配对关系。

例如，在下面的代码中，else 与 if 的配对关系用线条标记出来了。

```
if(x>=0)
    if(x>0)
        printf("a");
    else
        printf("b");
```

如果希望 else 与第一个 if 配对，需要借助{ }实现。

```
if(x>=0)
{
    if(x>0)
        printf("a");
}
else
    printf("b");
```

所以说，在使用 if 语句嵌套时，可以借助{ }清晰地表明配对关系。

此外，嵌套层次不宜太深。如果嵌套太深，程序过于复杂，难以阅读，容易出错。例如，例 7-10 也可以用嵌套 if 语句实现。

源代码如下：

```
#include <stdio.h>

int main(int argc,char *argv[]){
    float score;                //分数
    char grade;                 //等级

    printf("输入百分制成绩:");
```

```
    scanf("%f",&score);        //输入百分制成绩

    if(score>100||score<0)
        printf("分数必须在0-100之间\n");
    else
    {
        if(score>=90)
          grade='A';
        else
        {
            if(score>=80)
              grade='B';
            else
            {
                if(score>=70)
                  grade='C';
                else
                {
                    if(score>=60)
                      grade='D';
                    else
                      grade='E';
                }
            }
        }
    }

    printf("分数%.1f对应的等级是%c\n",score,grade);
    return 0;
}
```

　　显然上述代码结构不如使用 if…else if…else 语句的清晰。

7.3.6　switch 语句

　　对于有多个分支的情况，在 C 语言中可以用 if…else if…else 实现，也可以使用 if 语句嵌套实现。除此之外，对于满足特定要求的多分支选择问题，还可以用 switch 语句实现。switch 语句称为开关语句，就像多路开关一样，使程序流程形成多个分支。

　　switch 语句的一般格式如下：

```
switch(表达式)
{
    case 常量表达式1:
```

```
        语句序列 1
    case 常量表达式 2:
        语句序列 2
    ...
    case 常量表达式 n:
        语句序列 n
    default:
        语句序列 n+1
}
```

在使用 switch 语句时，应注意以下几点：

1）switch 后面圆括号内表达式的数据类型只能是整型、字符型或枚举型。每个 case 后面常量表达式的数据类型必须与 switch 圆括号内表达式的数据类型一致。

2）每个 case 后面的常量值必须互不相同。case 后面必须是一个常量，不能是一个区间范围。

3）每个 case 后面的语句序列可以是一条语句，也可以是多条语句，不需要用{}括起来。

4）"default：语句块 n+1"部分可以省略。

switch 语句的执行过程如下：程序执行到 switch 语句，首先计算 switch 后面圆括号内表达式的值。然后，自上而下寻找与该值相等的 case 常量。如果找到某个匹配的 case 常量，则执行该 case 后面的所有语句，直到遇到 break 语句或者右花括号 "}"，最后结束整个 switch 语句，转到 switch 结构下面的语句。如果找不到任何一个匹配的 case 常量，则执行 default 后面的语句，如果没有 default 语句，则 switch 语句结束。switch 语句的执行过程如图 7-8 所示。

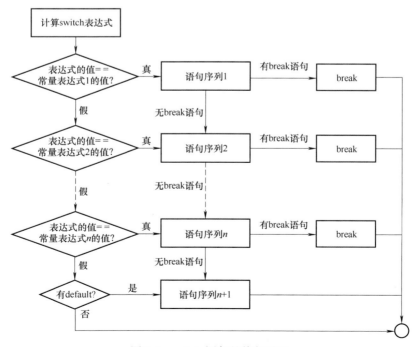

图 7-8　switch 语句的执行过程

在使用 switch 语句时，需要注意的是，case 常量后面的语句序列中如果没有 break 语句，一旦进入该 case，程序会一直向下执行，直到遇到 break 或 ｝。因此，缺少 break 语句的 switch 语句不能实现多分支选择。一般会在每个 case 语句序列的最后添加 break 语句，这样才能实现多分支选择。当然，有时为了实现特殊目的，故意在某些语句序列中不使用 break 语句。

使用 switch 语句需要注意的另外一个问题是，表达式必须是整型、字符型或枚举型，这些都是可以一一列举的数据类型。如果需要根据数值范围确定 case 分支，需要采取一定的变换技巧。

下面使用 switch 语句实现例 7-10。

分析：switch 语句中的表达式和 case 常量必须是整数、字符型或枚举型。分数是百分制，数据类型是浮点型，为了可以使用 switch 语句必须进行转换。实际上可以用成绩整除 10 得到的商来确定等级。商为 10 和 9 对应 A 级，商为 8 对应 B 级，…，不及格成绩对应的商是 5、4、3、2、1、0。通过灵活运用 break 语句的有无，实现商与级别的一对一或多对一关系。

源代码如下：

```c
#include<stdio.h>

int main(int argc,char * argv[]){

    float score;
    char grade='X';

    printf("输入百分制成绩:");
    scanf("% f",&score);

    switch((int)score/10)
    {
        case 10:
        case 9:
            grade='A';
            break;
        case 8:
            grade='B';
            break;
        case 7:
            grade='C';
            break;
        case 6:
            grade='D';
            break;
```

```
    case 5:case 4:case 3:case 2:case 1:case 0:
        grade='E';
        break;
    default:
        printf("输入错误,分数不在 0~100 之内。\n");
    }
    printf("分数%.1f 的等级是%c\n",score,grade);
    return 0;
}
```

注意上述程序中 break 语句的运用方式。90 分以上的成绩（包括 100 分），整除 10 可能得到的商是 10 或 9，等级均为 A，因此 case 10 后就是 case 9，这样无论商是 10 或 9 都进入执行 case 9 中的语句序列，判定等级为 A，然后遇到 break 语句结束整个 switch 结构。不及格成绩的处理技巧与此类似。

【例 7-11】设计一个简单的计算器。用户从键盘输入一个算术运算表达式，格式为"操作数 1 op 操作数 2"。其中 op 是一个运算符，允许的运算符为+、−、＊、／。输出计算结果。

分析：运算符有 4 种，都是字符型，根据运算符的类型执行不同的计算，适合用 switch 语句实现。在除法运算中，要注意保证除数不为 0，如果为 0 会产生错误。如果操作数 2 是整型，则只需用表达式操作数 2＝＝0 判断；如果操作数 2 是浮点型，由于浮点数不能完全精确表示，不能用操作数 2＝＝0 准确判定，此时一般采用的策略是，如果绝对值小于某个很小的常量，则该数近似为 0。这就需要用到求浮点数绝对值函数 fabs( )，该函数在头文件 math.h 中定义。C 语言中 float 的最小绝对值为 FLT_MIN，它是一个在头文件 float.h 中声明的常量，因此还需要包含头文件 float.h。

源代码如下：

```
#include <stdio.h>
#include <math.h>
#include <float.h>

int main(int argc,char *argv[]){

    float data1,data2,result;
    char op;

    printf("输入算式:");
    scanf("%f%c%f",&data1,&op,&data2);
    switch(op)
    {
        case'+':
            result=data1+data2;
            printf("%f%c%f=%f\n",data1,op,data2,result);
```

```
        break;
    case'-':
        result=data1-data2;
        printf("%f%c%f=%f \n",data1,op,data2,result);
        break;
    case' * ':
        result=data1* data2;
        printf("%f%c%f=%f \n",data1,op,data2,result);
        break;
    case '/':
        if(fabs(data2)<FLT_MIN)
            printf("除数为 0 \n");
        else
        {
            result=data1/data2;
            printf("%f%c%f=%f \n",data1,op,data2,result);
        }

        break;
    default:
        printf("不支持的运算符% c \n",op);
    }
    return 0;
}
```

7.4　循环结构

　　前面介绍了顺序结构和选择结构，对于比较复杂的问题，仅有这两种结构是不够的，还需要第三种结构——循环结构。例如，编写程序录入 50 名学生的成绩，每名学生的成绩可以用一条 scanf 语句录入，50 名学生则要重复 50 次。这样确实可以实现任务要求，但过于烦琐且体量笨重。如果学生有 200 名呢？难道要重复 200 次？更进一步，如果事先并不知道学生的数量，又该如何实现呢？在类似的场景中，就要用到循环结构。循环结构能够根据给定的条件，反复执行一段程序若干次。

　　C 语言有 3 种循环语句：while 语句、do…while 语句和 for 语句。这 3 种循环语句可以相互转换，但是每种循环语句适用的场景不同，对于特定场景采用某种循环语句会更自然、更简洁。对于是否需要循环结构，以及需要哪种循环语句，可以从以下 3 个方面思考。

　　1）在解决问题的过程中，是否有一些步骤是重复的？

　　2）如果有，是否可以明确这些步骤重复多少次？

　　3）如果不能确定重复次数，是否可以找到停止条件？

7.4.1　while 语句

while 语句是 C 语言中的一种基本循环结构，用于实现当型循环。while 语句的一般格式如下：

```
while(表达式)
    循环体
```

圆括号中的表达式是循环表达式。循环体可以是一条语句或多条语句，如果是多条语句，要用{}括起来，形成复合语句。

while 语句的执行过程如下：首先求循环表达式的值，如果为真（非0），则执行循环体。循环体执行完后，再次判断循环表达式的值，如果为真，则再执行循环体。如此反复运行，当循环表达式的值为假（0）时，不再执行循环体，循环结束，程序跳转到循环语句的下方执行。

while 语句的执行过程如图 7-9 所示。

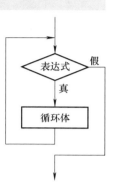

图 7-9　while 语句的执行过程

在循环结构中，控制循环的表达式称为循环表达式或循环条件。循环条件可以是任何合法的表达式，表达式中常用的运算有算术运算、关系运算、逻辑运算等。表达式的值为非 0，则认为是逻辑"真"，表达式的值为 0，则认为是逻辑"假"。例如：

```
while(1+2)
    printf("条件为真\n");
```

循环表达式 1+2 的值为 3，非 0，条件为真。

如果循环体只有一条语句，当满足循环条件时就执行该语句一次。例如：

```
while(i<=10)
    sum+=i;
```

如果循环体有多条语句，需要用{}括起来。如果忘记，会导致逻辑错误。例如：

```
while(i<=10)
    sum+=i;
    i++;
```

该循环的循环体也只有一条语句 sum+=i，语句 i++ 不属于循环体。如果程序员的实际意图是 i++ 也属于循环体，则应该用{}将两条语句括起来，改为：

```
while(i<=10)
{
    sum+=i;
    i++;
}
```

使用 while 语句需要注意以下几点：

1）进入循环之前，与循环有关的变量要初始化。

2）循环表达式的构造非常灵活，既能用于循环次数确定的问题，又能用于循环次数不确定的问题。如果循环次数不确定，需要有明确的循环终止条件。

3）在循环体中要有改变循环表达式值的有关语句。如果循环表达式的值永真，则形成死循环。例如 while(1) 就是一个永真的循环表达式。

4）while 语句先判断循环条件再执行循环体，如果第一次判断循环表达式为假，则循环体一次也不执行。

【例7-12】用 while 循环语句计算 1+2+3+⋯+100 的值。

分析：将该式看作对 100 个数的累加过程。用一个变量 sum 存储累加结果，sum 初始化为 0。依次取出 1，2，3，⋯，取出的数用 i 表示，将 sum 加上数值 i，i 更新为下一个数。只要 i≤100，这样的操作就重复进行。当 i>100 时循环结束，输出 sum。

源代码如下：

```c
#include<stdio.h>

int main(int argc,char *argv[]){
    int sum=0;
    int i=1;

    while(i<=100)
    {
        sum+=i;
        i++;
    }

    printf("1+2+⋯+100=%d\n",sum);
    return 0;
}
```

while 语句能够处理循环次数已知的问题，如上例，事先知道循环 100 次。while 语句也能处理循环次数未知的问题，但需要有明确的循环条件。满足条件则循环，一旦不满足循环条件，则循环结束。

【例7-13】从键盘上读入一段文本，以回车键结束文本输入。将字符分为 3 类：英文字母、数字和除此之外的其他字符。统计文本中 3 类字符的个数。

分析：事先不能确定输入字符的个数，但是有明确的循环终止条件，对循环终止条件取反即为循环条件。程序的基本逻辑是随着文字输入，每次获取当前一个字符，判断它的类型并计数。循环条件是当前字符不是 '\n'。

根据 ASCII 编码的相关知识，对字符型变量 ch 的字符类型做出判定。英文字母用表达式 "ch>='a' &&ch<='z' || ch>='A' &&ch<='Z' " 判定。数字字符用 "ch>=' 0' &&ch<='9' " 判定。

源代码如下：

```
#include <stdio.h>

int main(int argc,char * argv[]){
    char ch;
    int letter,digit,other;

    letter=digit=other=0;

    printf("输入一段文本,以回车结束\n");
    while((ch=getchar())!='\n')
    {
        if(ch>='a'&&ch<='z'||ch>='A'&&ch<='Z')
            letter++;
        else if(ch>='0'&&ch<='9')
            digit++;
        else
            other++;
    }

    printf("字母%d个,数字%d个,其他%d个\n",letter,digit,other);
    return 0;
}
```

【例 7-14】 用公式 $\dfrac{\pi}{4}=1-\dfrac{1}{3}+\dfrac{1}{5}-\dfrac{1}{7}+\cdots$ 计算 π 的近似值,直到最后一项的绝对值小于 10^{-6} 为止。

分析：该公式可以看作对 $\dfrac{1}{1},-\dfrac{1}{3},\dfrac{1}{5},-\dfrac{1}{7},\cdots$ 求累加和。用 i 表示第几项,项 term 看作 $\pm 1\times\dfrac{1}{2i-1}$。每项的正负号交替出现,可以定义一个整数 sign,初始化为 +1,在循环体中用 sign = -sign 实现 +1 和 -1 的交替。

这个问题事先不能确定循环次数,但是有明确的循环终止条件,即项的绝对值 $<10^{-6}$。反过来说,只要当前项的绝对值 $\geqslant 10^{-6}$,就执行循环体。

源代码如下:

```
#include <stdio.h>
#include <math.h>

int main(int argc,char * argv[]){
    int sign=1;
    int i=1;
    double term=1;
    double sum=0;
    double pi;
```

```
        while(fabs(term)>=1.0e-6)
        {
                sum+=term;
                /*计算下一累加项*/
                sign=-sign;
                i+=2;
                term=sign*1.0/i;
        }


        pi=4*sum;
        printf("pi=%lf\n",pi);

        return 0;
}
```

　　while 循环适用于先进行条件判断再执行循环体的问题。在实际应用中，有时难以在循环条件中给出明确的终止条件，而是在循环体的执行过程中，根据某个准则，决定停止循环。这属于中途退出循环的情况。C 语言实现中途退出循环的方式是使用 break 语句。程序执行循环体时，一旦遇到 break 语句，则退出当前循环。一般在循环体内将条件判断语句与 break 语句结合使用，以实现在满足某个条件时退出循环。

　　【例 7-15】 编写程序对某门课程成绩进行分段统计，成绩为百分制。录入前不知道学生人数，约定当输入-1 时结束录入。

　　分析：不知道学生人数，因此不能确定循环次数，也无法在循环表达式中给出明确的终止条件。可以在输入一个成绩后，判断成绩是否等于-1，如果是，则退出循环。因此，本例可使用 while 永真循环配合 break 语句实现多名学生成绩的录入。

　　录入一个成绩后，如果不是-1，则是正常成绩。对正常成绩进行分段比较，使用 if…else if…else 语句对相应的分数段统计人数。

　　源代码如下：

```
#include <stdio.h>

int main(int argc,char *argv[]){
    int count_nopass,count_60,count_70,count_80,count_90;
    float score;
    count_nopass=count_60=count_70=count_80=count_90=0;

    while(1){                        //永真循环
        printf("输入成绩:");
        scanf("%f",&score);

        if(score==-1)break;  //输入-1 退出循环
```

```
    if(score>100 ||(score<0 && score!=-1))
        printf("分数不合法 \n");
    else if(score>=90)
        count_90++;
    else if(score>=80)
        count_80++;
    else if(score>=70)
        count_70++;
    else if(score>=60)
        count_60++;
    else
        count_nopass++;
}

printf("90 以上%d\n80 分段%d\n70 分段%d\n60 分段%d\n \
    不及格%d\n",count_90,count_80,count_70,count_60,count_nopass);

return 0;
}
```

测试运行结果如下:

```
输入成绩:78
输入成绩:82
输入成绩:92
输入成绩:93
输入成绩:100
输入成绩:62
输入成绩:61
输入成绩:45
输入成绩:56
输入成绩:-1
90 以上 3
80 分段 1
70 分段 1
60 分段 2
不及格 2
```

7.4.2 do…while 语句

在 while 语句中，先判断循环条件，如果为真则执行循环体，如果为假则循环结束。在 while 语句中，如果第一次判断条件即为假，则循环体一次也不执行。C 语言中还有一种 do…while 语句，它先执行循环体，再判断循环条件，循环体至少会执行一次。

do…while 语句的一般格式如下：

```
do
    循环体
while(表达式);
```

在 do…while 语句中，循环体、循环条件的含义与 while 语句一样。需要注意的是，do…while 语句必须以分号结束。

do…while 语句的执行过程如下：先执行循环体，然后判断循环表达式是否为真，如果为真则再次执行循环体，如果为假则结束循环。do…while 语句的执行过程如图 7-10 所示。

很多问题既可以用 while 语句实现，也可以用 do…while 语句实现。只要循环体至少执行一次，就可以采用 do…while 语句。

【例 7-16】计算 1+2+…+100 的值，用 do…while 语句实现。

分析：累加操作至少执行 1 次，因此可以使用 do…while 语句。

源代码如下：

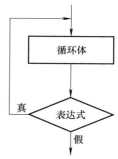

图 7-10　do…while 语句的执行过程

```c
#include <stdio.h>

int main(int argc,char * argv[]){
    int sum=0;
    int i=1;

    do{
        sum+=i;
        i++;
    }while(i<=100);

    printf("sum=%d\n",sum);
    return 0;
}
```

while 语句和 do…while 语句有微妙的区别需要注意。例如下面的两段代码非常相似，区别在于代码 1 采用了 while 语句，而代码 2 采用了 do…while 语句。思考：二者的输出结果相同吗？

代码 1：

```c
int  i=0,sum=0;
scanf("%d",&i);
while(i<=10)
{
    sum=sum+i;
    i++;
}
printf("sum=%d\n",sum);
```

代码 2：

```
int   i=0,sum=0;
scanf("%d",&i);
do
{
    sum=sum+i;
    i++;
}while(i<=10);
printf("sum=%d\n",sum);
```

分析：程序的开始部分从键盘输入 i。如果输入的 i≤10，两段程序的结果相同，都是计算从 i 到 10 的累加和。但是如果输入的 i>10，二者的结果则不同。例如输入的 i 为 11，代码 1 的 while 循环条件不满足，不执行循环体，最后输出 sum 的值为 0。代码 2 的 do…while 循环执行循环体 1 次，执行后 sum 为 11，最后输出 sum 的值为 11。

多数情况下 while 和 do…while 是一样的。但是当第一次判断循环条件就不满足的情况下，二者有所不同。原因在于 while 语句的循环体没有执行，而 do…while 的循环体要执行一次。

【例 7-17】从键盘输入某班学生的计算机课程成绩，判断是否有成绩高于 95 分的学生。不知道学生的人数，约定输入负数时结束输入。

分析：程序要求判断是否有超过 95 分的成绩。只要发现某个分数大于 95，就可以确认结果。用变量 find 表示是否有高于 95 分的成绩，初始化为 0，表示没有。由于学生至少有 1 名，可以采用 do…while 语句。在循环体中读入一个成绩，如果分数大于 95 则判定为有高于 95 的分数（令 find=1），立即结束循环。当所有成绩输入完成后，再输入一个负数，结束循环，此时 find 没有得到更新，仍为 0，表示没有高于 95 的分数。循环条件为 "find==0 && score>=0"。

源代码如下：

```
#include <stdio.h>

int main(int argc,char *argv[]){

    float score;
    int find=0;   //记录查找结果,0 表示没有,1 表示有
    do
    {
        printf("输入成绩:");
        scanf("%f",&score);

        if(score>95)
            find=1;
    }while(find==0 && score>=0);
```

```
    if(find)
        printf("有超过 95 分的学生 \n");
    else
        printf("没有超过 95 分的学生 \n");

    return 0;
}
```

【例 7-18】从键盘输入一个正整数，求它的各位数字之和。例如正整数 1234 各位数字之和是 1 + 2 + 3 + 4 = 10。

分析：对于一个正整数 a 如何将它的各位数字分离出来？令 a 对 10 求余，余数就是它的个位数字。将 a 除以 10 得到的商，相当于将该数去掉个位数。对得到的商再对 10 求余，余数就是 a 的十位数字。例如 1234 对 10 求余得 4，即个位数字是 4；1234 除以 10，商为 123，将 123 对 10 求余得到 3，即为 1234 的十位数字是 3；依次类推，直到除以 10 得到的商为 0 时结束。

这一过程用循环结构实现，对 10 求余和除以 10 操作反复执行，至少会执行一次，适合用 do…while 语句。再在求取各位数字过程中进行累加，最后得到各位数字之和。

源代码如下：

```
#include <stdio.h>

int main(int argc,char *argv[]){
    int a,num;
    int sum=0;

    printf("输入一个正整数:");
    scanf("%d",&a);

    num=a;
    do{
        sum+=num%10;
        num=num/10;
    } while(num! =0);

    printf("%d 的各位数字之和是%d\n",a,sum);
    return 0;
}
```

7.4.3　for 语句

前面已经介绍了一些循环结构实例，可以发现循环结构有 3 个基本控制要素：

- 在循环开始前对要使用的变量进行初始化。

- 在执行循环时，用循环表达式对是否执行循环体进行判断。
- 在循环体执行一次后，对循环变量的值进行更新。

由于循环结构有这 3 个基本控制要素，C 语言提供了 for 语句，将 3 个基本要素放在一起，便于编写规范的循环结构。for 语句结构简洁，使用方便，不易出错。

for 语句的一般格式如下：

```
for(表达式1;表达式2;表达式3)
循环体
```

说明：

- for 是关键字，后面为圆括号，圆括号内包含 3 个表达式，表达式之间用分号分隔。
- 表达式 1 在循环开始前执行一次。它可以是任何合法的表达式，一般用于对变量初始化，最常用的是赋值表达式。如果有多个变量需要初始化，各个赋值表达式之间用逗号分隔，如 a=1,b=2,c=3。
- 表达式 2 是循环条件表达式，在每次执行循环体前对表达式求值，如果为真，则执行循环体，否则结束循环。
- 表达式 3 在循环体执行完成后执行。一般用于循环变量的更新。
- 循环体是循环中需要反复执行的一条语句或多条语句。如果是多条语句用{}括起来。

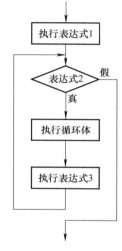

图 7-11　for 语句
执行过程

for 语句的执行过程如下：

1）执行表达式 1，完成变量的初始化。该步骤只在循环开始前执行一次。

2）计算表达式 2 的值。如果为真（非 0），则执行循环体；如果为假（0），则循环结束。

3）执行循环体。

4）执行表达式 3，完成循环变量的更新。

5）转到步骤 2），继续执行。

for 语句的执行过程如图 7-11 所示。

例如，计算 1+2+3+…+100 的值，用 for 语句实现代码如下：

```
int i,sum;
for(i=1,sum=0;i<=100;i++)
    sum+=i;
```

如果用 while 语句实现，代码如下：

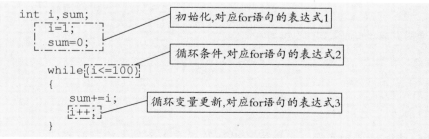

通过对比 for 语句和 while 语句，可以清楚地看到 3 个表达式的作用。

在 for 语句中，3 个表达式的任何一个都可以省略，但是 3 个表达式之间的分号不能省略。

如果表达式 1 省略，表示在 for 语句中不做初始化。如果需要初始化，在 for 语句之前实现。例如在计算 1~100 累加的程序中：

```
int i,sum;

i=1, sum=0;              表达式1省略，在for语句之前初始化
for(  ;i<=100;i++)
sum+=i;
```

如果表达式 2 省略，表示 for 循环的控制条件为真。循环会一直执行，形成无限循环。在编程时需要考虑有退出循环的方式。

如果表达式 3 省略，表示在 for 语句中不进行循环变量的更新。如果需要更新，则将更新语句写在循环体中。例如：

```
int i,sum;
    for(i=1, sum=0; i<=100;  )
    {
        sum+=i;
        i++;              表达式3省略，在循环体中更新循环变量
    }
```

如果 3 个表达式都省略，则相当于 while(1)，是永真循环。

【例 7-19】求 n!。

分析：正整数 n 的阶乘 n! $=1×2×\cdots×n$，可以用 for 语句实现。随着 n 的增加，n! 增加得很快，需要考虑用什么数据类型存储结果。int 甚至 long int 表达的数值范围比较有限，当 n 较大时会产生溢出。考虑用 float 或 double 类型存储结果。在一些程序中甚至用专门的算法处理大数问题。

源代码如下：

```
#include <stdio.h>

int main(int argc,char * argv[]){
    int i,n;
    double frac=1.0;

    printf("n=");
    scanf("%d",&n);

    for(i=1;i<=n;i++)
        frac * =i;

    printf("%d!=%.0lf \n",n,frac);

    return 0;
}
```

【例 7-20】求 1! +2! +3! +⋯+n!。

分析：将该公式看作是求多项的累加。相邻两项之间有一定的递推关系，第 i 项等于第 i−1 项乘以 i，因此不用显式地求出 i 的阶乘，只需随着循环的进行，根据上一项构造出当前项，然后累加即可。

源代码如下：

```
#include <stdio.h>

int main(int argc,char *argv[]){
    int i,n;
    double term=1,sum=0;

    printf("n=");
    scanf("%d",&n);

    for(i=1;i<=n;i++)
    {
        term *=i;
        sum+=term;

        printf("%d!",i);
        if(i<n)    printf("+");
    }

    printf("=%0lf\n",sum);
    return 0;
}
```

程序运行结果示例：

```
n=10
1!+2!+3!+4!+5!+6!+7!+8!+9!+10!=4037913

n=50
1!+2!+3!+4!+5!+6!+7!+8!+9!+10!+11!+12!+13!+14!+15!+16!+17!+18!+19!+20!+
21!+22!+23!+24!+25!+26!+27!+28!+29!+30!+31!+32!+33!+34!+35!+36!+37!+38!+39!+40!+
41!+42!+43!+44!+45!+46!+47!+48!+49!+50!=31035053229546190000000000000000000000
00000000000000000000000000
```

【例 7-21】判断一个正整数是否是质数。质数是指在大于 1 的自然数中，除了 1 和它自身以外不再有其他因数的自然数。

分析：对于一个大于 1 的正整数 a，如果能够在 1 和它自身之间找到一个整数 b，a 可以整除 b，则 a 不是质数。因此可以遍历 b，一旦找到一个 b 可以整除 a，则判定 a 不是质数。如果所有中间数 b 都不能整除 a，则 a 是质数。

对于一个大于 1 的正整数 a，可能的因数最大为 a/2，因此 b 的变化范围是 2~a/2。用逻辑变量 is_prime 记录判断结果。首先 is_prime 初始化为 1，然后遍历所有可能的 b，如果 a 可以被 b 整除，则 a 不是质数，将 is_prime 置 0，退出循环。如果 b 遍历完后，还没有找到因数，则 a 为质数。

源代码如下：

```c
#include <stdio.h>

int main(int argc,char * argv[]){
    int a,b;
    int is_prime=1;

    printf("输入大于 1 的正整数 \n");
    scanf("%d",&a);

    for(b=2;b<=a/2;b++)  {
        //符合该条件的不是质数
        if(a% b==0)
        {
            is_prime=0;
            break;
        }
    }

    if(is_prime)
        printf("%d是质数 \n",a);
    else
        printf("%d不是质数 \n",a);

    return 0;
}
```

7.4.4　break 与 continue

在循环结构中，除了用循环条件控制循环的执行外，还可以使用 break 和 continue 语句。在介绍 switch 开关语句时，已经接触过 break 语句，它用于退出 switch 语句。break 也可以用在循环结构中，用于跳出当前循环。而 continue 语句用于结束本次循环体的执行，但还要进入下一次循环。break 和 continue 的区别如下：

```
while(…)                      while(…)
{                             {
  …                             …
  break;                        continue;
  …                             …
}                             }
```

　　break 语句在循环体中的作用是跳出当前循环，转而执行循环语句后面的语句。如果在多重循环中使用 break 语句，只会跳出当前的循环，而不是一次跳出多重循环。

　　在下面的代码中，使用 break 语句终止了循环的执行。

```
int n,sum=0;
for(;;)
{
    scanf("%d",&n);
    if(n==-1)
        break;
    sum+=n;
}
printf("sum=%d\n",sum);
```

　　代码中的 for 循环是一个无限循环，不断接收从键盘输入的数据，并进行累加。当输入-1 时终止循环，执行循环后面的 printf 语句。

　　continue 语句与 break 语句不同，当在循环体中遇到 continue 语句时，程序不再执行 continue 语句后面的循环体部分，而是开始下一次循环。也就是说，continue 只结束本次循环，并不是终止整个循环的执行。

　　在下面的代码中，输入 10 个数进行累加，但是忽略负数。可以用 continue 语句跳过对负数的累加，实现只累加非负数。

```
int i,n,sum=0;
for(i=1;i<=10;i++)
{
    scanf("%d",&n);
    if(n<=0)
        continue;
    sum+=n;
}
printf("sum=%d\n",sum);
```

【例 7-22】输出 100~200 之间所有不能被 3 整除的数。

　　分析：对 100~200 内的数进行遍历，如果能被 3 整除，用 continue 语句结束本次循环，继续处理下一个数。

　　源代码如下：

```
#include<stdio.h>
int main(int argc,char * argv[]){
    int num;
    for(num=100;num<=200;num++)  {
        if(num%3==0)  continue;  //符合该条件不输出
        printf("%d",num);        //输出不能被 3 整除的数
    }
    return 0;
}
```

7.4.5　循环嵌套

选择结构可以嵌套，循环结构也可以嵌套。循环嵌套是指在一个循环体内又包括一个完整的循环结构。循环嵌套也称为多重循环。循环嵌套可以有多层，按照循环嵌套的层数分为两层循环嵌套与多层循环嵌套。

例如，一个两层循环嵌套的代码如下：

```
for(i=1;i<=4;i++)  ——————→ 外层循环
{
    for(j=1;j<=4;j++)  ——————→ 内层循环
    {
        term=i*j;
        printf("%4d",term);
    }
    printf("\n");
}
```

这是一个两层循环，外层 for 循环的循环体包含一条 for 语句和一条 printf 语句。内层 for 循环的循环体有两条语句，计算 i×j 并输出。程序的执行过程如下：

```
外层循环 i=1
执行内层循环
        j=1,计算 term=1*1,输出 1
        j=2,计算 term=1*2,输出 2
        j=3,计算 term=1*3,输出 3
        j=4,计算 term=1*4,输出 4
        j=5,j<=4 为假,退出内循环
    执行 printf("\n"),实现换行
外层循环 i=2
执行内层循环
        j=1,计算 term=2*1,输出 2
        j=2,计算 term=2*2,输出 4
        j=3,计算 term=2*3,输出 6
        j=4,计算 term=2*4,输出 8
        j=5,j<=4 为假,退出内循环
    执行 printf("\n"),实现换行
外层循环 i=3
…
外层循环 i=4
…
```

程序运行结果是：

```
1   2   3   4
2   4   6   8
```

```
3    6    9    12
4    8    12   16
```

【例 7-23】 打印九九乘法表。

分析：乘法表中给出的数值是两个 1~9 的数的乘积，用变量 i 和 j 表示这两个数。需要得出所有 i×j 的积。用两层循环实现，外层循环控制 i 的变化，内层循环控制 j 的变化，对每一个组合计算 i×j。在内层循环中，当 j 从 1 变到 9 之后，输出换行。

源代码如下：

```
#include <stdio.h>

int main(int argc,char * argv[]){
    int i,j;

    for(i=1;i<=9;i++)              //外层循环,i 从 1 到 9,代表行
    {
        for(j=1;j<=9;j++)         //内层循环,j 从 1 到 9,代表列
            printf("%4d",i * j);
        printf("\n");
    }

    return 0;
}
```

程序运行结果如下：

```
1    2    3    4    5    6    7    8    9
2    4    6    8    10   12   14   16   18
3    6    9    12   15   18   21   24   27
4    8    12   16   20   24   28   32   36
5    10   15   20   25   30   35   40   45
6    12   18   24   30   36   42   48   54
7    14   21   28   35   42   49   56   63
8    16   24   32   40   48   56   64   72
9    18   27   36   45   54   63   72   81
```

上述程序得到了 9 行×9 列的乘法表，而实际使用的乘法表经常采用下三角形式：

```
1
2  4
3  6  9
4  8  12  16
5  10  15  20  25
6  12  18  24  30  36
7  14  21  28  35  42  49
```

```
8  16  24  32  40  48  56  64
9  18  27  36  45  54  63  72  81
```

如何得到这样的乘法表呢？仍然采用两层循环，外层循环控制变量 i 代表行，仍然是从 1~9。但是对于第 i 行，内层循环只需计算 1~i 列，即 j 从 1 变化到 i。因此修改内层循环条件为 j≤i，即可得到下三角形式的乘法表。

源代码如下：

```c
#include <stdio.h>

int main(int argc,char * argv[]){
    int i,j;

    for(i=1;i<=9;i++)
    {
        for(j=1;j<=i;j++)
            printf("%4d",i * j);
        printf("\n");
    }

    return 0;
}
```

还可以在下三角形式乘法表的基础上增加一些装饰。例如：

```
1|  1
2|  2   4
3|  3   6   9
4|  4   8  12  16
5|  5  10  15  20  25
6|  6  12  18  24  30  36
7|  7  14  21  28  35  42  49
8|  8  16  24  32  40  48  56  64
9|  9  18  27  36  45  54  63  72  81
   -------------------------------------------------
    1   2   3   4   5   6   7   8   9
```

分析：为了保证表格的整齐，固定每个数字的宽度为 4，使用格式控制符 %4d 实现。在行首、表格下方打印分割线和数字 1~9。

源代码如下：

```c
#include <stdio.h>

int main(int argc,char * argv[]){
    int i,j;
```

```
    for(i=1;i<=9;i++)
    {
        printf("%2d|",i);          //打印行首的i值和分隔符|
        for(j=1;j<=i;j++)
            printf("%4d",i*j);
        printf("\n");
    }


    //打印表格下方的分隔线
    printf("    ");
    for(j=1;j<=9;j++)
        printf("----",j);
    printf("\n");

    //打印表格下方的数字1-9
    printf("     ");
    for(j=1;j<=9;j++)
        printf("%4d",j);
    printf("\n");

    return 0;
}
```

【例7-24】打印如下图案。

```
       *
      **
     ***
    ****
   *****
  ******
 *******
********
```

分析：图案是由8行星号构成的。用变量i表示行。每行 * 的个数与行号i相同，* 前方有若干个空格，空格的个数与 * 个数之和为8。外层循环控制变量i从1到8，在循环体内输出一行字符，首先输出8-i个空格，然后再输出i个 * ，最后输出" \n"。8-i个空格的输出和i个 * 的输出都用循环实现。

源代码如下：

```
#include <stdio.h>

int main(int argc,char *argv[]){
    int i,j;
```

```
    for(i=1;i<=8;i++)
    {
        for(j=1;j<=8-i;j++)printf("");   //输出 8-i 个空格
        for(j=1;j<=i;j++)printf("*");    //输出 i 个 *
        printf("\n");                    //换行
    }

    return 0;
}
```

【例 7-25】打印如下图案。

```
    *
   ***
  *****
 *******
  *****
   ***
    *
```

分析：菱形图案是由 7 行 * 构成的。上面几行的 * 逐渐增加，下面几行的 * 逐渐减少，需要分为两个部分。上面 4 行，* 的数量分别是 1,3,5,7 个，* 前面的空格数是 3,2,1,0。下面 3 行，* 的数量 5,3,1，* 前面的空格数是 1,2,3。

源代码如下：

```
#include <stdio.h>

int main(int argc,char *argv[]){
    int i,j;

    for(i=1;i<=4;i++)     //菱形图案上面 4 行
    {
        for(j=1;j<=4-i;j++)printf(" ");        //输出 4-i 个空格
        for(j=1;j<=2*i-1;j++)printf("*");      //输出 2i-1 个 *
        printf("\n");                          //换行
    }

    for(i=1;i<=3;i++)    //菱形图案下面 3 行
    {
        for(j=1;j<=i;j++)printf("");            //输出 i 个空格
        for(j=1;j<=2*(3-i)+1;j++)  printf("*");//输出 2*(3-i)+1 个 *
        printf("\n");                          //换行
    }
    return 0;
}
```

7.5 综合应用实例

在学习了 C 语言的基本知识和控制结构后，就可以解决有一定实际意义的问题了。在解决比较复杂的问题时，需要综合运用三种基本结构。由于目前还没有学习函数、数组、指针等知识，有些代码不够精练，以后再改进。

【例 7-26】石头剪刀布游戏。石头剪刀布是大家经常玩的一种游戏。编程实现用户和计算机玩石头剪刀布游戏。

分析：出拳的种类有 3 种：石头、剪刀、布。计算机随机出拳，可能的数值为 0（石头）、1（剪刀）、2（布）。用户自行输入 0、1、2 中的某个数值。

根据双方的出拳情况判定胜、负、平。从用户的角度，游戏结果判断矩阵如图 7-12 所示。

用户 ＼ 计算机	石头（0）	剪刀（1）	布（2）
石头（0）	平	赢	输
剪刀（1）	输	平	赢
布（2）	赢	输	平

图 7-12　石头剪刀布游戏结果的判断矩阵

假设 a 表示用户的出拳，b 表示计算机的出拳。

用户赢的情况包括 3 种：$a=0,b=1$；$a=1,b=2$；$a=2,b=0$。

用户输的情况与赢的条件相反，也包括 3 种：$a=0,b=2$；$a=1,b=0$；$a=2,b=1$。

如果 a 与 b 相等，则为平。

根据上述规则，用 a,b 表示用户和计算机的出拳，则判定结果的代码如下：

```
if((a==0 && b==1)||(a==1 && b==2)||(a==2 && b==0))
    printf("你赢了 \n");
else if((a==0 && b==2)||(a==1 && b==0)||(a==2 && b==1))
    printf("你输了 \n");
else if(a==b)
    printf("打平 \n");
else
    printf("你输错了数字 \n");
```

在实际玩游戏时，一般要进行多局，如 5 局 3 胜。如果打平，不计入局数。由于平局不算数，事先指定的局数不一定是实际进行的局数，如 5 局 3 胜不一定就是 5 局，需要剔除平局，只有分出输赢的才属于有效对局。另外，一旦一方的获胜局数超过指定局数的半数，则比赛结束。

在程序运行时，首先由用户指定最大有效对局数，它必须是奇数。然后，用无限循环结构模拟多次对局。在一次对局中如果分出输赢，则记录用户的输赢局数；如果是平局，则继续下一局。当用户或计算机获胜局数超过半数，则退出循环。最后输出游戏结果。

源代码如下：

```c
#include <stdio.h>
#include <stdlib.h>
#include <time.h>

int main(int argc,char * argv[]){
    int total_rounds;        //比赛总局数
    int user,computer;       //用户和计算机的出拳
    int win=0,lose=0;        //用户赢的局数、输的局数

    while(1)    //用户输入总局数,必须是奇数
    {
        printf("输入总局数(奇数):");
        scanf("%d",&total_rounds);
        if(total_rounds% 2==0)
          printf("总局数必须是奇数,请重新输入 \n");
        else
          break;
    }

    //多轮对局
    while(1)
    {
        //计算机出拳
        srand(time(NULL));
        computer=rand()% 3;

        //用户出拳
        while(1)
        {
            printf("请你出拳(0 石头,1 剪刀,2 布):");
            scanf("%d",&user);
            if(user==0||user==1||user==2)
                break;
            else
                printf("只能输入 0,1,2,重新输入 \n \n");
        }

        //显示双方出拳情况
        printf("你出");
        switch(user){
            case 0:
```

```
            printf("石头");
            break;
        case 1:
            printf("剪刀");
            break;
        case 2:
            printf("布");
            break;
    }

    printf(",计算机出");
    switch(computer){
        case 0:
            printf("石头");
            break;
        case 1:
            printf("剪刀");
            break;
        case 2:
            printf("布");
            break;
    }

    printf("\n");

    //判定本局结果
    if((user==0&&computer==1)||(user==1&&computer==2)||(user==2&&computer==0))
    {
            printf("这局你赢了\n\n");
            win++;
    }
    else if((user==0&&computer==2)||(user==1&& computer==0)||(user==2&&computer==1))
    {
            printf("这局你输了\n\n");
            lose++;
    }
    else if(user==computer)
            printf("打平,不算\n\n");

    //赢或输的局数超过一半就结束比赛
    if(win>total_rounds/2||lose>total_rounds/2)
```

```
        break;
    }

    //输出比赛结果
    printf("有效对局%d局,你赢了%d局,输了%d局。\n\n",win+lose,win,lose);
    if(win>total_rounds/2)
        printf("这次比赛你赢了!\n");
    else
        printf("这次比赛你输了!\n");

    return 0;
}
```

程序运行结果如下:

```
输入总局数(奇数):5
请你出拳(0石头,1剪刀,2布):0
你出石头,计算机出石头
打平,不算

请你出拳(0石头,1剪刀,2布):1
你出剪刀,计算机出石头
这局你输了

请你出拳(0石头,1剪刀,2布):2
你出布,计算机出剪刀
这局你输了

请你出拳(0石头,1剪刀,2布):1
你出剪刀,计算机出布
这局你赢了

请你出拳(0石头,1剪刀,2布):2
你出布,计算机出布
打平,不算

请你出拳(0石头,1剪刀,2布):0
你出石头,计算机出石头
打平,不算

请你出拳(0石头,1剪刀,2布):0
你出石头,计算机出石头
打平,不算
```

```
请你出拳(0 石头,1 剪刀,2 布):0
你出石头,计算机出剪刀
这局你赢了

请你出拳(0 石头,1 剪刀,2 布):1
你出剪刀,计算机出剪刀
打平,不算

请你出拳(0 石头,1 剪刀,2 布):2
你出布,计算机出布
打平,不算

请你出拳(0 石头,1 剪刀,2 布):2
你出布,计算机出布
打平,不算

请你出拳(0 石头,1 剪刀,2 布):1
你出剪刀,计算机出石头
这局你输了

有效对局 5 局,你赢了 2 局,输了 3 局。

这次比赛你输了!
```

本章小结

本章介绍了程序控制结构。

1）结构化程序设计思想。人们在长期编程实践中认识到，无论多复杂的逻辑，都可以用三种基本结构实现，即顺序、选择和循环。

2）C 语言提供了多种选择结构语句。if 语句用于实现条件选择，if…else 语句用于对两种情况分别处理。if…else if…else 语句用于实现多分支结构。switch 也可以实现多分支结构，但对分支变量有特定要求。

3）C 语言提供了丰富的循环语句。while 用于实现当型循环。do…while 用于实现直到型循环。for 循环将初始化循环变量、循环条件、循环变量更新集中在一起。这三种循环结构可以相互转换，一般根据具体任务选择使用合适的循环语句。

习　题

一、单项选择题

1. if 语句的基本格式是"if(表达式) 语句"。以下关于"表达式"值的叙述正确的是（　　）。

A. 必须是逻辑值　　B. 必须是整数值　　C. 必须是正数　　D. 可以是任意合法的数值

2. 在嵌套的 if 语句中, else 应与 (　　　)。

A. 第一个 if 配对

B. 它上面最近的且未配对的 if 配对

C. 它上面最近的 if 配对

D. 占有相同列位置的 if 配对

3. 以下关于 switch 语句描述不正确的是 (　　　)。

A. 每个 case 常量表达式的值互不相同

B. case 常量表达式只起语句标号作用

C. default 后面的语句总要执行一次

D. break 不是必须使用的

4. 以下叙述正确的是 (　　　)。

A. do…while 语句构成的循环不能用其他循环语句代替

B. 只有 do…while 语句构成的循环能用 break 语句退出

C. do…while 后面的循环表达式为 0 时不一定结束循环

D. 对于 while 语句构成的循环, 当循环表达式为 0 时结束循环

5. 以下叙述错误的是 (　　　)。

A. 在多重循环中, 外层循环和内层循环的控制变量不能同名

B. 执行嵌套循环时, 先执行内层循环, 再执行外层循环

C. 如果内外层循环次数都是固定的, 则总的循环次数等于外层循环次数与内层循环次数之积

D. 如果一个循环的循环体中又完整包含了另一个循环, 则称为循环嵌套

6. 以下程序的输出结果是 (　　　)。

```c
#include <stdio.h>
int main()
{
    int a=2,b=-1,c=2;
    if(a<b)
        if(b<c)c=0;
        else c+=1;
    printf("%d\n",c);
    return 0;
}
```

A. 3　　　　　　　　B. 2　　　　　　　　C. 1　　　　　　　　D. 0

7. 以下程序的输出结果是 (　　　)。

```c
#include <stdio.h>
int main()
    {
    char cls='3';
    switch(cls)
    {
        case'1':printf("first \n");
```

```
        case'2':printf("second\n");
        case'3':printf("third\n");break;
        case'4':printf("fourth\n");
        default:printf("error\n");
    }
    return 0;
}
```

A. third   B. error   C. second   D. fourth

8. 下面程序中 while 循环的执行次数是（ ）。

```
int k=0;
while(k=1)k++;
```

A. 执行 1 次   B. 一次也不执行 C. 无限次   D. 有语法错误，不能执行

9. 下面程序中 for 语句中循环体的执行次数是（ ）。

```
int i,j;
for(i=0,j=1;i<j+1;i+=2,j--)
    printf("%d\n",i);
```

A. 3   B. 2   C. 1   D. 0

10. 以下程序的输出结果是（ ）。

```
int x=3;
    do{
        printf("%d\n",x-=2);
    }while(!(--x));
```

A. 1   B. 3 0   C. 1 -2   D. 死循环

二、填空题

1. C 语言中用_____表示逻辑值"真"，用_____表示逻辑值"假"。

2. 对于数学公式 |x|>4，在 C 语言中用表达式表示为_____。

3. 以下程序用于判断一个整数是否能被 3 整除但不能被 7 整除。请将程序补充完整。

```
int a;
scanf("%d",&a);
if(_____)
    printf("%d能被3整除但不能被7整除\n",a);
```

4. 以下程序根据 x 的取值输出不同信息。如果 x>100 则输出"很大"；如果 50≤x≤100，则输出"中等"；如果 x<50，则输出"较小"。请将程序补充完整。

```
int x;
scanf("%d",&x);
if(x>100)
    printf("很大\n");
```

```
else if(_____)
    printf("中等\n");
else
    printf("较小\n");
```

5. 以下程序的功能是求 x 的 y 次方, y 为整数。请将程序补充完整。

```
#include <stdio.h>
int main()
{
    int i,y;
    double x,z;

    scanf("% lf,%d",&x,&y);
    for(i=1,z=x;i<y;i++)
        z=z*_____;
    printf("z=% lf",z);
    return 0;
}
```

6. 以下程序的功能是计算 s=1+12+123+1234+12345。请将程序补充完整。

```
#include <stdio.h>
int main()
{
    int i,t=0,sum=0;
    for(i=1;i<=5;i++)
    {
        t=i+_____;
        sum+=t;
    }
    printf("sum=%d\n",sum);
    return 0;
}
```

7. 以下程序的输出结果是_____。

```
#include <stdio.h>
int main()
{
    int a=100;

    if(a>100)  printf("%d\n",a>100);
    else     printf("%d\n",a<100);

    return 0;
}
```

8. 以下程序的输出结果是_____。

```c
#include <stdio.h>
int main()
{
    int x=0,y=2,z=3;
    switch(x){
        case 0:
            switch(y==2){
                case 1:printf("*");break;
                case 2:printf("%");break;
            }
        case 1:
            switch(z){
                case 1:printf("$");
                case 2:printf("*");break;
                default:printf("#");
            }
        }
    return 0;
}
```

9. 以下程序的输出结果是_____。

```c
#include <stdio.h>

int main()
{
    int x=2;
    while(x--);
    printf("%d\n",x);
    return 0;
}
```

10. 以下程序的输出结果是_____。

```c
#include <stdio.h>
int main()
{
    int i=0,sum=1;
    do{
        sum+=i++;
    }while(i<5);
    printf("%d\n",sum);
    return 0;
}
```

三、编程题

1. 编写程序，从键盘输入 3 个数，输出最大的数。

2. 编写程序，从键盘输入一个正整数，判断它是否既是 5 的倍数又是 7 的倍数。若是则输出"是"，否则输出"不是"。

3. 对于以下函数，编写程序，要求输入 x，输出 y 的值。

$$y = \begin{cases} x, & -5 < x < 0 \\ x - 1, & x = 0 \\ x + 1, & 0 < x < 10 \end{cases}$$

4. 某单位要给员工增加工资，增加的金额与工龄和现工资有关。工龄 20 年以上的，如果现工资高于 5000 元，加 500 元，否则加 300 元；工龄不足 20 年的，如果现工资高于 3000 元，则加 200 元，否则加 100 元。从键盘输入某员工的工龄和现工资，输出新的工资数。

5. 已知某月有 30 天，1 日是星期二，编程输出如下形式的周历表。

一	二	三	四	五	六	日
	1	2	3	4	5	6
7	8	9	10	11	12	13
14	15	16	17	18	19	20
21	22	23	24	25	26	27
28	29	30				

6. 利用泰勒级数 $e = 1 + \dfrac{1}{1!} + \dfrac{1}{2!} + \dfrac{1}{3!} + \cdots$，计算自然常数 e 的近似值，当最后一项的绝对值小于 10^{-6} 时，达到精度要求。

7. 编程求解鸡兔同笼问题。有若干只鸡和兔同在一个笼子里，有 35 个头，有 94 只脚。问笼中各有多少只鸡和兔？

8. 编程求韩信点兵问题。有一队士兵不知其人数，三人一组余两人，五人一组余三人，七人一组余四人。问这队士兵至少有多少人？

9. 编程求猴子吃桃问题。猴子第一天摘下若干个桃子，当天吃了一半，又多吃了一个。第二天将剩下的桃子吃了一半，又多吃一个。以后每天都是将前一天剩下的桃子吃一半又多一个。到第十天早上发现只剩下一个桃子。求第一天共摘了多少个桃子。

10. 编程打印所有的水仙花数。所谓水仙花数是指一个三位数，其各位数字的三次方之和等于该数本身。例如 $153 = 1^3 + 5^3 + 3^3$，153 就是一个水仙花数。

第8章 数组、函数、指针与文件

学习目标

掌握数组的概念；
掌握一维数组和二维数组的使用；
了解多维数组；
掌握函数的定义、调用与声明；
了解函数的嵌套与递归调用；
理解指针、结构体和共用体；
掌握文件的读/写。

知识结构

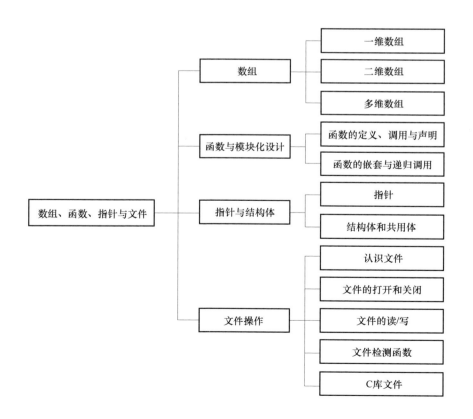

 导入案例

小白经过前面的学习，知道了什么是编程、程序执行的流程、三大结构、编程的逻辑。但当处理批量数据时，不知如何解决。另外，主要程序代码都在 main( ) 函数中实现，当程序逻辑复杂时，显得特别烦琐。这些问题怎么解决呢？

小白困惑的原因是他还没了解 C 语言中的数组、函数、指针和结构体等，本章就来学习这些知识。

学习 C 语言的一条路径是：知道什么是编程→程序执行的流程→三大结构→复杂逻辑的实现→复杂数据结构→函数→文件的使用。把这些知识融会贯通后，就基本掌握了编程技能。当然，要想成为编程达人，还需要丰富的实战经验。因此还应注意动手实践，用实际的项目验证自己的所学所想，学以致用。最后祝愿大家在编程的道路上持之以恒，越战越勇。

8.1　数组

在前面所学的章节中，所使用的数据都属于基本数据类型。除了基本数据类型之外，C 语言还提供了构造类型。构造类型的数据包括数组、结构体和共用体。本节对其中的数组类型进行详细讲解。

在程序中经常需要对一批数据进行操作。例如，统计某公司 100 名员工的平均工资。如果使用变量来存放工资数据，需要定义 100 个变量。这样做显然很麻烦，而且很容易出错。这时，可以使用 x[0],x[1],x[2],…,x[99] 表示这 100 个变量，并通过方括号中的数字来对这 100 个变量进行区分。

在程序设计中，使用类似 x[0],x[1],x[2],…,x[n] 表示的一组具有相同数据类型的变量集合称为数组，数组中的每一项称为数组元素，每个元素都有对应的下标，用于表示元素在数组中的位置序号，数组下标是从 0 开始的。

为了更好地理解数组，接下来，通过一张图来描述数组有 10 个元素的数组 x 的元素分配情况，如图 8-1 所示。

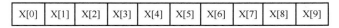

| X[0] | X[1] | X[2] | X[3] | X[4] | X[5] | X[6] | X[7] | X[8] | X[9] |

图 8-1　有 10 个元素的数组 x

可以看出，数组 x 包含 10 个元素，这些元素是按照下标的顺序进行排列的。由于数组元素的下标是从 0 开始的，因此数组 x 的最后一个元素为 x[9]。

上面的数组只有一个下标，比较复杂的数组下标的个数可能更多。数组下标的个数称为维数，根据维数的不同，可将数组分为一维数组、二维数组、三维数组、四维数组等。通常，二维及以上的数组称为多维数组。

8.1.1　一维数组

1. 一维数组的定义与初始化

一维数组指只有一个下标的数组，用来表示一组具有相同类型的数据。在 C 语言中，

一维数组的定义如下：

```
类型说明符  数组名[常量表达式];
```

其中，"类型说明符"表示数组中所有元素的类型；"常量表达式"指的是数组的长度，也就是数组中存放元素的个数。

例如"int array[5];"定义了一个数组。其中，int 是数组的类型，array 是数组的名称，方括号中的 5 是数组的长度。

数组的定义只是为数组中的元素开辟了一块内存空间。如果想使用数组操作数据，还需要对数组进行初始化。数组初始化的常见方式有 3 种。

（1）直接对数组中的所有元素赋值

```
int i[5]={1,2,3,4,5};
```

上述代码定义了一个长度为 5 的数组 i，并且数组中元素的值依次为 1、2、3、4、5。

（2）只对数组中的一部分元素赋值

```
int i[5]={1,2,3};
```

上述代码定义了一个 int 类型的数组，但在初始化时，只对数组中的前三个元素进行了赋值，其他元素的值默认为 0。

（3）对数组全部元素赋值，但不指定长度

```
int i[]={1,2,3,4};
```

在上述代码中，数组 i 中的元素有 4 个，系统会根据给定初始化元素的个数定义数组的长度，因此，数组 i 的长度为 4。

!! 注意

- 数组的下标是用方括号括起来的，而不是圆括号。
- 数组名的命名规则同变量名的命名规则相同。
- 在数组定义中，常量表达式的值可以是符号常量。例如下面的定义是合法的。

```
int a[N];        //假设预编译命令#define N 4,下标是符号常量
```

2. 一维数组的引用

在程序中经常需要访问数组中的一些元素，可以通过数组名和下标来引用数组中的元素。一维数组元素的引用格式如下：

```
数组名[下标];
```

其中，"下标"指的是数组元素的位置，数组元素的下标是从 0 开始的。例如，引用数组 x 的第 3 个元素的格式是 x[2]。

为了更好地理解数组元素的引用，接下来通过一个案例进行说明。

【例 8-1】数组的使用。

源代码如下：

```
#include <stdio.h>
```

```
void main(int argc,char *argv[])
{
  int x[5]={2,3,1,4,6};
  int i;
  for (i=0;i<5;i++)
  {
      printf("%d\n",2*x[i]);
  }
}
```

程序的运行结果如下：

```
4
6
2
8
12
```

在上述代码中，首先定义了一个数组 x，然后通过下标的形式获取数组中的元素，最后将元素乘以 2 后输出。

!! 注意

数组的下标都有一个范围，即 "0～（数组长度−1）"。假设数组的长度为 6，其下标范围为 0～5。当访问数组中的元素时，下标不能超出这个范围，否则程序会报错。

3. 一维数组的常见操作

数组的应用非常广泛，经常需要对数组进行遍历、获取最值、排序等操作，灵活地使用数组对实际开发很重要。

（1）一维数组的遍历

在操作数组时，经常需要依次访问数组中的每个元素，这种操作称作数组的遍历。下面使用 for 循环依次遍历数组中的元素。

【例 8-2】数组遍历。

源代码如下：

```
#include <stdio.h>
void main(int argc,char * argv[])
{
  int x[5]={1,2,3,4,5};
  int i;
  for(i=0;i<5;i++)
  {
      printf("x[%d]:%d\n",i,x[i]);
  }
}
```

程序的运行结果如下：

```
x[0]:1
x[1]:2
x[2]:3
x[3]:4
x[4]:5
```

在上述代码中，首先定义了一个长度为 5 的数组 x，然后定义了一个变量 i，由于数组的下标范围为 0~4，因此可以将 i 的值作为下标，依次去访问数组中的元素，并将元素的值输出。

（2）一维数组的最值

在操作数组时，经常需要获取数组中元素的最值。接下来通过一个案例来演示如何获得数组中的最大值。

【例 8-3】 获取数组中的最大值。

源代码如下：

```
1    #include <stdio.h>
2    int main(int argc,char * argv[])
3    {
4        int x[5]={1,2,3,4,5};
5        int nMax=x[0];
6        int i;
7        for(i=1;i<5;i++)
8        {
9            if(x[i]>nMax)
10           {
11               nMax=x[i];
12           }
13       }
14       printf("max:%d\n",nMax);
15       return 0;
16   }
```

程序的运行结果如下：

```
max:5
```

上述代码实现了获取数组 x 最大值的功能。在第 5 行代码中假定数组中的第一个元素为最大值，并将其赋值给 nMax，第 7~13 行代码对数组中的其他元素进行遍历，如果发现比 nMax 值更大的元素，就将 nMax 设置为这个元素的值，这样当数组遍历完后，nMax 中存储的就是数组中的最大值。

（3）一维数组的排序

在操作数组时，经常还需要对数组中的元素进行排序。接下来为大家介绍一种比较常见的排序算法——冒泡排序算法。在冒泡排序的过程中，不断地比较数组中相邻的两个元素，较小者向上浮，较大者往下沉，整个过程和水中气泡上升的原理相似。假设需要将一组数据从小到大排序，冒泡排序的整个过程如下：

1）从第一个元素开始，将相邻的两个元素依次进行比较，直到最后两个元素完成比较。如果前一个元素比后一个元素大，则交换它们的位置。整个过程完成后，数组中最后一个元素就是最大值，这样就完成了第一轮的比较。

2）除了最后一个元素，将剩余的元素继续进行两两比较，过程与第一步相似，这样就可以将数组中第二大的数放在倒数第二个位置。

3）依次类推，持续对越来越少的元素重复上面的步骤，直到没有任何一对元素需要比较为止。

了解了冒泡排序的原理之后，接下来通过一个案例来实现冒泡排序。

【例8-4】冒泡排序算法的实现。

源代码如下：

```
1   #include<stdio.h>
2   void main(int argc,char ** argv[])
3   {
4       int x[5]={9,8,3,5,2};
5       int m=0,n=0;
6       int nTemp=0;
7       int i=0;
8       printf("冒泡排序前:\n");
9       for(i=0;i<5;i++)
10      {
11          printf("%d",x[i]);
12      }
13      printf("\n");
14      for(m=0;m<5-1;m++)           //外层循环
15      {
16          for(n=0;n<5-1-m;n++)     //内层循环
17          {
18              if(x[n]>x[n+1])      //交换
19              {
20                  nTemp=x[n];
21                  x[n]=x[n+1];
22                  x[n+1]=nTemp;
23              }
24          }
25      }
26      printf("冒泡排序后:\n");
27      for(i=0;i<5;i++)
```

```
28    {
29        printf("%d",x[i]);
30    }
31    printf("\n");
32 }
```

程序的运行结果如下：

冒泡排序前：

9 8 3 5 2

冒泡排序后：

2 3 5 8 9

上述代码通过嵌套 for 循环实现了冒泡排序。其中，外层循环用来控制进行多少轮比较，每一轮比较都可以确定一个元素的位置，由于最后一个元素不需要进行比较，因此，外层循环的次数为"数组的长度−1"，内层循环的循环变量用于控制每轮比较的次数，在每次比较时，如果前者小于后者，就交换两个元素的位置。具体执行过程如图 8-2 所示。

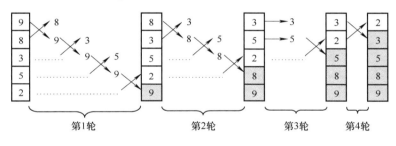

图 8-2　冒泡排序过程

由图 8-2 可见，在第一轮比较中，第一个元素 9 为最大值，因此它在每次比较时都会发生位置的交换，被放到最后一个位置。第二轮比较与第一轮过程相似，元素 8 被放到倒数第二个位置。在第三轮比较中，第一次比较没有发生位置的交换，在第二次比较时才发生位置交换，元素 5 被放到倒数第三个位置。后面的以此类推，直到数组中所有元素完成排序。

值得一提的是，当元素交换时，会通过一个中间变量 temp 记住 arr[j]，然后将 arr[j+1] 赋给 arr[j]，最后再将 temp 赋给 arr[j+1]。交换过程图 8-3 所示。

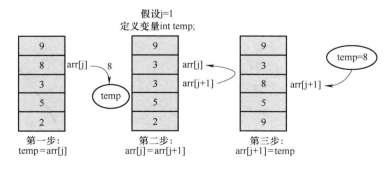

图 8-3　交换过程

8.1.2　二维数组

1. 二维数组的定义与初始化

在实际应用中，仅使用一维数组是远远不够的。例如，一个学习小组有 5 个人，每个人有 3 门课的考试成绩。如果使用一维数组解决这个问题是很麻烦的。这时可以使用二维数组。二维数组的定义方式与一维数组类似，语法格式如下：

```
类型说明符　数组名[常量表达式1][常量表达式2];
```

其中，"常量表达式 1"被称为行下标；"常量表达式 2"被称为列下标。

例如，定义一个 3 行 4 列的二维数组：

```
int a[3][4];
```

在上述定义的二维数组中，共包含 3×4 个元素，即 12 个元素。二维数组 a 的元素分布情况如图 8-4 所示。

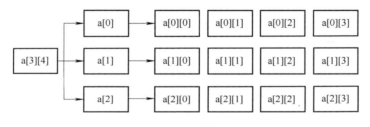

图 8-4　二维数组 a

可以看出，二维数组 a 是按行存放的，先存放 a[0] 行，再存放 a[1] 行、a[2] 行，并且每行有 4 个元素，也是依次存放的。

完成二维数组的定义后，需要对二维数组进行初始化。初始化二维数组的方式有 4 种。

1）按行给二维数组赋初值。例如：

```
int a[2][3]={{1,2,3},{4,5,6}};
```

在上述代码中，等号后面有一对大括号，大括号中的第一对括号代表的是第一行的数组元素，第二对括号代表的是第二行的数组元素。

2）将所有的数组元素按行顺序写在一个大括号内。例如：

```
int a[2][3]={1,2,3,4,5,6};
```

在上述代码中，二维数组 a 共有 2 行，每行有 3 个元素。其中，第一行的元素依次为 1、2、3，第二行元素依次为 4、5、6。

3）对部分数组元素赋初值。例如：

```
int b[3][4]={{1},{4,3},{2,1,2}};
```

在上述代码中，只为数组 b 中的部分元素进行了赋值，对于没有赋值的元素，系统会自动赋值为 0。数组 b 中元素的存储方式如图 8-5 所示。

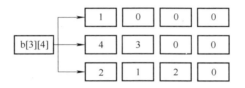

图 8-5　二维数组 b

4）如果对全部数组元素赋初值，则二维数组的第一个下标可省略，但第二个下标不能省略。例如：

```
int a[2][3]={1,2,3,4,5,6};
```

可以写为

```
int a[][3]={1,2,3,4,5,6};
```

系统会根据固定的列数，将后边的数值进行划分，自动将行数定位 2。

2. 二维数组的引用

二维数组的引用方式同一维数组的引用方式一样，也是通过数组名和下标的方式来引用数组元素，其语法格式如下：

```
数组名[下标][下标];
```

在上述语法格式中，下标值应该在已定义的数组的大小范围内。例如下面这种情况是错误的。

```
int a[3][4];   //定义 a 为 3 行 4 列的二维数组
a[3][4]=3;     //对数组 a 第 3 行第 4 列元素赋值,出错
```

在上述代码中，数组 a 可用的行下标范围是 0~2，列下标是 0~3，a[3][4]超出了数组的下标范围。

为了帮助读者更好地掌握二维数组的引用，下面通过一个案例来演示二维数组的遍历。

【例 8-5】二维数组的遍历。

```
1   #include <stdio.h>
2   void main()
3   {
4     //声明并初始化数组
5     int array[3][4]={{1,2,3,4},{5,6,7,8},{9,10,11,12}};
6     for(int i=0;i<3;i++)      //循环遍历行
7     {
8        for(int j=0;j<4;j++)   //循环遍历列
9        {
10        printf("[%d][%d]:%d",i,j,array[i][j]);
11       }
12       printf("\n");          //在每行的末尾添加换行符
13    }
14  }
```

程序的运行结果如下：

```
[0][0]:1  [0][1]:2   [0][2]:3   [0][3]:4
[1][0]:5  [1][1]:6   [1][2]:7   [1][3]:8
[2][0]:9  [2][1]:10  [2][2]:11  [2][3]:12
```

在上述代码中，定义了一个二维数组 array，该数组有 3 行 4 列。当使用嵌套 for 循环遍历二维数组元素时，外层 for 循环用于遍历数组的行元素，内层 for 循环用于遍历数组的列元素。从运行结果可以看出，程序依次将数组 array 中的元素输出了。

3. 二维数组的应用

熟悉了二维数组的定义和引用，下面来定义一个二维数组 StuScore[5][3]，用来存放 5 名学生 3 门课程的成绩，并定义变量 m 表示学生，n 表示第几门成绩。根据数据，计算每名学生 3 门课的总分，以及各门课 5 人的平均成绩。

【例 8-6】用二维数组表示成绩。

源代码如下：

```
1   #include <stdio.h>
2   void main(int argc,char *argv[])
3   {
4     int StuScore[5][3]={
5        {88,70,90},//张同学
6        {80,80,60},//王同学
7        {89,60,85},//李同学
8        {80,75,78},//赵同学
9        {70,80,80}//周同学
10    };
11    int m=0,n=0;
12    int nStuTotalScore;
13    int nMathTotalScore=0;
14    int nChineseTotalScore=0;
15    int nEnglishTotalScore=0;
16    printf("个人总成绩:\n");
17    for(m=0;m<5;m++)
18    {
19      nStuTotalScore=0;
20      for(n=0;n<3;n++)
21      {
22        nStuTotalScore+=StuScore[m][n];
23        switch(n)
24        {
25          case 0:
26          {
```

```
27                    nMathTotalScore+=StuScore[m][0];
28                    break;
29              }
30          case 1:
31          {
32                    nChineseTotalScore+=StuScore[m][1];
33                    break;
34          }
35          case 2:
36          {
37                    nEnglishTotalScore+=StuScore[m][2];
38          }
39      }
40      switch(m)
41      {
42      case 0:
43      {
44            printf("张同学:%d\n", nStuTotalScore);
45            break;
46      }
47      case 1:
48      {
49            printf("王同学:%d\n", nStuTotalScore);
50            break;
51      }
52      case 2:
53      {
54            printf("李同学:%d\n", nStuTotalScore);
55            break;
56      }
57      case 3:
58      {
59            printf("赵同学:%d\n", nStuTotalScore);
60            break;
61      }
62      case 4:
63      {
64            printf("周同学:%d\n", nStuTotalScore);
65            break;
66      }
67  }
```

```
68    }
69    printf("小组数学总分:%d    小组数学平均分:%.2f\n",
70        nMathTotalScore,(double)nMathTotalScore/5);
71    printf("小组语文总分:%d    小组语文平均分:%.2f\n",
72        nChineseTotalScore,(double)nChineseTotalScore/5);
73    printf("小组英语总分:%d    小组英语平均分:%.2f\n",
74        nEnglishTotalScore,(double)nEnglishTotalScore/5);
75    }
```

程序的运行结果如下：

```
个人总成绩:
张同学:248
王同学:220
李同学:234
赵同学:233
周同学:230
小组数学总分:407    小组数学平均分:81.40
小组语文总分:365    小组语文平均分:73.00
小组英语总分:393    小组英语平均分:78.60
```

上述代码实现了计算小组各科平均分的功能。其中，第 4~10 行代码定义了一个二维数组，用来存储小组中每名学生的各科成绩。用双层循环对各个成绩进行遍历，在遍历过程中，计算各名学生 3 门课的总分并输出，以及计算各课程的总分和平均分，最后输出小组不同课程的总分和平均分。

8.1.3　多维数组

除一维数组和二维数组外，还有三维、四维等多维数组，它们用在某些特定程序开发中。多维数组的定义与二维数组类似，语法格式如下：

> 数组类型修饰符　数组名[n1][n2]…[nn];

例如，定义一个三维数组：

```
int x[3][4][5];
```

上述代码定义了一个三维数组，数组名是 x，数组的长度为 3，每个数组的元素又是一个二维数组，这个二维数组的长度是 4，并且这个二维数组中的每个元素又是一个一维数组，这个一维数组的长度是 5，元素的数据类型是 int。

多维数组的使用方法与二维数组的相似，这里不做详细讲解，有兴趣的读者请自行学习。

8.2　函数与模块化设计

通过前面的学习，已经能编写一些简单的 C 语言程序了，但是如果程序的功能比较多、规模比较大，把所有的程序代码都写在一个主函数（main()函数）中，就会使主函数变得复杂、不便于阅读和维护。此外，有时程序要多次实现某一功能（例如打印每一页的表头），就需要多次重复编写实现此功能的程序代码。这样的程序非常冗长，过于烦琐，不够精练。

对于上述问题，人们自然会想到采用"组装"的方法来简化程序设计的过程。如同组装计算机一样，事先生产好各种部件（如 CPU、主板、硬盘等），在组装计算机时，用到什么就从仓库里取出什么，直接装上就可以了。在实际生活中，这种思想已经非常普遍了，无论什么行业，都有大量的基本部件，当有需求时，将多个部件组装在一起即可。这种思想就是模块化设计思想程序设计中也有模块化设计思想，将常用的功能用函数实现，复杂的程序中当需要某个基本功能时，调用相应的函数即可。

8.2.1　函数的定义、调用与声明

"函数"是从英文 function 翻译过来的，即"功能"的意思。从本质上讲，函数就是用来完成一定功能的代码块。可以把每个函数看作一个模块（Module）。函数是 C 语言中模块化编程的最小单位。

把编程比作制造一台机器，函数就好比其零部件：

- 这些"零部件"可以单独设计、调试、测试，用时拿来装配，再总体调试。
- 这些"零部件"可以是自己设计制造的，也可以是别人设计制造的，或者是现成的标准产品。

设计一个大型程序时，往往把它分为若干个源程序文件，每个源程序文件包括一个或多个函数，每个函数实现一个特定的功能。一个 C 语言程序由一个主函数和若干个其他函数构成。由主函数调用其他函数，其他函数也可以互相调用。同一个函数可以被一个或多个函数调用多次。图 8-6 是 C 语言程序结构示意图。

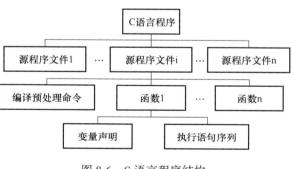

图 8-6　C 语言程序结构

1. 函数的分类

函数生来是平等的，没有轻重之分，只是 main( ) 稍微特殊一点。不过还是可以从函数的使用角度对其进行分类。

（1）库函数

之前用到的 printf( )、scanf( ) 等都是 ANSI C 标准定义的库函数，标准的 C 语言编译器必须提供这些函数。使用 ANSI C 的库函数时，在程序开头必须把该函数所在的头文件包含进来。例如，在用 max( ) 前，通过查联机手册或用户手册得知，该函数在 math.h 内，则在程序里应加上：

```
#include <math.h>
```

还有数量巨大的第三方函数库扩充 C 语言的功能（如图形、网络、数据库等）。有的库可以免费获得和使用，有的则需要购买。在使用第三方库函数时，除了要包含头文件外，

往往还需要一些额外配置。具体情况因库和编译器而异，请查阅相关文档。

（2）自定义函数

自己定义的函数包装后也可成为函数库，供别人使用。

2. 函数的定义

变量必须"先定义，后使用"，否则系统不知道这个变量是什么、在哪里。函数也一样。定义函数的语法格式如下：

```
返回值类型 函数名(类型 参数1,类型 参数2,…)
{
    声明语句序列
    可执行语句序列
    return 表达式;
}
```

或

```
void 函数名(void)
{
    声明语句序列
    可执行语句序列
    return;
}
```

关于"返回值类型"和"参数"的说明将在后面讲到。"函数名"是函数唯一的标识，它的命名规则与变量名的相同。"函数体"必须用一对花括号括起来，里面的内容和规则完全与 main( )一样。

【例 8-7】函数定义。

源代码如下：

```
int average(int x,int y)//返回 x 和 y 的平均值
{
    int result;
    result=(x+y)/2;
    return result;
}
```

上述代码定义了一个名为 average( )的函数。它有两个参数，返回值和参数的类型均为 int。它的功能是返回两个参数的平均值。此例并非一个可运行的程序。有 main( )的程序才能运行，函数必须被 main( )直接或间接调用才能发挥作用。

3. 函数的调用、参数传递和返回值

main( )函数调用其他函数可以想象成经理给员工分配任务。经理让不同的员工分别做成本核算、市场分析等工作。布置工作时，他给员工必要的参考资料和数据。工作完成后，员工给他一份报告。这样经理就不再"事必躬亲"。函数调用也需要提供数据和得到报告。数据通过参数提供，报告通过返回值得到。

【例 8-8】 函数的调用。

源代码如下：

```
1   int average(int x,int y)
2   {
3       int result;
4       result=(x+y)/2;
5       return result;
6   }
7   main()
8   {
9     int a=12,b=24,ave;
10    …
11    ave=average(a,b);
12    …
13    …
14 }
```

第 11 行代码，把变量 a 和 b 的值作为参数提供给了函数 average( )。这时程序开始执行 average( )且把 a 与 b 的值分别赋给 average( )定义的参数 x 与 y，这个过程就是参数传递。函数内接收数据的参数叫作形式参数（Parameter），简称形参；调用者提供的参数叫作实际参数（Argument），简称实参。比如上例中的 x 和 y 就是形参，a 和 b 是实参。实参的数量必须与形参相等，它们的类型也必须匹配。实参与形参有各自的存储空间，所以形参值的改变不会影响实参。

函数的返回值只能有一个，它的类型可以是除数组以外的任意类型，也可以是 void 类型，表示没有返回值。return 语句用于返回具体值。无论在函数的什么位置，只要执行它，就立即返回到函数的调用者，不再继续执行。

上述函数的调用过程如图 8-7 所示。

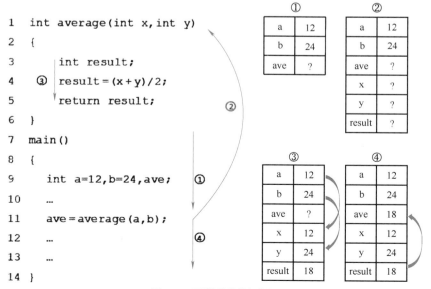

图 8-7　函数的调用过程

由图 8-7 可见，函数的每次执行都会建立一个全新的、独立的环境。

过程①，在栈中为 main( ) 函数的每个变量分配内存。

过程②，运行到 average( ) 函数转去调用 average( ) 函数，为 average( ) 函数的形参 x 和 y 开辟新的栈空间。

过程③，把实参 a 和 b 的值复制给形参 x 和 y，开始执行函数内的第一条语句。

过程④，函数退出：

- 求出返回值，存入一个可被调用者访问的地方。
- 收回分配给所有变量（包括形参）的内存。
- 把程序控制权交还给调用者，调用者得到返回值，将其作为函数调用的结果。

4. 函数原型

例 8-8 也可以用另外一种形式实现。main( ) 函数在前，average( ) 函数在后。当执行 main( ) 中的语句，需要调用 average( ) 函数时，必须有此函数的相关信息，因此需要把函数原型在 main( ) 之前声明。

【例 8-9】函数原型的使用。

源代码如下：

```
1   int average(int x,int y);
2   main()
3   {
4       int a=12,b=24,ave;
5       ...
6       ave=average(a,b);
7       ...
8       ...
9   }
10  int average(int x,int y)
11  {
12      int result;
13      result=(x+y)/2;
14      return result;
15  }
```

这两种写法功能上完全等价，形式上的区别是：例 8-8 中函数 average( ) 的定义在前，而例 8-9 里函数 main( ) 在前。

在例 8-8 中，average( ) 先定义，编译器编译 main( ) 时知道 average( ) 有哪些参数、返回值类型是什么，从而可以正确编译。在例 8-9 中，如果没有第一行对函数 average( ) 原型的声明，编译到 main( ) 时就不知道 average( ) 是什么样子的。

除了末尾分号外，函数原型（Function Prototype）声明的语法格式与函数定义的首部完全一致。

stdio. h 和 math. h 等头文件的内容主要就是各个库函数的原型声明，和这里介绍的语法及功能一致。读者可以到编译器的 include 目录下查看。

5. 函数的封装

函数是实现模块化程序设计的一种方法。通过函数的定义，对功能模块进行了封装（Encapsulation）。函数调用者只需知道函数的参数类型、数量和顺序，以及返回值类型，不必了解函数的实现细节。函数的设计者可以专心于参数的处理和函数的实现，不必关心调用者如何使用。这有利于编写出完美的代码，还便于各个函数单独测试、排错和多人开发。

一个好的函数设计，应做到"高内聚，低耦合"，这样它能方便地被重用。设计一个好的函数，应遵循下面的一些原则和注意点。

函数设计的基本原则：

- 函数的规模要小。
- 函数的功能要单一。
- 函数的接口要定义清楚。

函数设计的注意点：

- 入口参数有效性检查。
- 敏感操作前的检查。
- 调用成功与否的检查。

8.2.2 函数的嵌套与递归调用

1. 函数的嵌套

函数嵌套是指在调用一个函数的过程中，又调用了另一个函数。C 语言规定函数不能嵌套定义，但可以嵌套调用，函数是相互平行的。如图 8-8 所示，main( ) 函数调用 a( ) 函数，a( ) 函数又调用 b( ) 函数。

2. 递归调用

递归调用是一种特殊的嵌套调用，是某个函数调用自己或者是调用其他函数后再次调用自己。递归调用是解决问题的一种思想，将一个大工作分为逐渐减小的小工作。

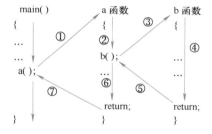

图 8-8 函数的嵌套

比如说一个和尚要搬 50 块石头，只要先搬走 49 块，那剩下的一块就能搬完了；然后考虑那 49 块，只要先搬走 48 块，那剩下的一块就能搬完了。递归思想就是依靠函数嵌套来实现的。

【例 8-10】 用递归法计算 $n! = n \times (n-1) \times (n-2) \times \cdots \times 1$。

源代码如下：

```
1  main()
2  {
3     int n=5;
4     long result;
5     result=fact(n);
6  }
```

```
7
8   long fact(int n)
9   {
10      if(n<0)
11          return  -1;
12      else if(n==0||n==1)
13          return 1;
14      else
15          return n*fact(n-1);
16  }
```

可以看到，在 fact( ) 函数的第 15 行调用了自己，这是一种直接递归调用。递归调用的基本原理是将复杂的问题逐步简化，最终转化为一个最简单的问题，最简单的问题解决了就意味着整个问题解决了。求 n! 可化解为图 8-9。

$$n!=\begin{cases} 1 & n=0,1 \\ n\times(n-1)! & n\geqslant 2 \end{cases}$$

图 8-9 n! 问题的化解

求 n! 问题可化简成 n×(n-1)!，当函数递归到最简形式 1! =1，如 fact（1）时，递归调用已经达到递归的终止条件，不能再继续调用，否则程序将无限循环。所以任何一个递归程序必须包括两部分：①递归循环继续的过程；②递归调用结束的过程。通用的递归函数可表示为：

```
if(递归终止条件成立)
    return  递归公式的初值；
else
    return  递归函数调用返回的结果值；
```

在定义递归函数时，必须注意两个问题：函数的输入参数、函数的返回值。函数的输入参数的选择必须能够使递归进行下去；函数的返回值是递归调用的返回结果，将被下一次调用使用，必须清楚返回的数据类型与返回值的大致范围。求 n! 的递归调用过程如图 8-10 所示。

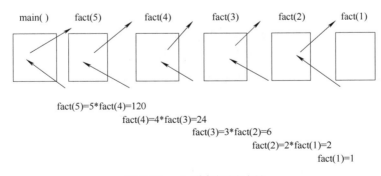

图 8-10 n! 递归调用过程

n! 的递归调用过程如下：

1）为了计算 5!，主程序调用了 fact(5)，但 fact(5) 没有直接计算，而是计算 5×fact(4)。

2）在 fact(4) 中计算 4!，但 fact(4) 没有直接计算 4!，而是计算 4×fact(3)。

3）以此类推，直到 fact(1)，入口参数为 1，符合例 8-10 第 12 行的条件，返回整数 1 给调用它的函数 fact(2)，同时退出 fact(1)，返回到 fact(2)。

4）在 fact(2) 中，计算 fact(1)的返回值与 2 的乘积，并将 2×fact(1) 的计算结果返回给调用 fact(2) 的函数 fact(3)，同时退出 fact(2)，返回到 fact(3)。

5）以此类推，直到返回 fact(5)中，将 5×fact(4)的计算结果返回给调用 fact(5)的主函数，同时退出 fact(5)。

综上，可归纳出递归的优点如下：

- 从编程角度来看，比较直观、精炼，逻辑清楚。
- 符合人的思维习惯，接近数学公式的表示。
- 尤其适合非数值计算领域，如 hanoi 塔、骑士游历、八皇后问题（回溯法）等。

当然，递归也有一些缺点：

- 增加了函数调用的开销，每次调用都需要进行参数传递、现场保护等。
- 耗费更多的时间和栈空间。

应尽量用迭代形式替代递归形式，例如例 8-11。

【例 8-11】 用迭代法计算 n!=n×(n-1)×(n-2)×…×1。

源代码如下：

```
1  unsigned long Fact(unsigned int n)
2  {
3      unsigned  long  result=1;
4      unsigned  int  i;
5      for(i=1;i<=n;i++)
6          result * =i;
7      return result;
8  }
```

8.3 指针

指针是 C 语言中的一种重要的数据类型。利用指针可以表示各种数据结构，能很方便地使用数组和字符串，并能像汇编语言一样处理内存地址，从而编出精练而高效的程序。指针是学习 C 语言较困难的一部分，在学习时除了要正确理解基本概念，还必须要多编程，上机调试。

8.3.1 指针的基本知识

1. 内存地址与指针

在计算机中所有的数据都是存放在存储器中的。一般把存储器中的一个字节称为一个内存单元，不同的数据类型所占用的内存单元的数量是不相等的。例如在某些计算机系统中，整型数据占用 2 个内存单元，字符型数据占用 1 个内存单元。为了正确地访问这些内存单元，必须给每个内存单元设一个唯一的编号，即内存地址。任何数据存储到内存中的过程，都需要记录两条信息：一是分配的内存空间的首地址，二是分配的内存空间的大小。

人们可以根据内存单元的编号或地址找到所需的内存单元。通常，内存单元地址也称为指针。对于一个内存单元来说，单元的地址是指针，其中存放的数据是该单元的内容。

2. 变量的指针和指向变量的指针变量

变量的指针就是变量的地址。

存放变量地址的变量是指针变量，指针变量用来指向另一个变量。在程序中用"＊"来表示指针变量和指针之间的"指向"关系。

3. 指针变量的定义

指针变量在使用之前必须先定义说明。定义指针变量的一般形式为

```
类型说明符 ＊变量名；
```

其中，"＊"表示这是一个指针变量；"变量名"即定义的指针变量的名称；"类型说明符"表示本指针变量所指向的变量的数据类型。

例如：

```
char *pc1;/*pc1 是指向字符变量的指针变量＊/
```

表示 pc1 是一个指针变量，它的值是某个字符型变量的地址。或者说 pc1 指向一个字符型变量。

需要注意的是，一个指针变量只能指向同类型的变量，例如 pc1 只能指向字符型变量，不能时而指向一个字符变量，时而指向一个整型变量。

4. 指针变量的赋值

指针变量在使用之前必须赋予具体的值。使用未经赋值的指针变量将造成系统混乱，甚至宕机。指针变量的赋值方式有以下两种。

（1）指针变量初始化的方法

```
int a;          /*定义一个整型变量 a＊/
int *pi1=&a; /*定义一个指向整型变量的指针变量 pi1,初始化为 a 的地址＊/
```

（2）赋值语句的方法

```
int a;    /*定义一个整型变量 a＊/
int *pi1; /*定义一个指向整型变量的指针变量 pi1＊/
pi1=&a; /*将整型变量 a 的地址赋值给指针变量 pi1＊/
```

5. 与指针相关的运算符

与指针相关的运算符有两个：

1) &：取地址运算。

2) ＊：指针运算符（或称"间接访问"运算符）。

例如，有如下语句：

```
int i=200,x;    /*定义两个整型变量 i,x,并将 i 的值初始化为 200＊/
int *pi1;       /*定义一个指向整型变量的指针变量 pi1＊/
pi1=&i;         /*将整型变量 i 的地址赋给指针变量 pi1＊/
```

此时，指针变量 pi1 指向整型变量 i，假设变量 i 的地址为 1800，这个赋值可形象地理解为图 8-11 所示的联系。

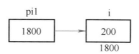

图 8-11　将整型变量 i 的地址赋给指针变量 pi1

以后就可以通过指针变量 pi1 间接访问变量 i 了。例如：

```
x = * pi1；   / * 此语句等价于 x=i * /
```

因为运算符"*"访问以 pi1 的值为地址的存储区域，所以 * pi1 访问的是地址为 1800 的存储区域（因为是整数，实际上是从 1800 开始的两个字节），它是 i 所占的存储区域，所以语句 x= * pi1 等价于 x=i。

现对两个运算符做以下几点说明（假设已经定义了整型变量 i 和指向整型变量的指针变量 pi1，并且已经执行了语句"pi1=&i;"）。

1）& 和 * 都是单目运算符，且两个运算符的优先级相同，按自右向左的方向结合。例如：若有 & * pi1，则先执行 * pi1 的运算，它就是变量 i，再执行 & 运算，所以 & * pi1 语句等于 &i，即取变量 i 的地址；若有 * &i，则先执行 &i 运算，得到 i 的地址，再进行 * 运算，即 &i 所指向的变量。* &i 和 * pi1 的作用是一样的，它们都等价于变量 i。

2）指针变量可以出现在表达式中，设

```
int x,y, * px=&x;
```

指针变量 px 指向整数 x，则 * px 可以出现在 x 能出现的任何地方。例如：

```
y = * px+5;   / * 表示把 x 的内容加 5 并赋给 y * /
y=++ * px;   / * px 的内容加上 1 之后赋给 y,++ * px 相当于++( * px) * /
y = * px++;   / * 相当于 y = * px;px++ * /
```

(* pi1)++ 相当于 i++；而 * pi1++ 则是先执行 * pi1，得到 i 值，然后使 pi1 的值改变，此时 pi1 不再指向 i。观察如下代码的运行结果，体会两者之间的区别。

```
#include<stdio.h>
main(){
    int x=10,y, * px=&x;
    printf("pirnt1:px=%d\n",px);
    y = * px+5;   / * 表示把 x 的内容加 5 并赋给 y * /
    printf(" \npirnt2:y=%d,x=%d,px=%d\n",y,x,px);
    y=++ * px;   / * px 的内容加上 1 之后赋给 y,++ * px 相当于++( * px) * /
    printf(" \npirnt3:y=%d,x=%d,px=%d\n",y,x,px);
    y = ( * px)++;/ * px 的值赋给 y,然后 * px 的值加 1 * /
    printf(" \npirnt4:y=%d,x=%d,px=%d\n",y,x,px);
    y = * px++;/ * 相当于 y = * px;px++ * /
```

```
    printf("\npirnt5:y=%d,x=%d,px=%d\n",y,x,px);
    return 0;
}
```

8.3.2　指针与数组

一个数组占用一块连续的存储单元，数组指针是指数组的起始地址，数组元素的指针是数组元素的地址。

1. 指向数组的指针

数组指针变量说明的一般形式为

```
类型说明符 ＊指针变量名；
```

其中，"类型说明符"表示指针所指数组的类型。

例如：

```
int a[10];  /＊定义 a 为包含 10 个整型数据的数组＊/
int ＊p;    /＊定义 p 为指向整型变量的指针＊/
p=&a[0];(或 p=a;)  /＊把 a[0]元素的地址赋给指针变量 p,即 p 指向数组 a 的第 0 号元素＊/
```

C 语言规定，数组名代表数组的首地址，也就是第 0 号元素的地址。因此语句"p=&a[0];"与语句"p=a;"等价，即 p，a，&a[0]均指向同一单元，它们是数组 a 的首地址，也是 0 号元素 a[0]的首地址，如图 8-12 所示。注意：p 是变量，而 a 和 &a［0］都是常量。

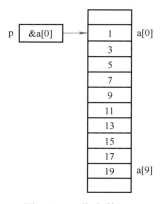

图 8-12　p 指向数组 a

也可以在定义指针变量时给其赋初值，例如：

```
int a[10];       /＊定义 a 为包含 10 个整型数据的数组＊/
int ＊p=&a[0];  (或 int ＊p=a;)  /＊定义 p 为指向整型数组的指针,并将 p 的值初始化为数组
                 a 的首地址＊/
```

2. 通过指针引用数组元素

C 语言规定，如果指针变量 p 已指向数组中的一个元素，则 p+1 指向同一数组中的下一个元素，如图 8-13 所示。

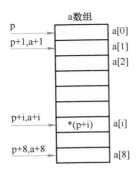

图 8-13   p+i 和 a+i 的指向

从图 8-13 可以看出，如果已经执行了语句

```
int a[10];
int *p=&a[0];
```

则有

1）p+i 和 a+i 就是 a[i] 的地址，或者说它们指向 a 数组的第 i 个元素。

2）*(p+i) 或 *(a+i) 就是 p+i 或 a+i 所指向的数组元素，即 a[i]。例如，*(p+8) 或 *(a+8) 就是 a[8]。

3）指向数组的指针变量也可以带下标，如 p[i] 与 *(p+i) 等价。

因此，引用一个数组元素可以用以下两种方法：

① 下标法。用 a[i] 的形式访问数组元素。

② 指针法。用 *(a+i) 或 *(p+i) 的形式，以间接访问的方式来访问数组元素。其中，a 是数组名，p 是指向数组的指针变量，其初值为 p=a。

3. 指针与多维数组

以二维数组为例，假设定义了 int a[3][4]，则 a 是数组名，表示整个二维数组的首地址，也是第 0 行的首地址，a+1 代表第 1 行的首地址。二维数组元素的各种地址的表示形式见表 8-1（假设 a 数组的首地址为 6356720）。

表 8-1   二维数组元素的各种地址的表示形式

表 示 形 式	含 义	地 址
a	二维数组名，指向一维数组 a[0]，即第 0 行首地址	6356720
a[0]或 *(a+0)或 *a	第 0 行第 0 列元素的首地址	6356720
a+1或 &a[1]	第 1 行首地址	6356736
a[1]或 *(a+1)	第 1 行第 0 列元素的地址	6356736
a[1]+2或 *(a+1)+2或 &a[1][2]	第 1 行第 2 列元素的地址	6356744
*(a[1]+2)或 *(*(a+1)+2)或 a[1][2]	第 1 行第 2 列元素的值	14

读者可以执行如下代码，自行体会。

```
#include <stdio.h>
main(){
    int a[3][4]={{2,4,6,8},{10,12,14,16},{18,20,22,24}};
    printf("print1:a=%d\n",a);
    printf("print2:a[0]=%d,*(a+0)=%d,*a=%d\n",a[0],*(a+0),*a);
    printf("print3:a+1=%d,&a[1]=%d\n",a+1,&a[1]);
    printf("print4:*a=%d,*(a+0)=%d,a[0][0]=%d\n",*a,*(a+0),a[0][0]);
    printf ("print5:a[1]+2=%d,*(a+1)+2=%d,&a[1][2]=%d\n",a[1]+2,*(a+1)+2,
        &a[1][2]);
    printf ("print6:*(a[1]+2)=%d,*(*(a+1)+2)=%d,a[1][2]=%d\n",*(a[1]+2),
        *(*(a+1)+2),a[1][2]);
    system("pause");
    return 0;
}
```

8.3.3 指针与字符串

字符串有两种表示形式。

1）用字符数组存放一个字符串。例如：

```
char string[]="I love China!";//string 是数组名,代表字符数组的首地址
```

2）用字符指针指向一个字符串。例如：

```
char *string="I love China!";//将字符指针变量的值初始化为字符串的首地址
```

C 语言将字符串常量按字符数组处理，即在内存中开辟一个字符数组来存放字符串常量。字符串指针变量和字符数组的区别主要有以下几点：

1）字符串指针是变量，用于存放字符串的首地址；字符数组是由若干个数组元素组成的，它可用来存放整个字符串。

2）字符串指针与数组的赋值方式不同。

字符串指针的赋值方式：

```
char *ps="C Language";
```

等价于

```
char *ps;
ps="C Language";
```

数组的赋值方式：

```
static char st[]={"C Language"};
```

不能写为

```
char st[20];
st={"C Language"};
```

也就是说，数组可以在定义时整体赋初值，但不能在赋值语句中整体赋值，只能对字符数组的各元素逐个赋值。

用指针变量指向一个格式字符串，可以代替 printf( ) 函数中的格式字符串，这也是程序设计中常用的方法。例如：

```
#include <stdio.h>
main(){
    static int a[3][4]={0,1,2,3,4,5,6,7,8,9,10,11};
    char * PF;
    PF="%d,%d,%d,%d,%d\n";
    printf(PF,a, * a,a[0],&a[0],&&[0][0]);
    printf(PF,a+1, * (a+1),a[1],&a[1],&a[1][0]);
    printf(PF,a+2, * (a+2),a[2],&a[2],&a[2][0]);
    printf("%d,%d\n",a[1]+1, * (a+1)+1);
    printf("%d,%d\n", * (a[1]+1), * ( * (a+1)+1));
}
```

8.3.4 指针与函数

1. 函数指针变量

在 C 语言中，函数在内存中占用一段连续的区域，函数名是该区域的首地址。因此，与数组类似，可以把函数的首地址（或称入口地址）赋予一个指针变量，使该指针变量指向该函数，然后通过指针变量找到并调用这个函数。这种指向函数的指针变量称为"函数指针变量"。

函数指针变量定义的一般语法格式如下：

类型说明符(* 指针变量名)( );

其中，"类型说明符"表示被指函数的返回值类型；"(* 指针变量名)"表示" * "后面的变量是定义的指针变量；最后的空括号表示指针变量所指的是一个函数。

现通过如下代码对函数指针变量做几点说明。

```
#include <stdio.h>
int max(int a,int b){
    if(a>b)   return a;
    else return b;
}
main (){
    int max(int a,int b);
    int ( * pmax)();
    int x,y,z,z1;
    pmax=max;
    printf("input two numbers: \n");
```

```
    scanf("%d%d",&x,&y);
    z=(*pmax)(x,y);
    z1=max(x,y);
    printf("maxmum=%d",z);
    printf("max1=%d",z1);
}
```

从上述代码可以看出：

1）在给函数指针变量赋值时，只需给出函数名而不需要给出参数。因为是将函数的入口地址赋值给指针变量，不涉及实参与形参的结合问题，因此语句"pmax＝max;"不能写成"pmax＝max(a,b)"。

2）用函数指针变量调用函数时，只需用(*pmax)代替函数名即可(pmax 为函数指针变量的名称)，(*pmax)之后的括号中根据需要写上实参。如语句"z＝(*pmax)(x,y);"即用函数指针变量调用函数。一般语法格式如下：

```
(* 指针变量名)(实参表)
```

3）函数的调用可以用函数名调用，如语句"z1＝max(x, y);"也可以用函数指针调用，如语句"z＝(*pmax)(x, y);"。

4）与指向数组的指针变量不同的是，对指向函数的指针变量不能进行数值运算。数组指针变量加/减一个整数可使指针移动指向前面或后面的数组元素；而函数指针的移动毫无意义，即 pmax+n、pmax++、pmax-- 等运算无意义。

5）函数调用中"(*指针变量名)"两边的括号不能少，其中的"*"在此处不是求值运算而是一种表示符号。

2. 指针型函数

C 语言中允许一个函数的返回值是一个指针（即地址），这种返回指针值的函数称为指针型函数。定义指针型函数的一般语法格式如下：

```
类型说明符 * 函数名(形参表)
{
    …/* 函数体 */
}
```

其中，函数名之前加了"*"号表明此函数是一个返回指针值的指针型函数；类型说明符表示返回的指针值所指向的数据类型。例如：

```
int *ap(int x,int y)
{
    …/*函数体*/
}
```

其中，"*"表示函数 ap 是指针型函数，即其返回值是一个指针，"int"表明函数返回的指针指向一个整型变量。在 ap 的两侧分别是 * 运算符和() 运算符，() 的优先级高于 *，因此 ap 先与() 结合，表明这是一个函数，然后再与前面的 * 结合，表明此函数的返回值是指针。

函数指针变量和指针型函数在写法和意义上都有区别：

1）"int（∗p）（）"是一个变量说明，说明 p 是一个指向函数入口的指针变量，该函数的返回值是整型，（∗p）两边的括号不能少。

2）"int∗p（）"是一个函数说明，说明 p 是一个指针型函数，其返回值是一个指向整型量的指针，∗p 两边没有括号。作为指针型函数的定义，int∗p（）只是函数头部分，一般还应该有函数体部分。

8.3.5　指针数组与指针的指针

1. 指针数组

元素类型为指针的数组称为指针数组。指针数组的所有元素都必须是具有相同存储类型和指向相同数据类型的指针变量。

定义一维指针数组的一般语法格式如下：

类型说明符 ∗ 数组名[数组长度]

其中，"类型说明符"为指针所指向的变量的类型。

例如在语句"char∗pc[5]；"中，[ ]的优先级高于∗，所以 pc 先与[5]结合，形成数组形式，然后与前面的∗结合，表示此数组是指针类型的，其中每个数组元素都是一个指向 char 型（字符型）数据的指针变量。

注意区分数组指针与指针数组。例如：

```
int ∗a[size];   /*定义一个指针数组*/
int (∗a)[size]; /*定义一个指向数组的指针变量*/
```

2. 指向指针的指针

如果一个指针变量存放的是另一个指针变量的地址，则称这个指针变量为指向指针的指针变量。

定义指向指针的指针变量的一般语法格式如下：

类型说明符 ∗∗变量名

例如：

```
char ∗∗p
```

p 前面有两个∗号，∗运算符的结合顺序为自右向左，所以∗∗p 相当于∗(∗p)。∗p 是指针变量的定义形式，在它前面再加一个∗号，表示指针变量 p 指向一个字符指针型变量。∗p 就是 p 所指向的另一个指针变量。

假设有如下语句：

```
char ∗name[]={"Follow me","BASIC","Great Wall","FORTRAN","Computer design"};
          /*定义一个指针数组*/
char ∗∗p;  /*定义一个指向指针型数据的指针变量*/
p=name+2;  /*为 p 赋值*/
```

则 name 是一个指针数组，它的每一个元素是一个指针型数据，其值为地址。name 的每一个元素都有相应的地址。数组名 name 代表该指针数组的首地址。name+i 是 name[i] 的地址。name+i 就是指向指针型数据的指针（地址）。p 是指向指针型数据的指针变量，它指向指针数组。上述代码的示意图如图 8-14 所示。

图 8-14　指向指针的指针

如下代码为一个使用指向指针的指针的例子。

```c
#include <stdio.h>
main()
{
    char * name[]={"Follow me","BASIC","Great
                Wall","FORTRAN","Computer design"};
    char ** p;
    int i;
    for(i=0;i<5;i++)
    {
        p=name+i;
        printf("% o\n",* p);  /* 输出 p 的值，它是一个地址 */
        printf("% s\n",*p);  /* 以字符串的形式输出相应的字符串 */
    }
}
```

3. 有关指针的数据类型小结

有关指针的数据类型小结见表 8-2。

表 8-2　有关指针的数据类型小结

定　义	含　义
int i;	定义整型变量 i
int * p;	定义指向整型数据的指针变量 p
int a[n];	定义整型数组 a，它有 n 个元素
int * p[n];	定义指针数组 p，它由 n 个指向整型数据的指针元素组成
int(* p)[n];	p 为指向含 n 个元素的一维数组的指针变量
int f();	f 为返回整型值的函数
int * p();	p 为返回一个指针的函数，该指针指向整型数据
int(* p)();	p 为指向函数的指针，该函数返回一个整型值
int ** p;	p 是一个指针变量，它指向一个指向整型数据的指针变量

4. 指针运算小结

1）指针变量加（减）一个整数。例如，p++、p--、p+i、p-i、p+=i、p-=i。

一个指针变量加（减）一个整数并不是简单地将原值加（减）一个整数，而是将该指针变量的原值（是一个地址）和它指向的变量所占用的内存单元字节数进行加（减）。

2）指针变量的赋值，即将一个变量的地址赋给一个指针变量。

```
p=&a;            //将变量 a 的地址赋给 p
p=array;         //将数组 array 的首地址赋给 p
p=&array[i];     //将数组 array 第 i 个元素的地址赋给 p
p=max;           //max 为已定义的函数,将 max 的入口地址赋给 p
p1=p2;           //p1 和 p2 都是指针变量,将 p2 的值赋给 p1
```

!! 注意

不能用如下形式的语句 "p=1000;"。

3）指针变量可以有空值，即该指针变量不指向任何变量，如 "p=NULL;"。

4）两个指针变量可以相减。如果两个指针变量指向同一个数组的元素，则两个指针变量值之差是两个指针之间的元素个数。

5）两个指针变量的比较。如果两个指针变量指向同一个数组的元素，则两个指针变量可以进行比较。指向前面的元素的指针变量 "小于" 指向后面的元素的指针变量。

5. void 指针类型

void 指针类型是指可以定义一个指针变量，但不指定它指向哪一种类型的数据。

8.4 结构体和共用体

8.4.1 结构体

在日常生活中，人们经常需要处理如表 8-3 所列的学生成绩，管理这样复杂的数据需要适当的数据结构。

表 8-3　某校学生成绩管理表

学　号	姓　名	性　别	入学时间	程序设计	英　语	高等数学	线性代数
1	张珊珊	女	2020	90	85	98	95
2	王思思	女	2020	85	92	83	88
3	陈梧桐	男	2020	78	83	88	76
4	…						

在表 8-3 中，每组数据具有不同的数据类型。例如，"学号" 和 "入学时间" 可以是整型或字符型，"姓名" 和 "性别" 为字符型，"成绩" 为整型或者实型。显然不能用一个数组来存放一组数据，因为数组中各元素的类型必须一致。为了解决这一问题，C 语言给出了一种构造数据类型——结构（Structure），也称为 "结构体"。

1. 结构的定义

结构在说明和使用之前必须先定义它，如同在说明和调用函数之前要先定义函数一样。定义一个结构的一般语法格式如下：

```
struct  结构名
{成员表列};
```

成员表列由若干个成员组成，每个成员都是该结构的一个组成部分。对每个成员也必须做类型说明，其语法格式如下：

```
类型说明符  成员名;
```

其中，成员名的命名应符合标识符的书写规定。

2. 结构类型变量的说明

说明结构变量有以下 3 种方法。

1）先定义结构，再说明结构变量。例如：

```
struct student
{
    int num;
    char name[20];
    char sex;
    float score;
};
struct student  stu1,stu2;
```

上述代码定义了两个 struct student 类型的变量 stu1 和 stu2，即 stu1 和 stu2 是 struct student 类型的结构体。

2）在定义结构类型的同时说明结构变量。

这种形式的说明的一般形式如下：

```
struct 结构名
{
    成员表列
}变量名表列;
```

例如：

```
struct student
{
    int num;
    char name[20];
    char sex;
    float score;
}stu1,stu2;
```

3）直接说明结构变量。

这种形式的说明的一般形式如下：

```
struct
{
    成员表列
}变量名表列;
```

例如：

```
struct
{
    int num;
    char name[20];
    char sex;
    float score;
}stu1,stu2;
```

上述 3 种方法中说明的 stu1 和 stu2 变量都具有图 8-15 所示的结构。

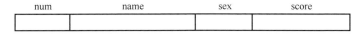

num	name	sex	score

图 8-15   stu1 和 stu2 变量的结构

3. 结构变量成员的表示方法

表示结构变量成员的一般语法格式如下：

```
结构变量名 . 成员名
```

例如，stu1. num 表示 stu1 中的 num，stu2. sex 表示 stu2 中的 sex。

4. 结构变量的赋值

可用输入语句或赋值语句完成对结构变量的赋值。例如：

```
#include <stdio.h>
main()
{
    struct
    {
        int num;
        char * name;
        char sex;
        float score;
    }stu1,stu2;                /*定义结构变量 stu1,stu2*/
    stu1. num=102;             /*为 stu1 的 num 赋值*/
    stu1. name="Gao ping";     /*为 stu1 的 name 赋值*/
    printf("input sex and score \n");
    scanf("%c%f",&stu1. sex,&stu1. score);
    /*用输入语句为 stu1 的 sex 和 score 赋值*/
    stu2=stu1;
    printf("Number=%d\nName=%s \n",stu2. num,stu2. name);
    printf("Sex=%c \nScore=%f \n",stu2. sex,stu2. score);
}
```

5. 结构变量的初始化

结构变量可以在定义时进行初始化。例如：

```
#include <stdio.h>
main()
{
    struct
    {
        int num;
        char * name;
        char sex;
        float score;
    }stu2,stu1={102,"Zhang ping",'F',98.5};
        /* 定义结构变量 stu1,stu2,并为 stu1 赋值 */
    stu2=stu1;
    printf("Number=%d\nName=% s \n",stu2.num,stu2.name);
    printf("Sex=% c \nScore=% f \n",stu2.sex,stu2.score);
}
```

8.4.2　共用体

有时需要将几种不同类型的变量存放在同一段内存单元中。这种使几个不同的变量共占一段内存的结构称为"共用体"（Union）结构，也称为"联合体"结构。

1. 共用体类型的声明方法

声明共用体类型的一般语法格式如下：

```
union 共用体名
{
    成员表列;
};
```

‼️ **注意**

不要忘记‖后面的分号。
例如：

```
union number
{
    short   x;
    float   y;
};
```

根据共用体的定义，两个成员共占同一段内存，如图 8-16 所示。

由于共用体成员共占同段内存，在共用体 number 中对成员 x 进行赋值，成员 y 的内容将被覆盖，y 失去自身的数据；对成员 y 进行赋值，成员 x 的内容将被覆盖，x 失去自身的数据。因此，不能同时对共用体成员进行赋值操作。

共用体变量所占的内存大小由其占用内存空间字节数最大的成员所占的字节数决定。

2. 共用体类型数据的引用方法

共用体变量必须先定义才能引用，不能直接引用共用体变量，只能引用共用体变量中的成员。

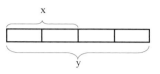

图 8-16　共用体成员
共占同一段内存

共用体变量的定义方法与结构体一样，有 3 种方式。

1）先声明类型，再定义变量。

例如：

```
union number
{
  short  x;
  float  y;
};
union number  wNumber;
```

2）在声明共用体类型的同时定义变量。

例如：

```
union number
{
  short  x;
  float  y;
}wNumber;
```

3）声明无名共用体类型的同时定义变量。

例如：

```
union
{
  short  x;
  float  y;
}wNumber;
```

共用体初始化时，只能对一个成员进行初始化。

3. 共用体类型数据的特点

● 同一个内存段可以用来存放几种不同类型的数据成员，但是在某一时刻只能存放其中的一种，而不是同时存放几种，即在某一时刻只有一个成员是有效的。

● 共用体有效的成员是最后一次存入的成员。

● 共用体变量的地址和它的各个成员的地址都是同一地址。

● 不能对共用体变量名赋值，也不能通过引用变量名来得到一个值，更不能在定义共用体变量时对它进行初始化。

- 共用体变量不得作为函数参数和函数的返回值，但可以使用指向共用体变量的指针。
- 共用体类型可以出现在结构体类型的定义中，也可以定义共用体数组。结构体也可以出现在共用体类型的定义中，数组也可以作为共用体的成员。

8.5　文件操作

8.5.1　认识文件

1. 流的概念

孔子面对奔流的河水曾感慨时光"逝者如斯夫"。时间与水都从我们的眼前流去，不复回来。这就是流（Stream）。计算机中的数据处理大量采用了流的概念。用同样的方法对同样的地方进行连续读数，每次读到的却不相同。这是因为这一次读到的数据流走了，后来的数据流过来，占据了它的位置，于是下一次读数据就读到了新的数据。如此继续，数据常新，这就是"数据流"。向数据流中写数据，也大致相同。只要用同样的方法向同样的地方"泼洒"数据，计算机会自动控制数据的先后顺序，引导它们流向目标。必须有媒介来支持流的流动。除了各种外存，还有网络、总线和输入/输出线等。因为各种媒介的性质不同，以及应用的功能需求，形成了多种多样的数据流。

时光不能倒流，但计算机中的很多流都是会倒流的。如果想重新读已经读过的数据，或者修改已经写入的数据，可以使用流控（Flow Control）命令，让数据倒流，完成操作。流控命令也能指挥数据流加速流动，忽略当前数据，直奔目标。如果所有的数据都有介质保存，这种流控非常容易实现。后面要学习的"文件流"就属于这样的数据流。

不会倒流的数据流也有很多，例如网络上的数据流。网络和数据线等介质只有很小的数据缓冲区，没有大量存储的能力。数据流先在缓冲区暂存，被读走后，就马上释放空间，给后来的数据让地方，所以不能让数据倒流。如果当前数据不立即读取，后面源源不断的数据就会将前面的数据冲走。流控此时可以发挥作用来解决这个问题。这里的流控不是控制流向，而是控制流的启动与暂停。当流数据没被读取，缓冲区处于满的状态，计算机就会通知流的发送端暂停发送，流便停止了。数据被读取，缓冲区空闲，再通知发送端发送数据，流再次启动。

看上去流还挺复杂的，其实用起来很简单。下面就以最常用的文件流为例，讲解流的基本使用方法。

2. 文件概述

所谓"文件"是指一组相关数据的有序集合。这个数据集有一个名称，叫作文件名。在前面的各章中已经多次使用了文件，例如源程序文件、目标文件、可执行文件、库文件（头文件）等。

文件通常是驻留在外部介质（如磁盘等）上的，在使用时才调入内存。从不同的角度可对文件做不同的分类。

1）从用户的角度看，文件可分为普通文件和设备文件两种。

普通文件是指驻留在磁盘或其他外部介质上的一个有序数据集，可以是源文件、目标文件、可执行程序；也可以是一组待输入处理的原始数据，或者是一组输出的结果。源文件、目标文件、可执行程序可以称作程序文件，输入/输出数据可称作数据文件。

设备文件是指与主机相连的各种外部设备，如显示器、打印机、键盘等。在操作系统中，把外部设备看作一个文件来进行管理，把它们的输入、输出等同于对磁盘文件的读和写。

通常把显示器定义为标准输出文件，一般情况下在屏幕上显示有关信息就是向标准输出文件输出。如前面经常使用的 printf( )、putchar( ) 函数就是这类输出。

键盘通常被指定为标准的输入文件，从键盘上输入就意味着从标准输入文件上输入数据。scanf( )，getchar( ) 函数就属于这类输入。

2）从文件编码方式的角度看，文件可分为 ASCII 文件和二进制码文件两种。

ASCII 文件也称为文本文件，这种文件在磁盘中存放时每个字符对应一个字节，用于存放对应的 ASCII 编码。

例如，数 5678 的存储形式为

ASCII 编码：00110101　00110110　00110111　00111000

十进制码：　　　5　　　　　6　　　　　7　　　　　8

共占用 4B。

ASCII 文件可在屏幕上按字符显示，例如源程序文件就是 ASCII 文件，用 DOS 命令 TYPE 可显示文件的内容。由于是按字符显示，因此能读懂文件内容。

二进制文件是按二进制的编码方式来存放文件的。

例如，数 5678 的存储形式为

00010110　　　00101110

只占 2B。二进制文件虽然也可在屏幕上显示，但其内容无法读懂。C 语言系统在处理这些文件时，并不区分类型，都看成是字符流，按字节进行处理。

输入/输出字符流的开始和结束只由程序控制而不受物理符号（如回车符）的控制，因此也把这种文件称作"流式文件"。

本章讨论流式文件的打开、关闭、读、写、定位等各种操作。

3. 文件处理程序

文件在进行读/写操作之前要先打开，使用完毕要关闭。所谓打开文件，实际上是建立文件的各种有关信息，并使文件指针指向该文件，以便进行各种操作。关闭文件则断开指针与文件之间的联系，也就禁止了再对该文件进行操作。文件处理过程如图 8-17 所示。

4. 文件指针

在 C 语言中用一个指针变量指向一个文件，这个指针称为文件指针。通过文件指针就可对它所指的文件进行各种操作。

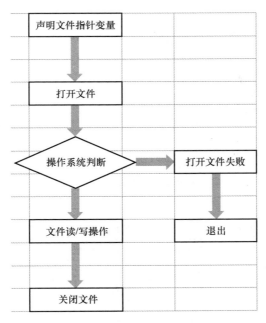

图 8-17 文件处理过程

定义文件指针的一般语法格式如下：

```
FILE *指针变量标识符；
```

其中，FILE 为大写，它实际上是由系统定义的一个结构，该结构中含有文件名、文件状态和文件当前位置等信息。FILE 结构体类型是由系统定义的。具体定义如下：

```
typedef struct
{ short            level;        //缓冲区"满"或"空"的程度
  unsigned         flags;        //文件状态标志
  char             fd;           //文件描述符
  unsigned char    hold;         //如无缓冲区不读取字符
  short            bsize;        //缓冲区的大小
  unsigned char    *buffer;      //缓冲区的位置
  unsigned char    *curp;        //当前读写指针
  unsigned         istemp;       //临时文件,指示器
  short            token;        //用于有效性检验
}FILE;
```

在编写源程序时不必关心 FILE 结构的细节。

例如：

```
FILE * fp;
```

表示 fp 是指向 FILE 结构的指针变量，通过 fp 即可找到存放某个文件信息的结构变量，然后按结构变量提供的信息找到该文件，实施对文件的操作。习惯上，也把 fp 称为指向一个文件的指针。

8.5.2　文件的打开和关闭

1. 文件的打开

文件的打开函数为

```
FILE * fopen(filename,mode);
```

其中，filename 为文件名，它可以是一个由双引号引起来的字符串；mode 为打开文件的方式，具体见表 8-4。

表 8-4　文件的打开方式

方　　式	意　　义
rt	只读打开一个文本文件，只允许读数据
wt	只写打开或建立一个文本文件，只允许写数据
at	追加打开一个文本文件，并在文件末尾写数据
rb	只读打开一个二进制文件，只允许读数据
wb	只写打开或建立一个二进制文件，只允许写数据
ab	追加打开一个二进制文件，并在文件末尾写数据
rt+	读写打开一个文本文件，允许读和写
wt+	读写打开或建立一个文本文件，允许读写
at+	读写打开一个文本文件，允许读，或在文件末追加数据
rb+	读写打开一个二进制文件，允许读和写
wb+	读写打开或建立一个二进制文件，允许读和写
ab+	读写打开一个二进制文件，允许读，或在文件末追加数据

对于文件的使用方式有以下几点说明。

1）文件使用方式由 r、w、a、t、b、+ 共 6 个字符拼成，各字符的含义如下：

r(read)：读。

w(write)：写。

a(append)：追加。

t(text)：文本文件，可省略不写。

b(binary)：二进制文件。

+：读和写。

2）凡用"r"打开一个文件时，该文件必须已经存在，且只能从该文件读出。

3）用"w"打开的文件只能向该文件写入。若打开的文件不存在，则以指定的文件名建立该文件；若打开的文件已经存在，则将该文件删去，重建一个新文件。

4）若要向一个已存在的文件追加新的信息，只能用"a"方式打开文件。但此时该文件必须是存在的，否则将会出错。

5）在打开一个文件时，如果出错，fopen( )将返回一个空指针 NULL。程序可以用这一信息来判别是否完成打开文件的工作，并做相应的处理。常用以下程序段打开文件：

```
if((fp=fopen("d:\\test","rb")==NULL)
{
    printf("\nerror on open d:\\test file!");
    getch();
    exit(1);
}
```

这段程序的意义是，如果返回的指针为空，表示不能打开 D 盘根目录下的 test 文件，并给出提示信息"nerror on open d:\\ test file!"。getch()的功能是从键盘输入一个字符，但不在屏幕上显示。在这里，它的作用是等待，只有当用户在键盘上按任意一键时，程序才继续执行，因此用户可利用这个等待时间阅读出错提示。按键后执行 exit(1) 退出程序。

6）把一个文本文件读入内存时，要将 ASCII 编码转换成二进制码；而把文件以文本方式写入磁盘时，也要把二进制码转换成 ASCII 编码。因此，文本文件的读/写要花费较多的转换时间。对二进制文件的读/写不存在这种转换。

7）标准输入文件（键盘）、标准输出文件（显示器）、标准出错输出（出错信息）是由系统打开的，可直接使用。

2. 文件的关闭

文件一旦使用完毕，应使用关闭文件函数将文件关闭，以避免发生文件数据丢失等错误。

fclose()函数调用的一般语法格式如下：

```
fclose(文件指针);
```

例如：

```
fclose(fp);
```

正常完成关闭文件操作时，fclose()函数返回的值为 0。如返回非零值，则表示有错误发生。

8.5.3　文件的读/写

对文件的读和写是最常用的文件操作。C 语言提供了多种文件读/写函数。
- 字符读/写函数：fgetc()和 fputc()。
- 字符串读/写函数：fgets()和 fputs()。
- 数据块读/写函数：fread()和 fwrite()。
- 格式化读/写函数：fscanf()和 fprinf()。

下面将分别介绍以上函数，都要求包含头文件 stdio. h。

1. 读字符函数 fgetc()

fgetc()函数的功能是从指定的文件中读取一个字符。函数的调用格式为

```
字符变量=fgetc(文件指针);
```

例如：

```
ch=fgetc(fp);
```

其意义是从打开的文件 fp 中读取一个字符并送入 ch 中。

对于 fgetc( ) 函数的使用有以下几点需要说明。

● 在 fgetc( ) 函数调用中，读取的文件必须是以读或读写方式打开的。

● 读取字符的结果也可以不向字符变量赋值，但是读出的字符不能保存。例如，"fgetc(fp);"。

在文件内部有一个位置指针。用来指向文件的当前读写字节。在文件打开时，该指针总是指向文件的第一个字节。使用 fgetc( ) 函数后，该位置指针将向后移动一个字节。因此，可连续多次使用 fgetc( ) 函数读取多个字符。注意：文件指针和文件内部的位置指针不是一回事儿。文件指针是指向整个文件的，只要不重新赋值，文件指针的值是不变的。文件内部的位置指针用以指示文件内部的当前读/写位置，每读/写一次，该指针均向后移动，它不需要在程序中定义说明，而是由系统自动设置。

【例 8-12】 读入文件 test. txt，在屏幕上输出。

源代码如下：

```
1      #include <stdio.h>
2      main()
3      {
4          FILE *fp;
5          char ch;
6          if((fp=fopen("d:\\test.txt","r"))==NULL)
7          {
8              printf("\nCannot open file strike any key exit!");
9              getch();
10             exit(1);
11         }
12         ch=fgetc(fp);
13         while(ch!=EOF)
14         {
15             putchar(ch);
16             ch=fgetc(fp);
17         }
18         fclose(fp);
19     }
```

该程序的功能是从文件中逐个读取字符，并在屏幕上显示。程序定义了文件指针 fp，以读文本文件的方式打开文件 "d:\\ test. txt"，并使 fp 指向该文件。若打开文件出错，给出提示并退出程序。程序的第 12~17 行代码表示先读出一个字符，然后进入循环，只要读出的字符不是文件结束标志（每个文件末尾有一结束标志 EOF），就把该字符显示在屏幕上，再读入下一字符。每读一次，文件内部的位置指针向后移动一个字符，文件结束时，该指针指向 EOF。

2. 写字符函数 fputc( )

fputc( )函数的功能是把一个字符写入指定的文件中。该函数调用的语法格式如下：

```
fputc(字符,文件指针);
```

其中，待写入的字符可以是字符常量或变量，例如，"fputc('a',fp);"表示把字符 a 写入 fp 所指向的文件中。

对于 fputc( )函数的使用也要说明几点。

1）被写入的文件可以用写、读写、追加方式打开，用写或读写方式打开一个已存在的文件时将清除原有的文件内容，写入字符从文件头开始。如需保留原有文件内容，希望写入的字符从文件末尾开始存放，必须以追加方式打开文件。被写入的文件若不存在，则创建该文件。

2）每写入一个字符，文件内部位置指针向后移动一个字节。

3）fputc( )函数有一个返回值，如写入成功则返回写入的字符，否则返回一个 EOF。可用此来判断写入是否成功。

【例 8-13】从键盘输入一行字符，写入一个文件，再把该文件的内容显示在屏幕上。

源代码如下：

```
1    #include <stdio.h>
2    main()
3    {
4        FILE * fp;
5        char ch;
6        if((fp=fopen("d:\\test.txt","wt+"))==NULL)
7        {
8            printf("Cannot open file strike any key exit!");
9            getch();
10           exit(1);
11       }
12       printf("input a string:\n");
13       ch=getchar();
14       while(ch!='\n')
15       {
16           fputc(ch,fp);
17           ch=getchar();
18       }
19       rewind(fp);
20       ch=fgetc(fp);
21       while(ch!=EOF)
22       {
23           putchar(ch);
24           ch=fgetc(fp);
```

```
25              }
26              printf(" \n");
27              fclose(fp);
28      }
```

第 6 行代码表示以读写文本文件的方式打开文件。第 13 ~ 18 行代码表示从键盘读入一个字符后进入循环，当读入字符不为回车符时，则把该字符写入文件中，然后继续从键盘读入下一个字符。每输入一个字符，文件内部位置指针向后移动一个字节。写入完毕，该指针指向文件末尾。如要把文件从头读出，须把指针移向文件头，第 19 行代码 rewind( ) 函数用于把 fp 所指文件的内部位置指针移到文件头。第 20 ~ 25 行代码用于读出文件中的一行内容。

copy 是 DOS 中最常用的复制命令。copy 的作用是复制文件，用法十分简单：

copy 源文件   目的文件

例如：

copy d: \source. txt d: \dest. txt

下面的程序实现文件复制功能。把命令行参数中的前一个文件名标识的文件，复制到后一个文件名标识的文件中，如命令行中少于 2 个文件名，则提示错误信息并退出。

源代码如下：

```
1       #include <stdio. h>
2       main (int argc,char * argv[])
3       {
4           FILE * fp1, * fp2;
5           char ch;
6           if(argc! =2)
7           {
8               printf("have not enter file name strike any key exit");
9               getch();
10              exit(0);
11          }
12          if((fp1 =fopen(argv[1],"rt")) ==NULL)
13          {
14              printf("Cannot open % s \n",argv[1]);
15              getch();
16              exit(1);
17          }
18          if((fp2 =fopen(argv[2],"wt+")) ==NULL)
19          {
20              printf("Cannot open %s \n",argv[1]);
21              getch();
```

```
22          exit(1);
23      }
24      while((ch=fgetc(fp1))!=EOF)
25          fputc(ch,fp2);
26      fclose(fp1);
27      fclose(fp2);
28  }
```

该程序为带参的 main( ) 函数。程序中定义了 2 个文件指针 fp1 和 fp2，分别指向命令行参数中给出的文件。如命令行参数中没有同时给出源文件名和目标文件名，则给出提示错误信息并退出。

代码第 2 行是带参的 main( ) 函数，C 语言中规定 main( ) 函数的参数只能有 2 个，习惯上 2 个参数写为 argc 和 argv。一个为整型 argc，另一个是指向字符型的指针数组。带参数的 main( ) 函数一般能在调用其时追加参数，如 DOS 命令一样，如图 8-18 所示。

图 8-18　执行 copy 命令

从图 8-18 可以看到，用户输入了 2 个字符串，因此 argc 的值为 2，在字符串数组 argv[ ] 中将这两个字符串分别放入 argv[1] 和 argv[2] 中，argv[0] 存储的是该程序的当前路径。

代码第 6~11 行用于判断入口参数是不是 2 个，否则给出提示错误信息并退出。

代码第 24~27 行用循环语句逐个读出文件 1 中的字符再送到文件 2 中。

3. 读字符串函数 fgets( )

该函数的功能是从指定的文件中读一个字符串到字符数组中。该函数调用的语法格式如下：

```
fgets(字符数组名,n,文件指针);
```

其中，n 是一个正整数，表示从文件中读出的字符串不超过 n−1 个字符。在读入的最后一个字符后加上串结束标志'\0'。

例如：

```
fgets(str,n,fp);
```

表示从 fp 所指的文件中读出 n−1 个字符送入字符数组 str 中。

【例 8-14】 从文件中读出一个含 10 个字符的字符串。

源代码如下：

```
#include <stdio.h>
main()
{
    FILE * fp;
```

319

```
    char str[11];
    if((fp=fopen("d:\\string.txt","rt"))==NULL)
    {
        printf("\nCannot open file strike any key exit!");
        getch();
        exit(1);
    }
    fgets(str,11,fp);
    printf("\n% s\n",str);
    fclose(fp);
}
```

上述程序定义了一个字符数组 str，共 11B，以读文本文件方式打开文件 string. txt，从中读出 10 个字符送入 str 数组，在数组最后一个单元内加上'\0'，然后在屏幕上显示 str 数组。

对 fgets( ) 函数有两点说明：

1）在读出 n–1 个字符之前，如遇到了换行符或 EOF，则读出结束。

2）fgets( ) 函数也有返回值，其返回值是字符数组的首地址。

4. 写字符串函数 fputs( )

fputs( ) 函数的功能是向指定的文件写入一个字符串。其调用语法格式如下：

```
fputs(字符串,文件指针);
```

其中，字符串可以是字符串常量，也可以是字符数组或指针变量，例如：

```
fputs("abcd",fp);
```

的意义是把字符串"abcd"写入 fp 所指的文件之中。

【例 8-15】 在文件 string. txt 中追加一个字符串。

源代码如下：

```
#include <stdio.h>
main ()
{
    FILE * fp;
    char ch,st[20];
    if((fp=fopen("d:\\string.txt","a+"))==NULL)
    {
        printf("Cannot open file strike any key exit!");
        getch();
        exit(1);
    }
    printf("input a string:\n");
    scanf("% s",st);
```

```
        fputs (st,fp);
        rewind(fp);
        ch=fgetc(fp);
        while(ch!=EOF)
        {
            putchar(ch);
            ch=fgetc(fp);
        }
        printf("\n");
        fclose(fp);
    }
```

本例要求在 string. txt 文件末加写字符串，因此 fopen( ) 的 mode 参数以追加读写文本文件的方式打开文件；然后输入字符串，并用 fputs( ) 函数把该串写入文件；用 rewind( ) 函数把文件内部位置指针移到文件首，再进入循环，逐个显示当前文件中的全部内容。

5. 数据块读/写函数 fread( ) 和 fwrite( )

C 语言还提供了用于数据块读/写的函数。可用它们来读/写一组数据，如一个数组元素，一个结构变量的值等。

读数据块函数 fread( ) 调用的一般语法格式如下：

```
fread(buffer,size,count,fp);
```

写数据块函数 fwrite( ) 调用的一般语法格式如下：

```
fwrite(buffer,size,count,fp);
```

其中，buffer 是一个指针，在 fread( ) 函数中，它表示存放输入数据的首地址，在 fwrite( ) 函数中，它表示存放输出数据的首地址；size 表示数据块的字节数；count 表示要读/写的数据块块数；fp 表示文件指针。

例如：

```
fread(fa,2,10,fp);
```

的意义是从 fp 所指的文件中，每次读 2B 送入实数组 fa 中，连续读 10 次。

【例 8-16】从键盘输入两名学生的数据，写入一个文件中，再读出这两个学生的数据显示在屏幕上。

源代码如下：

```
1    #include <stdio.h>
2    struct stu
3    {
4      char name[10];
5      int num;
6      int age;
7      char addr[15];
```

```
8     }boya[2],boyb[2],*pp,*qq;
9     main()
10    {
11        FILE *fp;
12        char ch;
13        int i;
14        pp=boya;
15        qq=boyb;
16        if((fp=fopen("d:\\jrzh\\example\\stu_list","wb+"))==NULL)
17        {
18            printf("Cannot open file strike any key exit!");
19            getch();
20            exit(1);
21        }
22        printf("\ninput data\n");
23        for(i=0;i<2;i++,pp++)
24            scanf("%s%d%d%s",pp->name,&pp->num,&pp->age,pp->addr);
25        pp=boya;
26        fwrite(pp,sizeof(struct stu),2,fp);
27        rewind(fp);
28        fread(qq,sizeof(struct stu),2,fp);
29        printf("\n\nname\tnumber age addr\n");
30        for(i=0;i<2;i++,qq++)
31            printf("%s\t%5d%7d %s\n",qq->name,qq->num,qq->age,qq->addr);
32        fclose(fp);
33    }
```

上述程序定义了一个结构 stu，以及两个结构数组 boya 和 boyb，还有两个结构指针变量 pp 和 qq。pp 指向 boya，qq 指向 boyb。代码第 16 行以读写方式打开二进制文件 stu_list，输入两名学生的数据之后，写入该文件中，然后把文件内部位置指针移到文件首，读出两名学生的数据后，在屏幕上显示。

6. 格式化读/写函数 fscanf() 和 fprintf()

fscanf() 函数和 fprintf() 函数与前面使用的 scanf() 和 printf() 函数的功能相似，都是格式化读/写函数。两者的区别在于，fscanf() 函数和 fprintf() 函数的读/写对象不是键盘和显示器，而是磁盘文件。

这两个函数的调用格式如下：

```
fscanf(文件指针,格式字符串,输入表列);
fprintf(文件指针,格式字符串,输出表列);
```

例如：

```
fscanf(fp,"%d%s",&i,s);
fprintf(fp,"%d%c",j,ch);
```

【例 8-17】 用 fscanf( ) 和 fprintf( ) 函数完成例 8-16 的问题。
源代码如下：

```
1    #include <stdio.h>
2    struct stu
3    {
4      char name[10];
5      int num;
6      int age;
7      char addr[15];
8    }boy[2],girl[2],*qg,*qb;
9    main()
10   {
11     FILE *fp;
12     char ch;
13     int i;
14     qg=boy;
15     qb=girl;
16     if((fp=fopen("stu_list","wb+"))==NULL)
17     {
18       printf("Cannot open file strike any key exit!");
19       getch();
20       exit(1);
21     }
22     printf("\ninput data\n");
23     for(i=0;i<2;i++,qg++)
24       scanf("%s%d%d%s",qg->name,&qg->num,&qg->age,qg->addr);
25     qg=boy;
26     for(i=0;i<2;i++,qg++)
27       fprintf(fp,"%s%d%d%s\n",qg->name,qg->num,qg->age,qg->
28       addr);
29     rewind(fp);
30     for(i=0;i<2;i++,qb++)
31       fscanf(fp,"% s%d%d% s\n",qb->name,&qb->num,&qb->age,qb->addr);
32     printf("\n\nname\tnumber age addr\n");
33     qb=girl;
34     for(i=0;i<2;i++,qb++)
35       printf("%s\t%5d%7d%s\n",qb->name,qb->num,qb->age,
36       qb->addr);
37     fclose(fp);
38   }
```

例 8-16 和例 8-17 相比，例 8-17 中的 fscanf( ) 和 fprintf( ) 函数每次只能读/写一个结构数组元素，因此采用了循环语句来读/写全部数组元素。还要注意指针变量 qg，qb 由于循环改变了它们的值，因此在代码的第 25 行和第 33 行分别对它们重新赋予了数组的首地址。

7. 文件的随机读/写

前面介绍的对文件的读/写方式都是顺序读/写，即读/写文件只能从头开始，顺序读/写各个数据。但在实际中，常被要求只读/写文件中某一指定的部分。为了解决这个问题，首先移动文件内部的位置指针到需要读/写的位置，再进行读/写，这种读/写称为随机读/写。实现随机读/写的关键是要按要求移动位置指针，这称为文件的定位。

（1）文件定位

移动文件内部位置指针的函数主要有两个，即 rewind( ) 函数和 fseek( ) 函数。rewind( ) 函数前面已多次使用过，其调用的语法格式如下：

```
rewind(文件指针);
```

它的功能是把文件内部的位置指针移到文件首。

下面主要介绍 fseek( ) 函数。fseek( ) 函数用来移动文件内部的位置指针，其调用的语法格式如下：

```
fseek(文件指针,位移量,起始点);
```

其中，"文件指针"指向被移动的文件；"位移量"表示移动的字节数，要求位移量是 long 型数据，以便在文件长度大于 64KB 时不会出错。当用常量表示位移量时，要求加后缀"L"；"起始点"表示从何处开始计算位移量，规定的起始点有 3 种，即文件首、当前位置和文件末尾，其表示方法见表 8-5。

表 8-5　文件位置的表示方法

起　始　点	符　　号	数　　字
文件首	SEEK_ SET	0
当前位置	SEEK_ CUR	1
文件末尾	SEEK_ END	2

例如：

```
fseek(fp,100L,0);
```

的意义是把位置指针移到离文件首 100B 处。

还需要说明的是，fseek( ) 函数一般用于二进制文件。在文本文件中由于要进行转换，故往往计算的位置会出现错误。

（2）文件的随机读/写

在移动位置指针之后，即可用前面介绍的任一种读/写函数进行读/写。由于一般是读/写一个数据块，因此常用 fread( ) 和 fwrite( ) 函数。下面通过例题说明文件的随机读/写。

【例 8-18】 在学生文件 stu_list 中读出第二名学生的数据。文件 stu_list 的结构如图 8-19 所示。

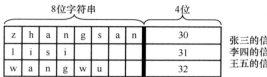

图 8-19　文件 stu_list 的结构

源代码如下：

```
#include <stdio.h>
struct stu
{
    char name[8];
    char age[4];
}student, * qstu;
main()
{
    FILE * fp;
    char ch;
    int i=1;
    qstu=&student;
    if((fp=fopen("stu_list","rb"))==NULL)
    {
        printf("Cannot open file strike any key exit!");
        getch();
        exit(1);
    }
    rewind(fp);
    fseek(fp,i * sizeof(struct stu),0);
    fread(qstu,sizeof(struct stu),1,fp);
    printf("\n\nname \tnumber age addr \n");
    printf("%s \t%5d%7d%s \n",qb->name,qstu->num,qstu->age,
    qstu->addr);
}
```

本程序用随机读取的方法读出第二名学生的数据。程序中定义 student 为 stu 类型变量，qstu 为指向 student 的指针，以读二进制文件方式打开文件，用 fseek() 移动文件位置指针。其中的 i 值为 1，表示从文件头开始，移动一个 stu 类型的长度，然后再读取的数据即为第二名学生的数据。

8.5.4　文件检测函数

C 语言中常用的文件检测函数有以下几个。

1. 文件结束检测函数

```
feof(文件指针);
```

功能：判断文件是否处于文件结束位置，如文件结束，则返回值为 1，否则为 0。

2. 读/写文件出错检测函数

```
ferror(文件指针);
```

功能：检查文件在用各种输入/输出函数进行读/写时是否出错。如 ferror 返回值为 0 表示未出错，否则表示有错。

3. 文件出错标志和文件结束标志置 0 函数

```
clearerr(文件指针);
```

功能：用于清除出错标志和文件结束标志，使它们的值为 0。

8.5.5 C 库文件

C 语言系统提供了丰富的系统文件，称为库文件。C 语言的库文件分为两类：一类是扩展名为 .h 的文件，称为头文件，在前面的包含命令中已多次使用过，.h 文件中包含了常量定义、类型定义、宏定义、函数原型，以及各种编译选择设置等信息；另一类是函数库，包括了各种函数的目标代码，供用户在程序中调用，通常在程序中调用一个库函数时，要在调用之前包含该函数原型所在的 .h 文件。表 8-6 列出了 C99 常用的 .h 文件。

表 8-6　C 标准程序库头文件的含义

头　文　件	含义及其功能叙述	头　文　件	含义及其功能叙述
assert. h	异常断言诊断库	stdio. h	标准输入/输出函数库
ctype. h	字符处理函数库	stdlib，h	标准常用函数库，定义杂项函数及内存分配函数
errno. h	错误定义	string. h	字符串处理函数
float. h	浮点数处理函数库	time. h	时间函数库
iso646. h	对应各种运算符的宏	wchar. h	宽字符、字符串处理函数
limit. h	定义各种数据类型最值的常量	wctype. h	宽字符分类
locale. h	定义本地化 C 语言函数	complex. h	复数处理
math. h	定义数学函数	fenv. h	浮点环境
setjmp. h	函数间跳转函数	inttypes. h	整型格式转换
signal. h	信号处理函数库	stdbool. h	布尔环境
stdarg. h	可变形参表（可变参数列表）支持宏函数库	stdint. h	整型环境
stddef. h	常用常量	tgmath. h	通用类型数学宏

本章小结

本章主要讲解了 C 语言中的数组、函数、指针与文件等。

1) 数组：具有相同数据类型的变量集合称为数组。通常，数组元素下标的个数称为维数，根据维数的不同，可将数组分为一维数组、二维数组、三维数组、四维数组等。通常情况下，将二维及以上的数组称为多维数组。

2) 函数：函数用来完成一定的功能。可以把每个函数看作一个模块（Module）。函数是 C 语言中模块化编程的最小单位。

3) 指针：指针是 C 语言中的一种重要的数据类型。利用指针变量可以表示各种数据结构，能很方便地使用数组和字符串，并能像汇编语言一样处理内存地址，从而编出精练而高效的程序。

4) 结构体：结构体是 C 语言中一种重要的数据类型，该数据类型由一组称为成员（或称为域或元素）的不同数据组成，其中每个成员可以具有不同的类型。结构体通常用来表示类型不同但是又相关的若干数据。

5) 共用体：有时需要将几种不同类型的变量存放在同一段内存单元中。这种使几个不同的变量共占一段内存的结构，称为"共用体"结构，也称为"联合体"结构。

6) 文件：文件是指一组相关数据的有序集合。这个数据集有一个名称，叫作文件名。文件通常是驻留在外部介质（如磁盘等）上的，在使用时才调入内存中。

习　题

一、填空题

1. 数组用于存储一组相同类型的_____。

2. 在 C 语言中，访问数组中的某个元素可以通过_____来完成。

3. 若有数组"int a[ ]={1,4,9,4,23};"，则 a[2]=_____。

4. 定义"int a[5][4];"之后，对 a 的正确引用是_____。

5. 执行语句"int a[ ][3]={1,2,3,4,5,6};"后，a[1][0]的值是_____。

6. _____是构成 C 语言程序的基本单位。

7. C 语言程序从_____开始执行。

8. 有如下函数调用语句"func(rec1,rec2+rec3,rec4,rec5);"其中含有的实参个数是_____。

9. *称为_____运算符，& 称为_____运算符。

10. 若两个指针变量指向同一个数组的不同元素，可以进行减法运算和_____运算。

11. 设"int a[10],*p=a;"，则对 a[3]的引用可以是 p[_____] 和 *(p_____)。

12. 若 d 是已定义的双精度变量，再定义一个指向 d 的指针变量 p 的代码是_____。

13. & 后跟变量名，表示该变量的_____；*后跟指针变量名，表示该指针变量

_____。& 后跟的是指针变量名，表示该指针变量的_____。

14. 运算符 "." 称为_____运算符，运算符 "->" 称为_____运算符。

15. 设有定义 "struct{int a;float b;char c;}abc,*p_abc=&abc;"，则对结构体成员 a 的引用方法可以是 abc _____ a 和 p_abc _____ a。

16. 若有以下说明和定义语句，则变量 w 在内存中所占的字节数是_____。

```
union aa {float x;float y;char c[6];};
struct st {union aa v;float w[5];double ave;}
w;
```

17. "FILE * p" 的作用是定义一个_____，其中的 "FILE" 是在_____头文件中定义的。

18. 在对文件进行操作的过程中，若要求文件的现行位置回到文件的开头，应当调用的函数是_____。

二、判断题

1. "int a[2][3]={1,2,3,4,5,6};" 是对二维数组 a 进行初始化。 (   )

2. 在 C 语言中，只有一维数组和二维数组。 (   )

3. 数组的下标都是从 1 开始的。 (   )

4. "int i[ ]={1,2,3,4};" 这种赋值方式是错误的。 (   )

5. 多维数组的使用方法与二维数组相似。 (   )

6. 函数必须有返回值。 (   )

7. C 语言中的函数既可以嵌套调用，又可以递归调用。 (   )

8. C 语言程序总是从第一个定义的函数开始执行。 (   )

9. C 语言程序中的 main( ) 函数必须放在程序的开始部分。 (   )

10. 在 C 语言中调用函数时，只能把实参的值传递给形参，形参的值不能传递给实参。

(   )

三、选择题

1. 若有 "int a[2][3]={{1,2,3},{4,5,6}};"，则 a[1][1] 的值为 (   )。

A. 2   B. 3   C. 4   D. 5

2. 下面可以实现访问数组 arr 的第 1 个元素的是 (   )。

A. arr[0]   B. arr(0)   C. arr[1]   D. arr(1)

3. 若有 "int i[5]={1,2,3};"，则 i[2] 的值为 (   )。

A. 1   B. 2   C. 3   D. null

4. 下面对数组描述正确的是 (   )。（多选）

A. 数组的长度是不可变的   B. 数组不能先声明长度再赋值

C. 数组只能存储相同数据类型的元素   D. 数组没有初始值

5. 下列选项可以正确创建一个二维数组的是 (   )。（多选）

A. int a[2][3]={{1,2,3},{4,5,6}};

B. int a[2][3]={1,2,3,4,5,6};

C. int b[3][4]={{1},{4,3},{2,1,2}};

D. int a[][3]={1,2,3,4,5,6};

6. 关于 C 语言中的函数，下列描述正确的是（　　）。

A. 函数的定义可以嵌套，但函数的调用不可以嵌套

B. 函数的定义不可以嵌套，但函数的调用可以嵌套

C. 函数的定义和函数的调用均不可以嵌套

D. 函数的定义和函数的调用均可以嵌套

7. 定义一个函数 "exce((v1,v2),(v3,v4,v5),v6);"，在调用该函数时，实参的个数为（　　）个。

A. 3　　　　　　　　B. 4　　　　　　　　C. 5　　　　　　　　D. 6

8. C 语言中函数返回值的类型是由（　　）决定的。

A. 函数定义时指定的类型　　　　　　　B. return 语句中的表达式类型

C. 调用该函数时的实参的数据类型　　　D. 形参的数据类型

9. 在 C 语言中，函数的数据类型是指（　　）。

A. 函数返回值的数据类型　　　　　　　B. 函数形参的数据类型

C. 调用该函数时的实参的数据类型　　　D. 任意指定的数据类型

10. 在调用函数时，以下说法正确的是（　　）。

A. 调用函数后必须带回返回值

B. 实际参数和形式参数可以同名

C. 函数间的数据传递不可以使用全局变量

D. 主调函数和被调函数总是在同一个文件里

11. 设有定义 "struct{int x;int y;}d[2]={{1,3},{2,7}};"，则 printf("%d\n",d[0].y/d[0].x*d[1].x) 输出的是（　　）。

A. 0　　　　　　　　B. 1　　　　　　　　C. 3　　　　　　　　D. 6

12. 设有以下说明和定义：

```
typedef union {long i;int k[5];char c;}DATE;
struct date{int cat;DATE cow;double dog;}too;
DATE max;
```

则下列语句的执行结果是（　　）。

```
printf("%d",sizeof(struct date)+sizeof(max));
```

A. 26　　　　　　　B. 30　　　　　　　C. 18　　　　　　　D. 8

13. 若与文件型指针中相关联的文件的当前读位置已到了文件的末尾，则函数 feof(fp) 的返回值是（　　）。

A. 0　　　　　　　　B. -1　　　　　　　C. 非零值　　　　　　D. NULL

14. 下列语句中，将 f 定义为文件型指针的是（　　）。

A. FILE f;　　　　B. FILE * f;　　　　C. file f;　　　　D. file * f;

15. 标准库函数 fputs(p1,p2) 的功能是（　　）。

A. 从 p1 指向的文件中读一个字符串存入 p2 指向的内存

B. 从 p2 指向的文件中读一个字符串存入 p1 指向的内存

C. 从 p1 指向的内存中的一个字符串输出到 p2 指向的文件

D. 从 p2 指向的内存中的一个字符串输出到 p1 指向的文件

四、简答题

1. 请简要说明如何定义一个一维数组并为数组赋值。

2. 请简要说明一维数组和二维数组的区别。

五、程序分析题

1. 阅读程序，写出程序的运行结果。

```c
main ()
{
    static int a[][3]={9,7,5,3,1,2,4,6,8};
    int i,j,s1=0,s2=0;
    for(i=0;i<3;i++)
      for (j=0;j<3;j++)
      {
          if(i==j)s1=s1+a[i][j];
          if(i+j==2)s2=s2+a[i][j];
      }
    printf("%d\n%d\n",s1,s2);
}
```

2. 写出下面程序的运行结果。

```c
main ()
{
    static char a[]={'*','*','*','*','*','*'};
    int i,j,k;
    for (i=0;i<5;i++)
    {
        printf("\n");
        for(j=0;j<i;j++)    printf("%c"' ');
        for(k=0;k<5;k++)    printf("%c",a[k]);
    }
    printf("\n");
}
```

3. 说明下列程序的功能。

```c
main ()
{
    int i,j;
    float a[3][3],b[3][3],c[3][3],x;
```

```
for (i=0;i<3;i++)
    for (j=0;j<3;j++)
    {
        scanf("%f",&x);  a[i][j]=x;
    }
for(i=0;i<3;i++)
    for(j=0;j<3;j++)
    {
        scanf("%f",&x);b[i][j]=x;
    }
for(i=0;i<3;i++)
  for(j=0;j<3;j++)
    c[i][j]=a[i][j]+b[i][j];
for(i=0;i<3;i++)
    {
        printf("\n");
        for(j=0;j<3;j++)
            printf("%f",c[i][j]);
    }
    printf("\n");
}
```

4. 阅读下列程序，写出程序的输出结果。

```
main ()
{
    char * a[6]={"AB","CD","EF","GH","IJ","KL"};
    int i;
    for(i=0;i<4;i++)
      printf("%s",a[i]);
    printf("\n");
}
```

5. 阅读下列程序，写出程序的主要功能。

```
main ()
{
    int i,a[10],*p=&a[9];
    for(i=0;i<10;i++)  scanf("%d",&a[i]);
    for(;p>=a;p--)  printf("%d\n",p);
}
```

6. 阅读下列程序，写出程序运行的输出结果。

```
char s[]="ABCD";
main ()
```

```
{
    char * p;
    for(p=s;p<s+4;p++)  printf("%s\n",p);
}
```

7. 阅读下列程序，写出程序的输出结果。

```
main ()
{
    char * a[6]={"AB","CD","EF","GH","U","KL"};
    int i;
    for(i=0;i<4;i++)
        printf("%s",a[i]);
    printf("\n");
}
```

8. 阅读下列程序，写出程序的运行结果。

```
main ()
{
    struct student
    {
        char name[10];
        float k1;
        float k2;
    }a[2]={{"zhang",100,70},{"wang",70,80}}, * p=a;
    int i;
    printf("\nname: %s total=%f",p->name,p->k1+p->k2);
    printf("\nname: %s total=%f",a[1].name,a[1].k1+a[1].k2);
}
```

9. 假定在当前盘当前目录下有 2 个文本文件，其文件名分别为 a1. txt 和 a2. txt，内容分别为 121314#和 252627#。

写出运行下列程序后的输出结果。

```
# include <stdio.h>
# include <stdlib.h>
void fc(FILE *);
main ()
{
    FILE * fp;
    if(fp=fopen("a1.txt","r")) ==NULL)
    {
        printf("Can not open file!\n");
        exit(1);
```

```
    }
    else
    {
        fc(fp);fclose(fp);
    }
    if((fp=fopen("a2.txt","r"))==NULL)
    {
        printf("Can not open file! \n");
        exit(1);
    }
    else
    {
        fc(fp);fclose(fp);
    }
}
void fc(FILE * fp1)
{
    char c;
    while((c=fgetc(fp))!='#')
            putchar(c);
}
```

六、编程题

1. 请编写一个程序，获取数组 int a={3,4,6,9,13} 中元素的最大值。

2. 请编写一个程序，通过冒泡排序算法对数组 int b={25,24,12,76,101,96,28} 进行排序。

3. 将所有的水仙花数保存到一维数组 a 中。

所谓水仙花数是指一个三位数，其各位数字三次方和等于该数本身。

例如，$153 = 1×1×1+5×5×5+3×3×3$。

4. 输入一个 3×5 的整数矩阵，输出其中最大值、最小值和它们的下标。

5. 输入一个字符串，按相反的次序输出其中的全部字符。

6. 编写一个名为 root 的函数，求方程 $ax×x+bx+c = 0$ 的 $b×b-4ac$，并作为函数的返回值。其中的 a、b、c 作为函数的形式参数。

7. 用结构体存放下面的数据，然后输出每人的姓名和实发工资（基本工资+浮动工资-支出）。

姓名	基本工资（元）	浮动工资（元）	支出（元）
Li	220.00	300.00	90.00
Xia	370.00	180.00	60.00
Wang	620.00	0.00	70.00

8. 编写一个程序，从键盘输入 200 个字符，存入名为 f1.txt 的磁盘文件中。

参考文献

[1] 张永新，王昕忠．大学计算机基础［M］．北京：清华大学出版社，2022．

[2] 陈晓静，解厚云，王嫄嫄．计算机应用基础［M］．北京：电子工业出版社，2021．

[3] 刘瑞新．大学计算机基础［M］．3版．北京：机械工业出版社，2022．

[4] 吴华光，邓文锋．大学计算机基础［M］．北京：人民邮电出版社，2023．

[5] 李顺新，吴志芳．大学计算机基础［M］．北京：高等教育出版社，2022．

[6] 钱慎一，王曼．PPT多媒体课件制作标准教程［M］．2版．北京：清华大学出版社，2021．

[7] 王昕忠，张永新．大学计算机基础实训［M］．北京：清华大学出版社，2022．

[8] 徐红云．大学计算机基础教程［M］．4版．北京：清华大学出版社，2022．

[9] 徐群叁，刘玮．大学计算机基础实验指导［M］．北京：电子工业出版社，2022．

[10] 杜小丹．大学计算机基础案例教程［M］．北京：清华大学出版社，2022．

[11] 翟萍，王贺明．大学计算机基础［M］．6版．北京：清华大学出版社，2022．

[12] 张开成．大学计算机基础［M］．北京：清华大学出版社，2022．

[13] 熊福松．计算机基础与计算思维［M］．2版．北京：清华大学出版社，2021．

[14] 黄蔚，凌云，沈玮．计算机基础与高级办公应用［M］．2版．北京：清华大学出版社，2021．

[15] 焉德军，刘明才．计算机基础与C语言程序设计［M］．4版．北京：清华大学出版社，2021．

[16] 刘小军，殷联甫．C语言程序设计学习指导［M］．3版．北京：清华大学出版社，2023．

[17] 李红．C语言程序设计实例教程［M］．2版．北京：机械工业出版社，2021．

[18] 罗兵，高潮，洪智勇．C语言程序设计［M］．北京：清华大学出版社，2023．

[19] 黑马程序员．C语言程序设计案例式教程［M］．2版．北京：人民邮电出版社，2022．

[20] 徐舒，周建国．C语言项目化教程［M］．北京：清华大学出版社，2022．

[21] 刘丽艳．C语言程序设计实验指导［M］．2版．北京：机械工业出版社，2023．

[22] 张太芳，蒲晓妮，张明艳．C语言程序设计［M］．北京：高等教育出版社，2021．

[23] 王瑞红．C语言程序设计项目教程［M］．2版．北京：机械工业出版社，2023．

[24] 王德选，陈秀玲，冉隆毅．C语言项目化教程［M］．北京：电子工业出版社，2023．

[25] 秦娜，高莉莉，杨柱平．C语言程序开发实用教程［M］．北京：清华大学出版社，2022．